U0344172

国家出版基金项目
NATIONAL PUBLICATION FOUNDATION

有色金属理论与技术前沿丛书

硫化矿物浮选电化学

Electrochemistry of Sulfide Minerals Flotation

冯其明　陈建华　编著
Feng Qiming　　Chen Jianhua

中南大学出版社
www.csupress.com.cn

中国有色集团
CNMC

内容简介

Introduction

硫化矿物浮选体系中固（硫化矿）、液（捕收剂和调整剂）、气（浮选气体中的氧气）三相均有氧化还原性，电化学性质是硫化矿浮选体系的基本性质。硫化矿浮选过程中发生的现象都可以用电化学理论来解释，不了解硫化矿浮选电化学就无法准确把握硫化矿浮选的本质。本书系统介绍了硫化矿物浮选过程中的电化学机理及其在浮选中的应用，包括硫化矿浮选体系的基本性质、硫化矿物浮选与抑制的电化学原理和研究方法、硫化矿浮选（磨矿）过程中的电偶腐蚀作用、硫化矿物矿浆电化学浮选工艺与实践以及硫化矿物浮选的第一性原理研究等内容。

本书除系统介绍硫化矿物电化学浮选的热力学性质、动力学行为、表面产物特性以及硫化矿物矿浆电化学分离工艺等内容外，还对硫化矿物浮选电化学的研究方法（包括热力学计算、电位 – pH 图、电化学测试等）进行了详细介绍，对于从事硫化矿物浮选电化学研究的科研人员非常有帮助。另外，本书还首次专门对硫化矿物浮选的电偶腐蚀现象进行了系统介绍，并从能带理论方面进行了电偶腐蚀机理的探讨，有助于选矿科研人员更好地了解磨矿对硫化矿物浮选的影响以及复杂多金属硫化矿物之间的交互作用。在本书的最后还介绍了目前我们的最新研究成果，即采用量子力学的方法，从固体物理的角度来研究硫化矿物的浮选，为硫化矿电化学浮选提供了微观解释。

本书可用来作为研究生、大学师生、研究院所以及选矿企业的技术人员学习和参考使用。

作者简介 /

/ About the Author

冯其明 1962 年 7 月出生于湖北天门，中南大学教授，博士生导师，国家 973 项目首席科学家。1990 年获得矿物加工工程专业博士学位，1999—2000 年到日本产业创造研究所进行合作研究。主要从事硫化矿浮选电化学、复杂矿物资源加工利用、矿物材料及废弃物资源化等领域的研究工作。发表论文 200 余篇，出版专著教材 3 部，授权专利 20 余项；多项成果获得工业应用，获得国家科技进步奖 2 项，省部级科技奖 10 项。获得"全国青年科技标兵""中国青年科技奖""新世纪百千万人才工程"等多项表彰。

陈建华 1971 年 1 月出生于四川西昌，教授，博士生导师。1999 年毕业于中南大学矿物工程系，获得博士学位，2002—2003 年留学瑞典吕勒奥理工大学，2011 年入选教育部新世纪优秀人才支持计划，现任教于广西大学资源与冶金学院。主要从事硫化矿浮选电化学、浮选密度泛函理论、矿物晶格缺陷和固液界面等领域的研究工作。在国内外发表学术论文 150 多篇，被 SCI 收录 40 多篇，EI 收录 60 多篇，出版学术专著 5 部，获省部级科技进步奖 4 项，授权国家发明专利 20 项。

学术委员会

Academic Committee

国家出版基金项目
有色金属理论与技术前沿丛书

主 任

王淀佐　中国科学院院士　中国工程院院士

委 员　（按姓氏笔画排序）

于润沧	中国工程院院士	古德生	中国工程院院士
左铁镛	中国工程院院士	刘业翔	中国工程院院士
刘宝琛	中国工程院院士	孙传尧	中国工程院院士
李东英	中国工程院院士	邱定蕃	中国工程院院士
何季麟	中国工程院院士	何继善	中国工程院院士
余永富	中国工程院院士	汪旭光	中国工程院院士
张文海	中国工程院院士	张国成	中国工程院院士
张懿	中国工程院院士	陈景	中国工程院院士
金展鹏	中国科学院院士	周克崧	中国工程院院士
周廉	中国工程院院士	钟掘	中国工程院院士
黄伯云	中国工程院院士	黄培云	中国工程院院士
屠海令	中国工程院院士	曾苏民	中国工程院院士
戴永年	中国工程院院士		

编辑出版委员会

Editorial and Publishing Committee

国家出版基金项目
有色金属理论与技术前沿丛书

总序

当今有色金属已成为决定一个国家经济、科学技术、国防建设等发展的重要物质基础，是提升国家综合实力和保障国家安全的关键性战略资源。作为有色金属生产第一大国，我国在有色金属研究领域，特别是在复杂低品位有色金属资源的开发与利用上取得了长足进展。

我国有色金属工业近 30 年来发展迅速，产量连年来居世界首位，有色金属科技在国民经济建设和现代化国防建设中发挥着越来越重要的作用。与此同时，有色金属资源短缺与国民经济发展需求之间的矛盾也日益突出，对国外资源的依赖程度逐年增加，严重影响我国国民经济的健康发展。

随着经济的发展，已探明的优质矿产资源接近枯竭，不仅使我国面临有色金属材料总量供应严重短缺的危机，而且因为"难探、难采、难选、难冶"的复杂低品位矿石资源或二次资源逐步成为主体原料后，对传统的地质、采矿、选矿、冶金、材料、加工、环境等科学技术提出了巨大挑战。资源的低质化将会使我国有色金属工业及相关产业面临生存竞争的危机。我国有色金属工业的发展迫切需要适应我国资源特点的新理论、新技术。系统完整、水平领先和相互融合的有色金属科技图书的出版，对于提高我国有色金属工业的自主创新能力，促进高效、低耗、无污染、综合利用有色金属资源的新理论与新技术的应用，确保我国有色金属产业的可持续发展，具有重大的推动作用。

作为国家出版基金资助的国家重大出版项目，"有色金属理论与技术前沿丛书"计划出版 100 种图书，涵盖材料、冶金、矿业、地学和机电等学科。丛书的作者荟萃了有色金属研究领域的院士、国家重大科研计划项目的首席科学家、长江学者特聘教授、国家杰出青年科学基金获得者、全国优秀博士论文奖获得者、国家重大人才计划入选者、有色金属大型研究院所及骨干企业的顶尖专家。

国家出版基金由国家设立，用于鼓励和支持优秀公益性出版项目，代表我国学术出版的最高水平。"有色金属理论与技术前沿丛书"瞄准有色金属研究发展前沿，把握国内外有色金属学科的最新动态，全面、及时、准确地反映有色金属科学与工程技术方面的新理论、新技术和新应用，发掘与采集极富价值的研究成果，具有很高的学术价值。

中南大学出版社长期倾力服务有色金属的图书出版，在"有色金属理论与技术前沿丛书"的策划与出版过程中做了大量极富成效的工作，大力推动了我国有色金属行业优秀科技著作的出版，对高等院校、研究院所及大中型企业的有色金属学科人才培养具有直接而重大的促进作用。

王淀佐

2010 年 12 月

前言

    硫化矿浮选本质是一个电化学过程,电子可以在固液界面、药剂与矿物之间发生转移,离开电化学就无法从本质上了解硫化矿浮选过程。早在20世纪60年代就开始注意到硫化矿浮选体系中氧化还原性的重要性,进入80年代后,围绕硫化矿物是否有天然可浮性之争,在澳大利亚引发了黄铜矿天然可浮性的电化学研究,并扩展到其他硫化矿物(如方铅矿、黄铁矿、毒砂)以及用电位来控制硫化矿物的浮选与分离行为。经过国内外学者几十年的努力,建立起了比较完善的硫化矿浮选电化学理论体系,并成功应用到工业生产中。现在的主要发展趋势是研究应用矿浆电化学新工艺、电化学浮选设备来解决难选硫化矿物的分离(如硫砷、铜锌等),以提高资源利用率及经济效益;深化硫化矿物捕收、活化及抑制的电化学机理,并结合其他现代测试方法(如红外光谱、光电子能谱及俄歇能谱等),研究硫化矿物浮选体系热力学、动力学、硫化矿物表面产物性质以及溶液化学性质等,从而发展出用于工业生产的硫化矿物矿浆电化学浮选工艺及设备。

    本书在1992年版的基础上进行了补充和修订,在保持原有特色的基础上,增加了电偶腐蚀和量子化学研究的相关内容,使该书的体系更加完整,内容更加充实。全书共分8章,第1章介绍硫化矿电化学浮选的基础知识和研究方法,主要是与电化学浮选有关的一些理论和研究、测试方法;第2章介绍硫化矿浮选体系的基本性质,分别介绍了硫化矿物、矿浆溶液、药剂和气相等方面的电化学性质;第3章介绍硫化矿物无捕收剂浮选,从矿物的天然可浮性、自诱导浮选和硫诱导浮选几方面系统介绍了硫化矿的无捕收剂浮选行为及其机理;第4章从理论上系统阐述了硫化矿浮选电化学机理;第5章对硫化矿抑制作用的电化学机理进行了系统总结,并对氢氧根、氰化物、硫化钠、氧化剂和有机抑制剂等常见抑制剂的电化学作用机理进行了讨论；第 6 章系统介绍了硫化矿浮选过程中的电偶腐蚀原理，包括磨矿电偶腐蚀作用和硫化矿物之间的电偶腐蚀作用，并运用半导体能带理论进行了电偶腐蚀机理探讨；第 7 章介绍硫化矿物浮选分离矿浆电化学，从矿浆体系多组分、多反应角度讨论硫化矿电化学浮选行为；在本书最后一章给出了近两年来编者从固体物理角度来讨论浮选的尝试，从矿物的半导体性质和电子结构来讨论硫化矿电化学浮选过程。

　　本书在总结国内外研究的基础上，结合近年来我们的科研成果，全面、系统地介绍了硫化矿浮选体系的基本性质、硫化矿物浮选与抑制的电化学理论及研究方法、矿浆电化学浮选工艺及实践等内容，另外还提出了一些新的观点，并试图对一些问题进行系统化和理论化，如抑制剂的电化学作用机理、矿物接触的电偶腐蚀电化学机理以及硫化矿浮选的半导体电化学等。由于水平及时间所限，书中难免有错误缺点，敬请读者批评指正。

编　者
2014 年 3 月

目录

Contents

绪　论

自 1923 年美国 Keller 发现黄药可作为硫化矿物的捕收剂以后，现代泡沫浮选法才开始在工业生产上大规模地推广和应用。随后又发现氰化物是硫化矿物优良的选择性抑制剂，以及硫酸铜对闪锌矿的活化作用，浮选开始在多种硫化矿物生产中获得广泛应用。可以说黄药、氰化物、铜离子在浮选中的应用引发了矿物加工工艺的一次重大变革。浮选法仍然是当今有色金属硫化矿物选矿中最有效的方法。

自 1923 年到现在的 90 多年里，各国的选矿科学工作者对硫化矿物–硫氢捕收剂–氧–水这一复杂浮选体系的基础理论和应用进行了大量的研究，付出了几辈人的努力，在理论上得到了许多有意义的结论，在生产实践中取得了显著的经济效益。

硫化矿物浮选理论研究可以分为三个阶段：一是 20 世纪 50 年代以前，人们从纯化学的观点来解释硫化矿物与捕收剂的作用机理，如捕收剂与金属离子作用的溶度积理论；二是 20 世纪 50—80 年代提出了硫化矿物浮选的电化学理论，从电化学理论上解释了氧在浮选中的作用、黄药在硫化矿物表面的产物以及无捕收剂浮选等理论问题，基本建立了硫化矿物电化学浮选体系；三是近 30 年来开展的矿浆电化学的应用研究，即依据硫化矿物的电化学浮选行为，通过控制浮选体系的电化学条件，调控硫化矿物的浮选和分离行为。矿浆电化学条件已经成为控制硫化矿物浮选的重要参数之一。

硫化矿物浮选理论研究一直是选矿理论研究的重要课题。首先，硫化矿物是浮选工艺处理的主要对象，有必要从理论上研究硫化矿物浮选过程的机理；其次，硫化矿物浮选体系具有特殊的复杂性，如硫化矿物的表面性质易随时间和环境而变迁，硫化矿物与捕收剂的作用属于有机界面电化学过程等，这些因素给研究带来了困难。同时，科学技术的不断进步，为硫化矿物浮选理论研究不断地提供先进的研究手段，研究工作不断深入。如在 20 世纪 30—40 年代，研究方法只局限于测定药剂吸附量(残余浓度法)、液相的物质组成、浮选回收率等方法，从纯化学原理解释浮选现象。在 60 年代初期引入了光谱技术，如红外光谱，以鉴定捕收剂黄药与硫化矿物的反应产物。70 年代以来，电化学技术应用到浮选理论研究中，发现黄药与硫化矿物的反应是电化学过程，从而提出了大家公认的硫化矿物浮选的电化学理论。特别是现在，现代表面测试技术如光电子能谱(XPS)、俄歇能谱(AES)、拉曼光谱、核磁共振等，可以获得矿物表面几个原子层厚度的化学成分和结构信息，使研究更加微观化。同时，生产实践对浮选理论研究提出了更高的要求，例如，现代矿物资源趋于贫、细、杂，环境保护问题日益受到重视，迫切需要寻找无毒而有效的硫化矿物分离工艺和理论。因此硫化矿物浮选电化学自从问世以来就不断获得发展的动力和源泉，并成为了有色金属硫化矿物浮选的基础和显著特色。

硫化矿物电化学浮选理论和工艺的研究直接导致了浮选工艺的又一次重大变革。广泛应用的常规浮选工艺是以 pH 控制为基础，捕收剂与调整剂相匹配来实现硫化矿物的富集与分离。对简单易选硫化矿石，通过控制 pH 可以达到较好的选矿指标，如单一铜矿石、铜硫矿石等，但对组成复杂的硫化矿石，如凡口的铅锌矿石、金川的铜镍矿石、柿竹园的钼铋硫多金属矿等，各矿物的浮选 pH 已不存在明显的差别，相互之间的浮选分离极为困难，由此产生了药剂种类多、用量大、流程复杂等一系列问题，特别是一些难选矿石根本无法分离，致使矿产资源不能综合利用。硫化矿物电化学浮选工艺通过调控矿浆电位来控制硫化矿物的浮选行为，在无捕收剂、少捕收剂的条件下实现硫化矿物的浮选分离。对硫化矿物浮选体系的矿浆电位进行调节和控制，可以使难选硫化矿石实现浮选分离（如硫砷分离），易选矿石实现无捕收剂或少捕收剂浮选（如铜硫、铜铅矿石）。浮选电化学工艺的问世使浮选工艺多了一个可控参数，即从以前的药剂 – pH 二维调控变为药剂 – 电位 – pH 三维调控，这就为多金属复杂矿物的分离提供了更大的可操作空间。

目前在实践中还只能实现局部控制电位浮选或者利用其固有的矿浆电位来提高浮选指标，离完全采用控制电位来进行硫化矿物浮选或分离的目标还有很大的距离，还需要进行大量的研究工作。在理论方面，必须研究硫化矿物电化学浮选体系热力学、动力学、硫化矿物表面产物性质、液相组分等几种因素对硫化矿物电化学浮选及分离的影响和作用规律，为不同硫化矿物浮选分离体系的矿浆电化学工艺的设计提供依据。在应用方面，必须设计实用的电化学工艺和研制工业型的电化学浮选设备。尽管现在电化学浮选工艺距大规模生产应用还存在一定距离，但理论和已有工业实践已经充分表明这一工艺在生产上是可行的和充满活力的，电化学浮选必将成为 21 世纪硫化矿物浮选的主要方法。

第 1 章　电化学基础及研究方法

电化学性质是硫化矿物浮选体系的基本性质，因此，电化学方法就成了硫化矿物浮选理论研究的基本手段。有关电化学的理论及实验技术已有许多专门著作。本章将简要介绍一些电化学的基本知识和一部分已用在硫化矿物浮选理论研究中的电化学方法、技术以及它们的具体应用实例。

1.1　电化学基础

电化学是从研究电能与化学能的相互转换问题开始的，到现在已有近两百年的历史，特别是自 1950 年以来，形成了以研究有关电极反应速度及各种影响因素为主要研究对象的电极过程动力学，极大地推动了电化学的发展。随着电化学这一学科理论和技术的不断完善，电化学的理论和方法已广泛地应用于化工、冶金、材料、电子、机械、航天、能源、金属腐蚀与防护以及环境保护等科学领域。对选矿来说，正是由于引入了电化学概念，硫化矿物浮选中硫化矿物与捕收剂的作用机理才得以揭示。

1.1.1　导体

能导电的物质称为导体。在电化学研究体系中涉及两种类型的导体，即电子导体和离子导体。

1）电子导体

这种导体是依靠电子传导电流，例如，金属、石墨、某些金属氧化物（如 PbO_2、Fe_3O_4）、金属碳化物（如 WC）以及金属硫化物（如 FeS_2、PbS、$CuFeS_2$）。按照能带理论，电子导体又可分为导体、半导体以及绝缘体，这三种物质的导电率（$\Omega^{-1} \cdot m^{-1}$）分别为：导体 $10^6 \sim 10^8$，半导体 $10^{-7} \sim 10^5$，绝缘体 $10^{-20} \sim 10^{-8}$。

硫化矿物浮选中的绝大多数矿物都是半导体，因此在这里简单介绍一下半导体的导电机制。半导体在能带结构上可以分为导带、禁带和价带，当半导体提高温度或接受光的照射，就可以使价带中的一部分电子激发，越过禁带而进入导带。电子离开后在价带中留下的缺位相当于一个假想的正电荷，称为空穴。这时导带中的电子和价带中的空穴称为载流子。半导体可以简单分为本征半导体和掺杂半导体：

（1）本征半导体。化学组分纯净并且晶体结构完整的半导体称为本征半导体。其导电机理如上所述。

（2）掺杂半导体。在晶体中含有少量杂质原子的半导体称为掺杂半导体，随杂质原子不同掺杂半导体又可分为下面两大类：

N 型半导体　存在于半导体晶格中的杂质原子，若其价电子除成键者外尚有多余，则为施主。例如，半导体硅中掺杂砷，施主的多余电子容易脱离施主而进入导带，这种掺杂半导体中能导电的电子比本征半导体多得多，这种主要依靠电子导电的半导体称为 N 型半导体。

P 型半导体　若杂质原子的电子较少，不能满足半导体晶体成键需要，则为受主。例如，半导体硅中掺硼，受主失去电子后带正电，受主能级相当于一个正电中心所束缚的多余价电子的能级，受主需要价电子，它比较容易将价带中成键的价电子拉到自己的周围，因而使价带中产生空穴而导电，这时半导体中的空穴的数量远远超过本征半导体，这种主要依靠空穴导电的半导体称为 P 型半导体。

不管是 P 型还是 N 型半导体，其导电能力均比本征半导体要大得多。例如硅的电阻率为 $2.14 \times 10^5 \ \Omega \cdot cm$，若掺入百万分之一的硼元素，电阻率就会减小到 $0.4 \ \Omega \cdot cm$。对于所研究的硫化矿物来说，由于天然矿石在成矿过程中类质同象、固溶体的产生，使硫化矿物晶体中存在或多或少的杂质原子，从而使硫化矿物的导电性大大增加，如理想闪锌矿，其禁带宽度达到 3.6 eV，属于绝缘体，而当闪锌矿中存在铁杂质时，其禁带宽度可以减小到 0.49 eV，具有很好的导电性；另外，对方铅矿的半导体类型的测定表明，天然方铅矿有的属 P 型半导体，有的则是 N 型半导体，电化学研究表明，方铅矿等硫化矿物与黄药的作用机理与其半导体类型有关。

对于金属，温度升高，金属导体中离子振动增强，电子移动阻力增大，故导电性减小；但是，在半导体中载流子的浓度是影响导电的主要因素，随温度升高，载流子浓度近似地按指数规律增大，导电率也显著增加。温度对半导体导电率的影响非常突出，这是半导体的重要特征之一。

对方铅矿、黄铜矿精矿的导电率的研究表明，其导电率与温度的关系服从下式：

$$\rho = B\exp(At) \tag{1-1}$$

式中：ρ 为导电率（$\Omega^{-1} \cdot cm^{-1}$）；$t$ 为温度（℃）；A、B 为常数。

对人工合成的硫化铅的测定表明，其导电率与温度的关系式为：

$$\rho = 0.00258(1 + 0.00895t + 0.00002t^2) \tag{1-2}$$

式中：ρ 为导电率（$\Omega^{-1} \cdot cm^{-1}$）；$t$ 为温度（℃）。

天然方铅矿的导电率在 $(2.6 \sim 4.4) \times 10^2 \ \Omega^{-1} \cdot cm^{-1}$ 范围内，可见方铅矿是导电性能良好的半导体。

2）离子导体

电解质水溶液（如 KCl、KNO_3）是常见的离子导体，溶液中带正电的离子（如 K^+）和带负电的离子（如 Cl^-、NO_3^-）总是同时存在，它们在电场的作用下，分别沿一定方向移动而导电。

1.1.2 电化学的研究对象

1）电化学反应的特点

电化学之所以成为一门独立的学科，是因为它所研究的电化学反应具有明显区别于化学反应的特点。为了对电化学这门学科有比较清楚的了解，有必要讨论一下电化学反应和化学反应之间的区别以及电化学反应的特点。

（1）化学反应。化学反应通常只伴随着有热的吸收和放出（反应热效应），并不涉及电能，当一个化学反应发生时具有如下三个特点，如反应式（1-3）：

$$Fe^{3+} + Cu^+ =\!=\!= Fe^{2+} + Cu^{2+} \tag{1-3}$$

①只有当反应物碰撞时反应才能发生，即反应点必须接触。

②电子所经过的路程非常短，在碰撞的一瞬间，当反应质点相互紧密靠近时，电子从一个质点转移到另一个质点才有可能。

③反应质点间碰撞的混乱性，以及由此而引起的电子混乱运动。因为不管反应质点彼此的相对位置如何，在反应空间的任何一点都可能发生碰撞，因此，电子可能在空间任一方向上转移。

（2）电化学反应。电化学反应是指在消耗外电能的情况下进行的反应或作为电能来源的反应。因此，电化学反应总是与电能有关，这是电化学反应区别于化学反应的突出特点。为了实现电化学反应，必须具备以下几个条件：

①反应物在空间彼此分开是电化学过程的必要条件。因为电能的获得与损失总是与电流的通过有关。为此，在电化学反应中电子运动不像化学反应中不规则，而是要在一定的方向上进行。同时，只有当电子通过的路径与原子的大小相比很大时，电能的利用才有可能，在电化学反应中，电子从一个参加反应物质转移到另一种物质必须通过足够长的路径，而在化学反应中，质点相互接触，电子运动的路径就不可能是长的。

②电子必须从一种反应物[如式（1-3）中的铜离子]脱出，沿着唯一的公共通路转移到另一反应物[如式（1-3）中的铁离子]上去。因为仅仅使反应物彼此分开，化学反应就会停止，也就不能成为电化学反应。因此，不是让反应物之间直接接触，而是让它们分别与两块金属板相互接触，这两块金属板再用金属导线连接，这样就可实现电化学反应，这两块金属板称为电极，电极可以参加电化学反应，也可以不参加电化学反应。

2）电化学的研究对象

如图 1 - 1 所示，在硫酸铜溶液中沉积金属铜是电化学过程的典型例子。

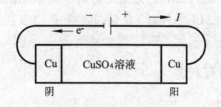

图 1 - 1　电解槽示意图

在阴极，从直流电源负极流入左端铜电极的电子，将在两类导体（金属铜和硫酸铜电解质溶液）的界面消失，即发生铜离子的还原反应，或者说在左端铜电极与溶液界面间发生消耗电子的过程；随后，依靠硫酸铜溶液中离子的移动，将负电荷输送到溶液与右端铜电极的界面间，为使电荷平衡，在溶液与右端铜电极的界面存在一个产生电子的过程，即发生金属铜的氧化反应。从这个过程可以看出，为了使电化学过程持续进行（有电流出现），必然在两类导体界面上发生得电子或失电子的反应。因此，也可以把电化学反应定义为在两类导体界面间进行的有电子参加的化学反应。因而，电化学是研究两类导体形成的带电界面现象及其上面发生变化的科学。

因此，电化学研究对象应包括三个部分：电子导体、离子导体及两类导体的界面以及界面上发生的一切变化。不过，有关电子导体结构和性质的研究，属于物理学的范围，在电化学中只引用它们所得出的结论就够了，电解质溶液理论则是离子导体研究的主要组成部分，是经典电化学的重要领域。因此，只有两类导体的界面性质及界面上所发生的变化，才是近代电化学的主体部分，在硫化矿物浮选理论研究中所关心的主要也是固 - 液界面问题。

3）电化学体系

对于一个发生电化学过程的体系，它们都是由下面三个部分组成（如图 1 - 2 所示）：

（1）电解质。反应物和离子化物质或有助于离子化作用的物质，它们提供了电流的通路，体系的这一部分为离子导体（第二类导体）。

（2）电极。与电解质相接触的两块金属板，它们和反应物产生电子交换，并把电子转移到外电路或从外电路转移电子进来。

（3）外电路。连接电极并保证电流在两极间通过金属导体（第一类导体）。即一个真正的电化学体系是由第一类导体和第二类导体串联组成的电路。按照电能与化学能的转变关系，电化学体系可以分为下面三类：

①平衡态。此时电流为零，不发生化学能与电能之间的转变[图 1 - 2（a）]。

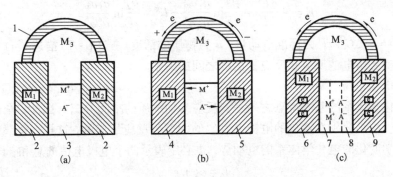

图1-2 电化学体系

(a)平衡电化学体系;(b)化学电源;(c)电解池

1—外电路;2—电极;3—电解液;4—正极;5—负极;6—阴极;7—阴极电解液;8—阳极电解液;9—阳极

②化学电源。由化学变化而产生电能的体系称为化学电源或伽伐尼(Galvanic)电池[图1-2(b)]。此时,给出电子到外电路的电极叫做负电极或电池的负极,从外电路接受电子的电极叫做正电极。从氧化还原角度来划分,在这种情形下,负极为阳极,正极为阴极。

③电解池。由外电能引起电化学反应的电化学体系叫做电解池[图1-2(c)]。此时,从反应物接受电子的电极叫做阳极,把电子给予反应物的电极叫做阴极,直接靠近阳极部分的电解液是阳极电解液;同样,阴极周围的电解液叫做阴极电解液。

1.1.3 自发电动势与电极电位

1)自发电动势

自发电池中包含两个电极,其中每一个电极都是与离子导体直接接触,自发电池是借助氧化-还原反应的化学能变成电能的装置,在断路的情况下,两极间的电位差就是自发电池的电动势。

从热力学上看,对可逆电池,假设电池内部发生的总化学反应为:

$$aA + bB \rightleftharpoons lL + mM \qquad (1-4)$$

$$a_A \quad a_B \quad a_L \quad a_M$$

在恒温恒压下,可逆电池所做的最大功等于体系自由能的减少,即:

$$\Delta G = -zFE \qquad (1-5)$$

根据化学反应的等温方程式:

$$\Delta G = \Delta G^{\ominus} + RT\ln \frac{a_L^l a_M^m}{a_A^a a_B^b} = -zFE \qquad (1-6)$$

$$\therefore \quad E = -\frac{\Delta G^{\ominus}}{zF} - \frac{RT}{zF} \ln \frac{a_L^l a_M^m}{a_A^a a_B^b} = E^{\ominus} - \frac{RT}{zF} \ln \frac{a_L^l a_M^m}{a_A^a a_B^b} \quad (1-7)$$

式中 $E^{\ominus} = -\Delta G^{\ominus}/zF$ 为标准电动势，a 为物质的活度。式(1-7)描述了自发可逆电池电动势与电池反应和反应物活度之间的关系。

2)电极电位

电化学体系的基本特点之一是其反应参加物质的空间分离。因此，全部产生电流的反应是分别在各自的电极上发生的两部分反应组成的，这样，全部反应过程中化学变化的电化学体系的电动势，也必定表示两个电极电位的总和，即：

$$E = \varepsilon_1 + \varepsilon_2 \quad (1-8)$$

式中：E 为电池电动势；ε_1，ε_2 为电极电位。

电动势 E 的数值可以测量，但电极电位表示的是单个电极与溶液界面间的电位差，是不能测量的。为了解决这个问题，在电化学中就采用了测量相对电位差的方法，即选择电位取作零的参考电极，所有其他电极的电位都参考它而定。现在，通用的是氢标电极电位。

氢标电极电位是一个特殊电池的电动势，规定标准氢电极（由分压为101325Pa 的氢气饱和的镀铂墨的铂电极插入 $a_{H^+} = 1$ 的溶液中构成）电位为零，把待测电极作为正极，标准氢电极为负极，测定这一自发电池的电动势。这一电动势就称为待测电极的氢标电极电位，简称为电极电位，以 φ 表示。

对于一般的电极反应：

$$\text{氧化态} + ze^- \Longleftrightarrow \text{还原态} \quad (1-9)$$

其平衡电位为：

$$\varphi = \varphi^{\ominus} + \frac{RT}{zF} \ln \frac{a_{\text{氧化态}}}{a_{\text{还原态}}} \quad (1-10)$$

式(1-10)叫做平衡电位方程式，也可称为能斯特(Nernst)公式，其中 φ 是指氧化态物质和还原态物质处于平衡状态下氢标电极电位，也叫做平衡电极电位；$\varphi^{\ominus}$ 是氧化态和还原态物质的活度为1时的平衡电极电位，叫做标准电极电位。

对于单电极的标准电极电位可以在化学手册上查到，另外，也可以根据热力学数据进行计算（见式1-11）：

$$\varphi^{\ominus} = -\frac{\Delta G^{\ominus}}{zF} \quad (1-11)$$

1.2 金属的电化学腐蚀理论

在许多文献中都提到，硫化矿物与捕收剂作用的电化学机理来源于金属的电化学腐蚀理论，因此，在这里有必要介绍一下金属的电化学腐蚀。

1.2.1　金属腐蚀的定义和分类

金属腐蚀是指金属与介质相接触，并与其发生化学、电化学或生物化学的相互作用，使金属材料遭受破坏的自发过程，通常分为下面三类：

（1）金属的化学腐蚀。它是指氧化剂与金属表面的原子相碰撞而形成腐蚀的产物，它受一般多相化学反应规律的支配。

（2）金属的生物化学腐蚀。它是由于多种不同微生物的生命活动而引起的，某些微生物以金属做培养基，或者以生成的生物侵蚀金属。一定组成的土壤、污水和某些有机物能加速生物化学腐蚀。

（3）金属的电化学腐蚀。它是由两个同时进行的，但又是彼此独立的过程构成，即金属的氧化过程和氧化剂的还原过程，这种腐蚀过程受电化学反应动力学的支配。

1.2.2　金属电化学腐蚀理论

1）腐蚀电偶

对于物理和化学性质完全均一的金属，将金属 M 浸入含有 M^{2+} 的溶液中，在两相界面便发生了物质的转移和电荷的转移[如图 1-3(a)]，最后建立了物质平衡，其电极电位称为平衡电位。在平衡电位下，除了金属离子在两相界面间交换以外，没有其他过程，且金属离子的交换速度相等，与之相应的电流密度就是交换电流密度。

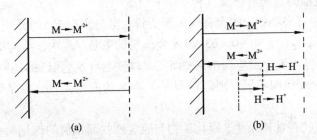

图 1-3　建立平衡电位（a）与稳定电位示意图（b）

如果在溶液中加入氧化剂，例如，加入一定量的硫酸，这时，在界面上除了进行金属以离子形式进入溶液的氧化反应和金属离子的还原反应以外，还有另一电极反应，即氢的析出和氢氧化为氢离子的反应[图 1-3(b)]。

达到平衡时，电荷从金属迁移到溶液和从溶液迁移到金属的速度相等，即电荷转移达到平衡，而物质的转移并不平衡。因为是两种不同的物质分别向不同的方向传输电荷，可以用下面的式子表示：

$$\vec{i}_M + \vec{i}_H = \overleftarrow{i}_M + \overleftarrow{i}_H \qquad (1-12)$$

$$\vec{i}_M - \overleftarrow{i}_M = \overleftarrow{i}_H - \vec{i}_H \qquad (1-13)$$

所以：$i_M = i_H$。

即金属的溶解速度 i_M 与氢离子的还原速度 i_H 相等，这样一对电极应称为共轭反应(共轭反应是指在同一电极上进行的，有着相同的反应速度，而在其他方面又不相互依赖的电极反应)。

对应于稳定状态下的电极电位叫做稳定电位，它是一个不可逆的电极电位，建立稳定电位的条件是在两相界面上电荷的转移必须平衡，而物质的转移并不平衡。

在上一过程中，从总的结果来看，同一电极(金属 M)上同时进行着两个反应，一个是金属的氧化反应，另一个是氧化剂的还原反应，金属氧化反应释放出来的电子完全为氧化剂的还原反应所消耗，称这样的一对反应叫做腐蚀电偶，构成腐蚀电偶的必要条件是在与金属相接触的介质中一定要含有能与电子相结合的氧化剂。

2) 微电池

在现实中，很难有物理和化学性质完全均一的金属及介质，金属中可以有各种夹杂物，介质也不一定均匀。由于这种不均匀性的存在，金属表面出现了不同的电位区域，使得金属与介质相互作用的电化学反应得以在空间上分隔开，形成了类似于原电池的两极区，两个极上分别进行氧化反应和还原反应，这种体系叫做微电池，或叫腐蚀电池。

产生微电池的原因有下面几种：

① 金属中有夹杂物，如含有铁杂质的锌，当与含有 H^+ 的介质接触后，因为金属锌的电位($\varphi_{Zn^{2+}/Zn}^{\ominus} = -0.763$ V)比金属铁的电位($\varphi_{Fe^{2+}/Fe}^{\ominus} = -0.44$ V)低，因此，金属锌将发生氧化反应而溶解，而在金属铁上将发生 H^+ 的还原反应。

② 金属金相组织不同，则晶粒与晶体边缘的应力不同，也是形成微电池的原因。

在硫化矿物浮选体系中，硫化矿物与硫氢捕收剂及氧的作用行为与金属的电化学腐蚀极为相似，由于晶格杂质和晶格缺陷，而在硫化矿物矿粒表面形成电位不同的阴极区和阳极区，即构成微电池。在阳极区，发生捕收剂与硫化矿物作用的阳极氧化反应，给出电子到硫化矿物本体；而在阴极区，溶解氧自硫化矿物表面接受电子而发生还原反应，从而构成了类似于金属电化学腐蚀的硫化矿物与硫氢捕收剂作用的电化学机理。

因此，硫化矿物浮选中的各种过程，如与捕收剂作用而疏水，受抑制剂作用而亲水，硫化矿物自身氧化等阳极过程，以及氧在硫化矿物表面还原的阴极过程等，都可以用电化学方法研究。

1.3　电化学研究的实验体系

前面已经指出，电化学的研究对象是两类导体(固 – 液)形成的带电界面现象及界面上发生的变化。任一电化学过程进行时，总是同时存在阴极过程和阳极过程，为了得到单一电极过程的反应动力学行为，就必须把单一电极过程独立出来，在特别的实验体系中进行研究，这就是电化学研究方法的任务。一般说来，电化学研究方法包括三个主要组成部分：实验条件的控制、实验结果的测量和实验结果的分析。

1.3.1　电化学实验装置

电化学的典型实验装置是三电极"H"电解槽，它由下面几个部分组成(如图 1 – 4 所示)。

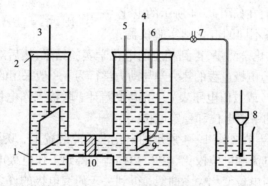

图 1 – 4　电解槽示意图

1—"H"电解槽；2—橡皮塞；3—辅助电极；4—工作电极；5—进气管
6—出气管；7—盐桥；8—参比电极；9—鲁金毛细管；10—多孔石英砂隔板

(1)工作电极。工作电极也称为研究电极，电化学实验的目的是研究在该电极上所发生的电化学过程(阴极过程和阳极过程)的热力学与动力学行为。对硫化矿物浮选电化学研究来说，工作电极就是硫化矿物电极。矿物电极(图 1 – 5)的制备分为 3 步：

①选取结晶完整的块状矿物。切割成一定的立体形状(圆柱形或立方体形)。

②取一面接通导线(与导线联接的方法有：汞为连接介质、石墨压膜、电镀金属膜 – 焊接法等)。

③用绝缘树脂封闭其他表面，留下一面与溶液接触，并用玻璃管引出导线。

(2)辅助电极。一般采用大面积的镀铂墨电极，使研究电极处于突出地位，主要起到接通电流，形成电流通路的作用。

（3）参比电极。作为电化学测量的电位基点，要求参比电极的可逆性好，电极电位稳定、电位的重现性好且随温度的变化小，一般采用的参比电极为饱和甘汞电极。

（4）盐桥。管内装有饱和氯化钾溶液的 U 形管，作用有二：一是如果研究的溶液与参比电极溶液不同，采用盐桥可防止污染；二是可以消除液体接界电位。

（5）鲁金毛细管。它是指靠近研究电极表面的盐桥的尖嘴部分，其作用是使溶液电阻降到可以忽略不计的程度。

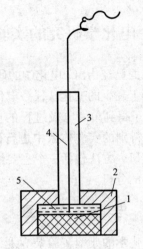

图 1 - 5　矿物电极结构示意图
1—矿物；2—绝缘树脂；
3—玻璃管；4—导线；5—导电联接膜

1.3.2　电化学测量仪器

根据研究目的，在如图 1 - 4 所示的电化学实验装置上配备不同的电化学实验仪器，就可以进行各种电化学测量，得到相应的电化学实验结果，然后对实验结果进行解析，就可以得到相应电极过程的热力学与动力学行为。一般采用的电化学仪器有：

（1）电位差计（或数值电压表）。用电位差计，联接工作电极和参比电极，可以测量工作电极的平衡电位和稳定电位。

（2）恒电位仪。在如图 1 - 4 所示的电化学实验装置上，联接恒电位仪后，可对工作电极进行电流和电位极化、电位扫描等，得到工作电极电流与电位变化关系曲线。从电流与电位变化关系曲线，得到关于研究电极的许多热力学和反应动力学行为的信息。

（3）$X - Y$ 函数记录仪。可以同步记录研究电极的电流与电位变化关系。另外，根据实验目的需要，可设计特别的电化学实验装置，如硫化矿物浮选研究中的电位 - 接触角、电位 - 可浮性、电位 - 光电压的测量所采用的特殊装置，请参阅有关文献。

电化学研究方法很多，下面具体介绍一些在硫化矿物浮选理论研究中已运用的电化学研究方法以及这些方法的应用实例。

1.4　电化学研究方法在硫化矿物浮选研究中的应用

1.4.1　静电位（Rest Potential）

1）静电位的物理意义

硫化矿物浮选电化学研究中涉及的静电位，相当于金属电化学腐蚀中的稳定电位，即硫化矿物作为电极，由于硫化矿物浮选体系中具有氧化还原性的捕收剂、调整剂以及水中溶解氧的存在，在硫化矿物表面将发生阳极反应，如捕收剂与硫化矿物作用生成疏水物，以及氧气还原的阴极反应，当硫化矿物表面的阳极氧化与阴极还原这两个过程达到电荷转移平衡时，硫化矿物电极的稳定电位就是静电位。由此可以看出，静电位不是硫化矿物的氧化还原电位，而是整个硫化矿物浮选体系氧化还原性质的标志之一。

2）静电位的测定

从测量的角度来说，静电位是硫化矿物电极在一定组成的溶液中，在开路情况下（电极上没有电流流过）的电位，测量静电位的方法如下：

由矿物电极和参比电极构成原电池，用电位差计和数值电压表测量其电动势。如果以矿物电极为正极，参比电极为负极，则矿物电极的静电位为：

$$\varphi_{MS} = E + \varphi_{参比} \tag{1-14}$$

3）测量静电位的意义

稳定电位的大小与电极所在溶液的组成有关，因此，矿物电极静电位的意义取决于电极所在溶液的性质，如果脱离了测定矿物电极静电位的条件，静电位就失去了意义。

在硫化矿物浮选研究中，工作电极为硫化矿物电极，溶液组成为一定浓度的硫氢捕收剂水溶液，有溶解氧存在，则在此条件下测定的硫化矿物电极的残余电位与硫氢捕收剂离子氧化为二聚物的标准可逆电位进行比较，就可以推断硫化矿物与硫氢捕收剂作用的反应产物和作用机理。即：

如果 $E_{静电位} > E_{X^-/X_2}$，硫化矿物与硫氢捕收剂的反应为：

$$2X^- + \frac{1}{2}O_2 + H_2O = X_2 + 2OH^- \tag{1-15}$$

疏水物质为硫氢捕收剂的二聚物，如果 $E_{静电位} < E_{X^-/X_2}$ 则硫化矿物与硫氢捕收剂的反应为：

$$MS + 2X^- + \frac{1}{2}O_2 + H_2O = MX_2 + S^0 + 2OH^- \tag{1-16}$$

或

$$MS + 2X^- + 2O_2 = MX_2 + SO_4^{2-} \tag{1-17}$$

疏水物质为硫氢捕收剂金属盐。

硫化矿物与硫氢捕收剂作用的混合电位模型就是根据静电位与表面产物之间的关系建立起来的。

1.4.2　动电位极化

1）方法

在如图 1-4 所示的电化学试验装置中，连接上恒电位仪、信号发生器和函数记录仪,通过恒电位仪,从某一电位开始,工作电极施加向某一方向线性变化的电位,由函数记录仪记录下电位－电流的变化关系。

2)应用

在电化学研究中,有稳态极化和非稳态极化两种,其中稳态极化是指电位扫描速度极小,电极反应趋于平衡的极化过程,从稳态极化曲线可得到电极反应的动力学参数,在硫化矿物浮选研究中,通过伏安曲线以及不同条件下伏安曲线的比较,可以定性描述硫化矿物的浮选和抑制机理。

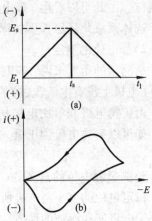

图1－6 循环伏安法示意图
(a)电位与时间的关系;
(b)电位与电流关系(伏安曲线)

1.4.3 循环伏安法

1)循环伏安法

在平面电极上加三角波电位,称为扫描电位,如图1－6(a),E_1为扫描起点电位(人为控制),t_s为电位扫描半周期,E_s为扫描终点电位,电位从E_1开始扫描,以恒速度向阴极方向扫描(可以开始就从阳极方向扫描),当扫描到E_s时,开始向反方向扫描(阳极扫描)。电位向阴极方向扫描时,在电极上发生还原反应:

$$O + ne^- \longrightarrow R \tag{1-18}$$

(O代表氧化态物质,R代表还原后生成物)得到阴极极化曲线,当向正方向扫描(阳极方向)时,电极上富集的还原产物R开始发生阳极氧化:

$$R - ne^- \longrightarrow O \tag{1-19}$$

2)循环伏安法的应用实例

根据循环伏安曲线可以求电化学的动力学参数,从而推断电化学反应机理。在硫化矿物浮选电化学研究中,多数只用于定性研究硫化矿物与捕收剂的作用机理。

(1)黄铁矿、黄铜矿－乙基黄药体系

图1－7是黄铁矿电极和黄铜矿电极在乙基黄药溶液中的循环伏安曲线,从图上的两条曲线可以看出:在阳极氧化扫描时,当扫描电位小于E_r(该黄药浓度下黄原酸离子氧化为双黄药的可逆电位)时,黄药的存在对两个矿物电极的伏安曲线没有影响,只出现两个矿物自身氧化的本底电流;当扫描电位大于E_r以后,电流急剧增加,与这一阳极电流相对应的阳极过程使乙基黄药在黄铁矿(或黄铜矿)电极表面氧化为双黄药,这说明双黄药是黄药在黄铁矿和黄铜矿表面唯一的捕收剂作用产物。

在阴极扫描伏安曲线上,对黄铁矿电极,在电位为0.1~0.2 V区间出现明显的还原电流峰,这是黄铁矿表面上双黄药的还原反应电流。对黄铜矿电极,没有像黄铁矿

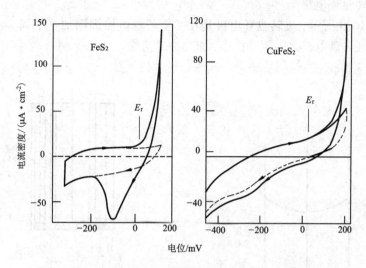

图 1 - 7　在 0.05 mol/L 硼砂缓冲溶液中黄铁矿和黄铜矿
电极的三角波电位扫描(4 mV/s)伏安曲线

乙基黄药浓度：虚线为 0；实线为 10^{-2} mol/L；E_r 为黄药氧化为双黄药的可逆电位

电极那样明显的还原电流峰，只是在整个阴极扫描过程中，阴极电流都相应地增大了，其原因是由于黄铁矿表面上，在阳极过程中形成的双黄药还原为黄原酸离子。

循环伏安法研究表明，黄铁矿和黄铜矿与乙基黄药的作用物都是双黄药，这与由混合电位模型得到的结论完全相同。此外，用循环伏安法还对方铅矿、辉铜矿等硫化矿物与硫氢捕收剂的作用进行过研究，得到的结果都证实了混合电位模型的正确性。

（2）硫化矿物氧化研究

循环伏安法是研究硫化矿物氧化行为的有效手段。用这一方法对方铅矿、黄铁矿和磁黄铁矿、毒砂、辉铜矿、黄铜矿等硫化矿物的氧化行为进行了详细研究，可参阅有关文献。

1.4.4　旋转盘环电极

1）旋转圆盘电极

旋转圆盘电极的特点是改变了传统的电极形式，电极可以旋转（如图 1 - 8 所示）。电极中心是被研究物质（如硫化矿物），在 $Z = 0$ 处为电极表面，电极外部用塑料绝缘（聚四氟乙烯或聚三氟乙烯）。电极由电动机带动，以恒速转动。电极转动时，对溶液起搅拌作用。当电极以恒速转动并接通电源以后，溶液就沿着如图 1 - 8 中箭头所示的方向流经圆盘表面，使反应物在电极上进行反应。

2）旋转盘环电极

如图 1-9 所示，旋转盘环电极是在一个圆盘电极周围加一个同心的环形电极。环电极与盘电极之间距离很小，而且彼此绝缘。

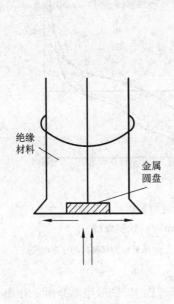

图 1-8　旋转圆盘电极

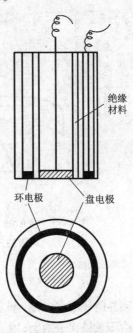

图 1-9　带环的旋转圆盘电极

3）旋转圆盘电极和旋转盘环电极的作用与应用实例

旋转圆盘电极和旋转盘环电极是研究电化学反应动力学的一种有效手段。其特点有二：一是由于电极旋转，强化了反应物向电极表面的传输，即增加了单位时间内到达电极表面的反应物量，这样就可以研究溶液中微量物质的电化学反应动力学（如溶解氧的还原行为），同时，旋转电极的扩散层厚度与溶液对电极的冲击点无关，其表面上扩散层厚度均匀，因而整个电极表面上电流密度的分布也就均匀了；二是盘环电极由盘电极与环电极两部分组成，如果将盘电极和环电极分别控制在不同的电位，可以用这种电极发现和研究电极过程中不稳定的中间反应产物。

在硫化矿物浮选电化学中，旋转盘环电极主要是用于研究氧在硫化矿物表面的还原动力学和机理。研究表明，氧在黄铁矿表面上的还原机理为：其中间产物为过氧化氢，并且在 O_2 还原为 H_2O_2 的过程中又分两步进行，即：

$$O_2 \xrightarrow{2H^+ + 2e^-} H_2O_2 \xrightarrow{2H^+ + 2e^-} 2H_2O \qquad (1-20)$$

$$O_2 + e^- \longrightarrow O_2^- \qquad (1-21)$$

$$O_2^- + 2H^+ + e^- \longrightarrow H_2O_2 \qquad (1-22)$$

结果表明，在酸性溶液中，式(1-21)为速率决定步骤；而在高 pH 下，情况较复杂，式(1-22)为速率决定步骤。对不同类型黄铁矿的研究表明，不同来源（人工合成、天然矿物），不同类型（N 或 P 型半导体）的黄铁矿，对氧化还原反应的活性以及伏安曲线的具体形状表现出一定的差异，然而氧在这些黄铁矿上还原的机理相同。结果还表明，黄铁矿中不可避免的微量杂质是引起这一差异的主要原因，但没有发现氧化还原动力学参数与黄铁矿半导体类型之间的明显关系，从这一点可以认为，如果杂质是决定硫化矿物电化学特性的主要因素，那么杂质的影响将不是通过影响半导体类型来实现的。

用旋转盘环电极，研究了氧在一系列硫化矿物如黄铁矿、辉铜矿、镍黄铁矿、黄铜矿、铜蓝、斑铜矿、毒砂、磁黄铁矿、方铅矿上的还原行为。结果如图 1-10 所示，结果表明氧在其他硫化矿物上的还原行为与在黄铁矿上的还原行为相似。

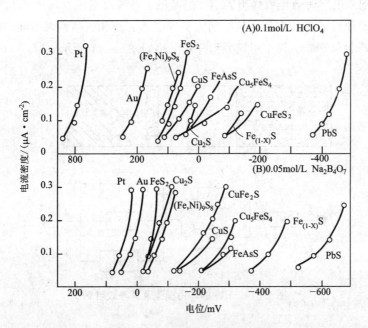

图 1-10　各电极上氧化还原的活性控制电流与电位关系

(A)饱和酸溶液；(B)饱和碱溶液

近年来，用旋转盘环电极研究了铜离子对方铅矿、磁黄铁矿、黄铁矿的活化机理，以及毒砂的氧化行为。对于硫化矿物浮选体系来说，在浮选时间内，有些电化学反应由于反应速度的限制不能达到平衡，有些反应会有不稳定的中间物质产生。因此，为了深入了解硫化矿物浮选过程的实质，旋转盘环电极方法将是一个有效的手段。

1.4.5 交流阻抗法

交流阻抗法又叫电化学阻抗谱(Electrochemical Impedance Spectroscopy，EIS)，是通过控制电极电流(或电位)按正弦波规律随时间变化来测量相应的电极电位(或电流)随时间的变化，或者直接测量电极的交流阻抗来计算各种电极参数。

在硫化矿物浮选电化学中，该方法可用于确定硫化矿物表面产物并研究硫化矿物与捕收剂或活化剂的作用机理。可用由简单的电化学元件组成的电路来模拟电解池在小振幅正弦交流信号作用下的电性质。电解池的等效电路由 R、C、L 等元件组成。当加载相同的正弦波电压信号时，通过电路的正弦波电流与通过电解池的正弦波电流具有完全相同的频率、振幅和相位角。在正弦波信号通过电解池时，可以把双电层等效地看作电容器，把电极、溶液及电极反应所引起的阻力看成电阻。有研究者采用交流阻抗法研究了异丁基黄药和硫酸铜对不同产地的磁黄铁矿表面产物的影响，其作用模型和等效电路如图 1-11 所示。

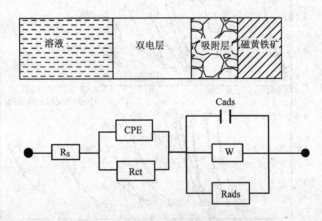

图 1-11 EIS 的作用模型及其等效电路

在等效电路中，Rs 为溶液阻抗，Cads 和 Rads 为无药剂存在时氧化层的电容和电阻，Rct 为电荷转移阻抗，CPE 是双电层电容，W 是有限 Warburg 阻抗元件。异丁基黄药(SIBX)和硫酸铜对模拟电路元件的影响如表 1-1 所示。

表 1 – 1　SIBX 和 $CuSO_4$ 对模拟电路元件的影响(pH =7)

磁黄铁矿样		W_{Rs}	W_{CPE}	n	W_{Rct}	W_{Cads}	W_{Rads}	W_W
Sudbury Gertrude West (Canada)	空白	123	23.76	0.64	2.982	81.14	74.62	2.43
	SIBX	123	48.91	0.58	1.42	17.98	11.88	3.39
	$CuSO_4$ + SIBX	110	26.4	0.60	3.046	130.9	10.16	6.63
Phoenix (Botswana)	空白	135	11.73	0.68	7.507	47.57	77.96	1.45
	SIBX	136	15.56	0.62	8.23	154.6	18.26	3.38
	$CuSO_4$ + SIBX	140	10.48	0.66	7.557	52.94	25.72	3.80
Sudbury Copper Cliff North (CCN；Canada)	Nil	114	31.96	0.61	17.87	35.54	67.14	0.84
	空白	120	38.56	0.58	17.26	56.12	27.73	1.29
	$CuSO_4$ + SIBX	108	31.82	0.60	10.41	49.95	16.54	1.42
Nkomati MSB (South Africa)	空白	123	33.96	0.60	0.5	39.23	482.9	0.64
	SIBX	105	23.73	0.63	0.5	30.59	37.84	0.67
	$CuSO_4$ + SIBX	103	19.11	0.69	0.5	47.45	27.28	0.61

在试验中溶液阻抗 Rs 都是一样的，因子 n 表示矿物表面的粗糙度，其值一般为 0.5 ~ 1.0。当 $n=1$ 时，CPE 等效于理想电容。CPE 和 Rct 表示双电层的变化。Rct 值越大表明矿物表面氧化速率越低。氧化铁/氢氧化铁层的形成会降低电极电容，而黄药氧化成双黄药的电化学反应以及 Cu^{2+} 还原成 Cu^+ 的过程会使电容提高。因此，随着黄药的增加，黄药氧化成双黄药的阴极反应增强，导致 Rads 的降低和 Cads 的提高。

1.4.5　扫描振动电极技术

扫描振动电极技术(SVET)是利用扫描振动探针(SVP)在不接触样品表面的情况下，检测样品在溶液中局部腐蚀电位的一种新技术。SVET 是在 SRET(扫描参比电极技术) 的基础上发展起来的，SVET 具有比 SRET 更高的灵敏度，尤其是在信噪比方面 SVET 比 SRET 有较大的提高。SVET 利用振动电极、转变测量信号以及锁相放大器，消除微区扫描过程中的噪声干扰，从而有效地提高了测量精度和灵敏度。SVET 的最大特点是具有高灵敏度和非破坏性，可进行电化学活性测量。

SVET 的基本原理是浸入电解质溶液中的物体，活性表面将发生电化学反应，在这过程中会有离子电流的流动。由于离子电流的流动将导致溶液中产生电位的微小改变，SVET 主要是能够测量电位的微小变化情况。在腐蚀金属的表面，氧化和还原反应常常在各自不同的区域发生，数量、尺寸大小都不同。在这些区域中，各自的反应性质、反应速率、离子的形成以及在溶液中的分布不同，这些都将形成离子浓度梯度，由于浓度梯度的存在将形成电势。

用 SVET 进行测试时，微探针在样品表面进行扫描，用一个微电极测试表面所有点的电势差，另外一个电极作为参比电极，如图 1-12 所示。通过测量不同点的电势差，获得表面的电流分布图。

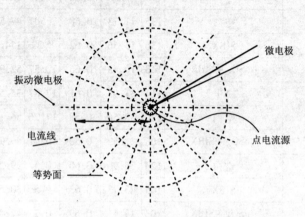

图 1-12　SVET 测量原理示意图

R. M. Souto 等采用 SVET 方法研究了铁-锌电偶对在 0.1 mol/L Na_2SO_4 溶液中的电偶腐蚀行为，测试了微米范围内包含电偶过程的电化学反应。SVET 能够提供较好的空间分辨率，通过它能观察到局部区域内锌的氧化反应，也能观察到氧的还原反应相对均匀地发生在铁的表面上。图 1-13 为用 SVET 测到的铁-锌电偶对的离子电流图。

1.4.6　扫描电化学显微镜

扫描电化学显微镜（SECM）是 20 世纪 80 年代末，借鉴扫描隧道显微镜（STM）的技术原理并结合超微电极在电化学研究中的特点，提出和发展起来的一种扫描探针显微技术。SECM 在溶液中可检测电流或施加电流于微电极与样品之间。SECM 分辨率介于普通光学显微镜与 STM 之间，是一种现场空间高分辨的新的电化学方法，其最大特点是可以在溶液体系中对研究系统进行实时、现场和三维空间观测。SECM 可用于检测、分析或改变样品在溶液中的表面和界面化学性质。SECM 的主要装置包括双恒电位仪、压电控制仪、压电位置仪、电解池和计算机等。

SECM 的测试原理是以电化学原理为基础，微探针在非常靠近基底电极的表面扫描，其氧化还原电流具有反馈的特性，并直接与溶液组分、微探针与基底表

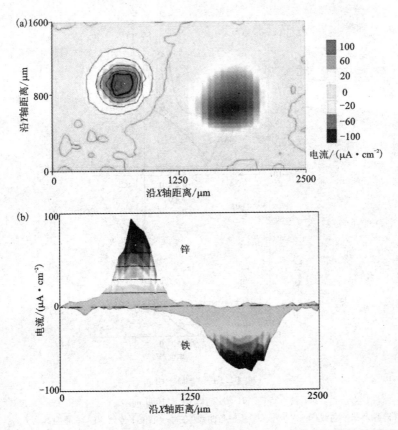

图 1-13 （a）离子电流图 （b）铁锌电偶对在 0.1 mol/L Na$_2$SO$_4$ 中的离子电流剖面图

面距离、基底电极表面特性等密切相关。因此，在基底电极表面不同位置上微探针的法拉第电流图像即可表征基底电化学活性分布和电极的表面形貌。

1.4.7 其他方法

为了使电化学研究对象更接近于硫化矿物浮选过程，或者说为了使电化学研究结果更直观的表现出来，采用了两种适合于硫化矿物浮选体系的电化学研究方法。

1）电位扫描–接触角法

此方法通过恒电位仪控制矿物电极的电位，并在不同电位下停留一段时间（如 30 s），以利于矿物与捕收剂作用，其作用效果通过接触角大小表示出来，这样就得到了电位–接触角关系曲线。把这一曲线与矿物电极的电位扫描伏安曲线相对照，就可以直观地表现矿物与捕收剂之间发生的电化学反应以及疏水物质的性质，典型结果如图 1-14 所示。

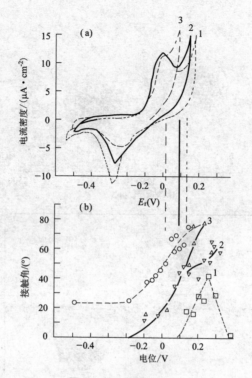

图 1－14　黄铜矿电极

25℃，pH＝9.2 黄药浓度 1000 mg/L

(a)循环伏安曲线(4 mV/s)；(b)接触角曲线(在每一电位下停留 30 s)；垂直线为 E_{x_2/x^-}

1—甲基黄药；2—乙基黄药；3—丁基黄药

2)矿粒层电极

用粉状矿粒层电极代替块状矿物电极进行电化学研究，其电极和电解槽如图 1－15所示。通过恒电位仪向铂丝网施加电压，由于矿粒与铂丝网接触而间接与恒电位仪接通，这样就可以对矿粒层电极进行电化学测量，如果通过进气管通入空气，就可以进行电位控制的电化学浮选研究。

用此种电极和电解槽研究了黄铜矿的氧化行为，结果表明，在酸性时，黄铜矿的氧化反应为：

$$CuFeS_2 \Longrightarrow CuS + Fe^{2+} + S^0 + 2e^- \qquad (1-23)$$
$$E^\ominus = 0.298 \text{ V}$$

在碱性时，其氧化反应为：

$$CuFeS_2 + 3H_2O \Longrightarrow CuS + Fe(OH)_3 + S^0 + 3H^+ + 3e^-$$
$$E^\ominus = 0.547 \text{ V} \qquad (1-24)$$

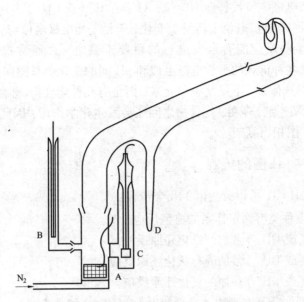

图 1 - 15　用于电化学测量和电化学浮选的单泡管
A—铂丝网工作电极；B—参比电极；C—辅助电极；D—尾矿收集管

即在适当的阳极电位区间内，黄铜矿氧化都可以生成疏水的元素硫，说明了黄铜矿无捕收剂浮选的原因是由于氧化生成了元素硫。

1.5　电位 - pH 图

对浮选体系进行理论研究，总的来说是从动力学和热力学这两个方面进行，在 1.4 中介绍的几种电化学研究方法是动力学研究手段，在这一节中要介绍的电位 - pH 图，是从热力学方面研究硫化矿物浮选体系的性质。热力学性质是物质的固有特性，因此，从热力学数据只能判断硫化矿物浮选体系中各组分相互作用的反应是否能够自发进行以及进行的趋势大小，而不能说明该反应在动力学上进行的速度，因而，必须把热力学和动力学结合起来，才能全面地进行硫化矿物浮选理论研究。

1.5.1　电位 - pH 图的定义

电位 - pH(E_h - pH) 图是进行热力学研究的有效手段。因为在电化学体系中发生的化学反应，总是离不开氧化还原反应，通常是用标准电极电位的大小来判断反应是否进行以及进行的方向。在反应或产物浓度变化时，常使平衡发生移动,可以用平衡电极电位代替标准电位;对于有 H^+(或 OH^-)参加的反应,随溶液 pH 的变化,平衡电极电位也将发生变化,于是平衡电极电位与 pH 间的关系曲线就成了判断某些反应能否自发进行的重要工具之一。通常把在 101325 Pa,25℃,一种元素各种价态的平衡电极电位和 pH 间的变化关系图叫做 E_h – pH 图。对于硫化矿物浮选体系,不只是一种元素,而是有几种化合物(如硫化矿物、捕收剂、氧气、水、调整剂)存在,化合物之间还会发生化学作用,因此硫化矿物浮选体系的 E_h – pH 图相当复杂。

1.5.2 电位 – pH 图的绘制

绘制 E_h – pH 图,可以分为以下几个步骤:

1)按下面三种类型确定体系的典型反应

(1)无 H^+(或 OH^-)参加的氧化还原反应;

(2)有 H^+(或 OH^-)参加的非氧化还原反应;

(3)有 H^+(或 OH^-)参加的氧化还原反应。

2)根据下列两条基本规律计算平衡电位 φ 与 pH 的关系

(1)有电子参加的氧化还原反应达到平衡时,应遵从能斯特公式[式(1 – 10)];

(2)对于一个化学反应,在恒温恒压下达到平衡时,应遵从化学平衡方程式:

$$\Delta G = -RT\ln K$$

3)根据得到的 φ 与 pH 的关系,画出一定活度下的电位与 pH 的关系曲线

下面就以硫化钠为例,说明 E_h – pH 图的绘制过程。

(1)水的稳定区域。一般化学反应都是在水溶液中进行的,因此有必要先求出水的热力学稳定区域:

水的稳定下限:

$$2H^+ + 2e^- \Longrightarrow H_2 \qquad (1 - 25)$$

$$\varphi_{H_2/H^+} = \varphi^{\ominus}_{H_2/H^+} + 0.059\lg a_H^+ = -0.059pH \qquad (1 - 26)$$

式(1 – 26)说明 φ_{H_2/H^+} 与 pH 呈线性关系,直线斜率为 – 0.059。

水的稳定上限:

$$\frac{1}{2}O_2 + 2H^+ + 2e^- \Longrightarrow H_2O \qquad (1 - 27)$$

$$\varphi_{H_2O/O_2} = \varphi^{\ominus}_{H_2/O_2} + \frac{RT}{2F}\ln\frac{a_H^2 + p_{O_2}^{\frac{1}{2}}}{a_{H_2O}} = 1.229 + 0.059\lg a_H^+ = 1.229 - 0.059pH$$

$$(1 - 28)$$

由式 $(1-28)$ 可见，φ_{H_2O/O_2} 与 pH 也呈线性关系，直线斜率为 -0.059。图 $1-16$ 中上、下两条虚线之间的区域为水的稳定区域。

（2）对硫化钠，没有无 H^+ 参加的氧化反应。有 H^+ 参加的氧化反应如下（假定含硫物质浓度相等）：

① $H_2S + 4H_2O =\!=\!= HSO_4^- + 9H^+ + 8e^-$ 　$(1-29)$

$$E_h = 0.290 - 0.066pH$$
$$(1-30)$$

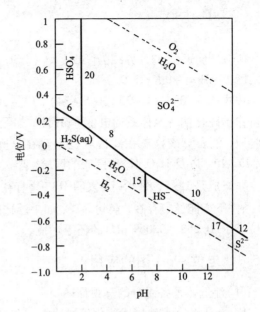

图 1 – 16　硫化钠溶液的 $E_h - pH$ 图

(25℃, 101325 Pa)

② $H_2S + 4H_2O =\!=\!= SO_4^{2-} + 10H^+ + 8e^-$ 　$(1-31)$

$$E_h = 0.303 - 0.074pH$$
$$(1-32)$$

③ $HS^- + 4H_2O =\!=\!= SO_4^{2-} + 9H^+ + 8e^-$ 　　　　　　　　　　$(1-33)$

$$E_h = 0.252 - 0.066pH \qquad\qquad\qquad\qquad\qquad (1-34)$$

④ $S^{2-} + 4H_2O =\!=\!= SO_4^{2-} + 8H^+ + 8e^-$ 　　　　　　　　　　$(1-35)$

$$E_h = 0.148 - 0.059pH \qquad\qquad\qquad\qquad\qquad (1-36)$$

（3）有 H^+ 参加的非氧化还原反应

⑤ $H_2S =\!=\!= H^+ + HS^-$ 　　　　　　　　　　　　　　　　　　$(1-37)$

$$K_1 = 10^{-7}$$

H_2S 与 HS^- 的分界线为 $[H_2S] = [HS^-]$ 的 pH

所以 $K_1 = \dfrac{[H^+][HS^-]}{[H_2S]} = [H^+]$

所以 $pH = 7$ 　　　　　　　　　　　　　　　　　　　　　　$(1-38)$

⑥ $HS^- \longrightarrow H^+ + S^{2-}$ 　　　　　　　　　　　　　　　$(1-39)$

$$K_2 = 10^{-14} \qquad\qquad\qquad\qquad\qquad\qquad\qquad\qquad (1-40)$$

同⑤得 HS^- 与 S^{2-} 的分界线为：

$pH = 14$ 　　　　　　　　　　　　　　　　　　　　　　　　$(1-41)$

⑦ $HSO_4^- \longrightarrow H^+ + SO_4^{2-}$

$$K = 10^{-1.9} \qquad\qquad\qquad\qquad\qquad\qquad\qquad\qquad (1-42)$$

$$K = \frac{[H^+][SO_4^{2-}]}{[HSO_4^-]} \tag{1-43}$$

HSO_4 与 SO_4^{2-} 的分界线为 $[SO_4^{2-}] = [HSO_4^-]$ 时的 pH

所以 $pH = -\lg K = 1.9 \tag{1-44}$

按式(1-30)、(1-32)、(1-34)、(1-36)、(1-38)、(1-41)、(1-44)就可作出硫化钠-水体系的电位-pH图,如图1-16所示,各线所围区域内标明的物质,就表明该物质在此区域稳定存在。例如,HS^- 稳定存在的区域为由线10、17、15、以及 H_2O/H_2 所围成的区域,浮选实践表明,硫化钠在浮选中起作用的主要组成是 HS^-,图1-16表明 HS^- 只有在 pH 大于7,且 $E_h < 0.252 - 0.069$ pH 条件下方能稳定存在,换句话说,如果浮选矿浆中有 HS^-,并且可以产生一个电位小于$(0.252 - 0.069\ pH)$的还原环境。

1.5.3 电位-pH 图的应用

(1)浮选体系各组分的直观描述

E_h-pH 图直观地描述硫化矿物捕收剂和具有氧化还原性能的调整剂的各组分与电位和 pH 的关系,如图1-17、1-18所示。

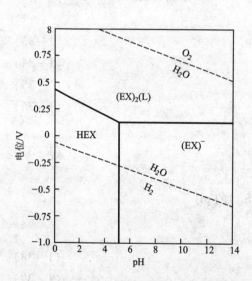

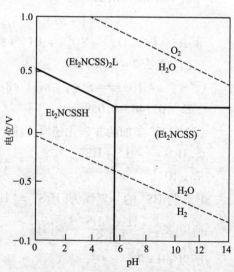

图1-17 乙基黄药水溶液的 E_h-pH 图

(25℃,101325Pa[KEX],6.25×10^{-4} mol/L)

图1-18 SN—9 号水溶液的 E_h-pH 图

(可溶物溶度 5.8×10^{-1} mol/L,25℃,101325 Pa)

从图1-17、1-18可以明显看出,只有在 pH >5 以后,捕收剂才主要以离子形式存在,同时,如果电位较高,两种捕收剂离子(或分子)都会氧化为二聚物。因此,从热力学上说明了对于具有不同电化学性质的矿物体系(电化学性质用静电位表示)，捕收剂将以不同的组分与硫化矿物作用，或者硫化矿物与捕收剂作用的最终产物将不同。

较典型的、具有氧化还原性的硫化矿物调整剂是硫化钠，其 $E_h - pH$ 图如图 1–16 所示。

(2)描述硫化矿物的热力学稳定性

$E_h - pH$ 图可以描述硫化矿物稳定存在的电位和 pH 范围，以及在不同电位和 pH 下硫化矿物所发生的变化或存在形式，这方面的研究很多，对黄铁矿与磁黄铁矿、方铅矿、毒砂、黄铜矿、辉铜矿等硫化矿物都作出了相应的 $E_h - pH$ 图。现在已开始用电子计算机进行 $E_h - pH$ 图的制作，特别是对复杂体系，更显示出其优越性。

图 1–19 清楚地表明了黄铁矿稳定存在的电位与 pH 范围，同时也说明，随 pH 增大，黄铁矿发生氧化所需的电位越来越小，在酸性介质中，黄铁矿氧化生成 Fe^{2+} 和 SO_4^{2-}；在中性和碱性介质中，黄铁矿氧化生成 Fe_2O_3 和 SO_4^{2-}。

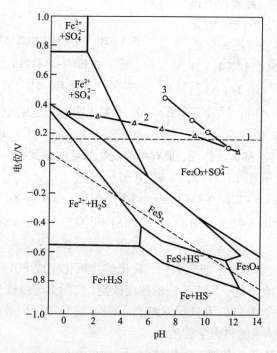

图 1–19　水溶液中黄铁矿的 $E_h - pH$ 图

1—E_{X_2/X^-}（X^-：25 mg/L）；2—氧在黄铁矿上的还原（$i = 10\ \mu A/cm^2$）；3—黄铁矿氧化（$i = 10\ \mu A/cm^2$）

如果考虑亚稳态物质(如元素硫 S^0)的存在，绘制出来的 $E_h - pH$ 图就可以用于从热力学上解释硫化矿物的无捕收剂行为。从图 1–20 中可以看出，方铅矿可以在较高的电位下氧化形成具有疏水性的元素硫。说明硫化矿物无捕收剂浮选的实质是在氧化环境中由于硫化矿物表面氧化而生成疏水性元素硫(S^0)。

(3)硫化矿物与捕收剂反应的电位 – pH 值

E_h – pH 图可以明确地说明硫化矿物与捕收剂能够发生反应产生疏水物质的电位与 pH 条件,这方面的研究很多,如方铅矿 – 乙基黄药、辉铜矿 – 黑药、铜 – 乙基黄药等体系都作出了相应的 E_h – pH 图。

图 1 – 21(a)、(b)、(c)分别表示方铅矿发生氧化生成不同的最终氧化产物,或者说方铅矿与乙基黄药发生不同的电化学反应的 E_h – pH 图,不相同的最终产物分别是 SO_4^{2-}[图 1 – 21(a)]、$S_2O_3^{2-}$[图 1 – 21(b)]、

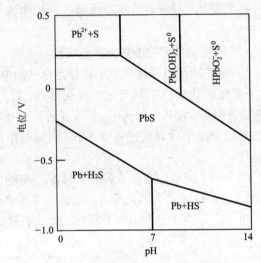

图 1 – 20   有亚稳态物质(S^0)存在时,
方铅矿 – 水体系的 E_h – pH 图

(25℃, 101325 Pa, 可溶物 10^{-1} mol/L)

元素硫[图 1 – 21(c)]。尽管三个 E_h – pH 图都表明有一定的电位,pH 条件下都有疏水的 PbX_2 和 X_2 存在,但它们存在的 E_h – pH 区间不同。如果仅从热力学来看,似乎方铅矿与乙基黄药作用,最有可能发生的反应是式(1 – 45),因为它所要求的电位最小[比较图 1 – 21(a)、(b)、(c)]。

$$PbS + 2X^- + 4H_2O \Longrightarrow PbX_2 + SO_4^{2-} + 8H^+ + 8e^- \qquad (1 - 45)$$

$$2PbS + 4X^- + 3H_2O \Longrightarrow 2PbX_2 + S_2O_3^{2-} + 6H^+ + 8e^- \qquad (1 - 46)$$

$$PbS + 2X^- \Longrightarrow PbX_2 + S^0 + 2e^- \qquad (1 - 47)$$

事实上,电化学动力学研究表明,硫化矿物氧化生成 SO_4^{2-} 需要很高的过电位(0.750 V),因此,这一反应进行的速度极慢,实际上可以认为不能进行,而能够进行的反应是式(1 – 46)和式(1 – 47),因此,图 1 – 21(b)、(c)才真正揭示了方铅矿 – 乙黄药体系的热力学性质。

(4)电位 – pH 图与其他方法相结合

把电位测定以及相应情况下方铅矿表面疏水性测定的数据,与方铅矿 – 氧 – 黄药体系的 E_h – pH 图结合来,并进行比较,结果表明,气泡强烈附着(方铅矿表面疏水性强)的静电位与黄原酸铅的生成电位相符,从而说明了方铅矿与黄药的作用,主要是以式(1 – 47)进行,其疏水物质是 PbX_2。

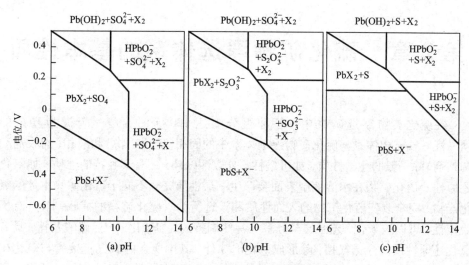

图 1-21　方铅矿-黄药-水体系的电位-pH 图

（可溶物组分 10^{-4} mol/L, 25℃, 101325 Pa）

E_h-pH 图还可以与电化学动力学研究结合起来。图 1-19 是水溶液中黄铁矿的 E_h-pH 图，同时还给出了乙基黄药氧化为双黄药的电位（曲线 1），以及电化学测量结果：氧气在黄铁矿上开始还原时各 pH 下的电位（曲线 2）和黄铁矿在各 pH 下开始氧化的电位（曲线 3）。

从图 1-19 可以看出，在 pH 小于 11 时，黄药氧化为双黄药所要求的电位（E_{X_2/X^-}）小于黄铁矿自身氧化所需的电位，因此，在有黄药存在时，黄铁矿表面将发生黄药氧化为双黄药的阳极氧化反应和氧气的阴极还原反应，铁黄矿可浮；而在 pH 大于 11 时，黄铁矿氧化所需电位小于 E_{X_2/X^-}，这样在高 pH 下，黄铁矿表面的阳极过程就是黄铁矿的自身氧化，而不是黄药氧化为双黄药，黄铁矿不浮。也就是说，OH$^-$ 抑制黄铁矿的机理是在高 pH 下黄铁矿优先氧化，这一结论与电化学研究相同。

从上面的讨论可以看出，热力学方法，即 E_h-pH 图，是硫化矿物浮选理论研究中非常有用的方法，但需要注意的是，在 E_h-pH 图制作时所采用的是体相热力学数据，而浮选研究涉及的是表面相，其热力学性质可能和体相有差别；另外，E_h-pH 图所表示的是热力学平衡关系，但在浮选时间范围内，有些反应可能达不到平衡。因而，必须与动力学研究方法结合起来，这样，就能比较深入、正确地揭示硫化矿物浮选机理。

第2章 硫化矿物浮选体系的基本性质

在硫化矿物浮选矿浆中，各种组分多达 100 余种，是一个极为复杂的固 – 液 – 气三相体系。硫化矿物浮选体系中的固相(硫化矿物)和液相(捕收剂和调整剂)除一般的化学性质，如可溶性、分散性以外，还有其独特的性质，如氧化还原性。硫化矿物在水溶液中表面会产生一层性质完全不同于硫化矿物本体的氧化产物，完全改变硫化矿物的表面性质和浮选行为。硫化矿物的捕收剂，具有不稳定性，可以被氧化、还原甚至分解。一些调整剂，如硫化钠、亚硫酸及盐，具有氧化还原性质。浮选气相，除形成矿化泡沫外，其中所含的氧气直接参与硫化矿物与药剂的作用过程，其溶解氧浓度对硫化矿物浮选起着决定性作用。因此，研究硫化矿物浮选理论，有必要先探讨一下其浮选体系的基本性质。

2.1 硫化矿物

2.1.1 半导体性

固态化合物可以依据其导电能力分为导体、半导体和绝缘体，其中电阻率小于 $10^{-5}\Omega \cdot m$ 的称为导电体，如金属材料等；电阻率大于 $10^8\Omega \cdot m$ 的称为绝缘体，如陶瓷。根据能带理论，固体中的能级按能带分布，一般由导带、禁带和价带组成，其中禁带宽度是划分导体、半导体和绝缘体的依据。对于导体，其禁带宽度为 0，导带和价带相互重叠。绝缘体和半导体的区别主要是禁带宽度不同，半导体的禁带很窄，一般低于 3 eV，电子容易从价带跃迁到导带，形成电子导电和空穴导电；而绝缘体的禁带较宽，电子的跃迁困难得多，因此，绝缘体的载流子浓度很小，导电性能很弱。

常见硫化矿物的 E_g 值或导电性见表 2 – 1。从中看出大多数硫化矿物是半导体，有的甚至具有金属导电性。特别是在自然矿物中，由于杂质金属离子或矿物晶格缺陷、表面缺陷的存在，使其导电性大大增加。如纯的闪锌矿，其 E_g 值为 3.6 eV，为绝缘体，但闪锌矿晶格中的锌被铁置换，形成铁闪锌矿，在铁含量为 12.4% 时，E_g 值为 0.49 eV，是导电性良好的半导体。对闪锌矿来说，表面缺陷、晶格杂质是决定其浮选、活化的重要因素。

表 2 - 1　常见硫化矿物的 E_g(eV)或导电性

硫化矿物	E_g/eV 或导电性	硫化矿物	E_g/eV 或导电性
PbS	0.41	Sb_2S_3	1.72
ZnS	3.6	As_2S_3	2.44
(Zn,Fe)S(12.4% Fe)	0.49	HgS	2.00
$CuFeS_2$	0.50	CoS_2	<0.1
FeS_2	0.90	CuS_2	金属导电性
NiS_2	0.27	CoS	金属导电性
Cu_2S	2.10	FeS	金属导电性
CdS	2.45	NiS	金属导电性

硫化矿物的物理化学性质是决定矿物可浮性的主要因素，对金属硫化矿物来说，它们几乎都具有半导体性质，有色金属硫化矿物的浮选又是一个电化学过程，所以硫化矿物的浮选与矿物的半导体性质紧密相关。

2.1.2　氧化还原性

硫化矿物容易氧化，氧化深度和氧化产物的种类显著地影响其表面性质和浮选行为，这是硫化矿物区别于氧化矿物最重要的特征之一。现代电化学研究和表面分析(光电子能谱)的研究表明，对于硫化矿物的氧化产物受到介质 pH 的控制，同时还受到环境(氧化还原气氛)和氧化深度的影响。

1)pH 的影响

如用 MS 代表硫化矿物，在酸性、中性或碱性水溶液中的氧化反应可以写成如下的通式。

在酸性水溶液中，

$$MS \rightleftharpoons M^{n+} + S^0 + ne^- \qquad (2-1)$$

在中性或碱性水溶液中，

$$MS + nH_2O \rightleftharpoons M(OH)_n + S^0 + nH^+ + ne^- \qquad (2-2)$$

同时还可以发生如下的反应，生成 SO_4^{2-}、$S_2O_3^{2-}$。

$$2MS + 7H_2O \rightleftharpoons 2M(OH)_2 + S_2O_3^{2-} + 10H^+ + 8e^- \qquad (2-3)$$

$$MS + 6H_2O \rightleftharpoons M(OH)_2 + SO_4^{2-} + 10H^+ + 8e^- \qquad (2-4)$$

即在酸性条件下，硫化矿物的氧化总是生成可溶的金属离子和疏水的元素硫；而在中性或碱性条件下氧化，则硫化矿物表面会生成亲水的金属氢氧化物以及元素硫或硫氧根离子。对于硫化矿物，氧化主要是硫从负二价的还原态转变为氧化态,硫的价态决定了硫化矿物表面的氧化产物。氧化后硫的价态受到环境、氧化深度和氧化动力学等诸因素的控制。

2)反应动力学因素的影响

反应动力学因素的影响表现在以下两个方面:硫化矿物之间存在不同的氧化速度;以及对于某一硫化矿物在特定条件下的氧化反应和氧化产物由反应动力学因素确定。

(1)硫化矿物自然氧化速度

依据金属电化学腐蚀原理,采用腐蚀电流法定量测定了四种硫化矿物(方铅矿、毒砂、黄铜矿、黄铁矿)在不同 pH 溶液及碳酸钠溶液中的自然氧化速度,以 E_{corr} 表示自然氧化电位,以交换电流密度 I_{corr} 表示硫化矿物自然氧化速度。

pH 的影响:

在 pH 为 4、6.86、9.18、11.0 的情况下,测定了方铅矿、黄铜矿、黄铁矿、毒砂的自然氧化速度,结果如表 2 - 2 表示。从表 2 - 2 的数据可以看出:

①在中性 pH(pH = 6.86)溶液中,硫化矿物的氧化速度最小。

②黄铜矿与其他三种硫化矿物相比,有两个特点,一是氧化速度较小(在 $10^{-2} \mu A/cm^2$ 数量级内),二是受 pH 的影响较小。

③在碱性(pH = 9.18)和强碱性(pH = 11)溶液中,毒砂与黄铁矿的氧化速度明显增大,同时,方铅矿与黄铜矿的氧化速度差也增大。

④按照 I_{corr} 的数值,在不同 pH 下,硫化矿氧化速度的顺序是:

pH 4、11: $FeAsS > FeS_2 > PbS > CuFeS_2$;

pH 9.18、6.86: $FeS_2 > FeAsS > PbS > CuFeS_2$。

在碱性 pH 下,黄铁矿、毒砂比黄铜矿、方铅矿氧化速度大,这表明黄铁矿与毒砂不仅在热力学上易发生氧化,而且在动力学上它们的氧化反应也以较大的速度进行。

表 2 - 2　在 pH 缓冲溶液中,硫化矿物的静电位与自然氧化速率(15℃)

pH	静电位和自然氧化速率	黄铜矿	方铅矿	黄铁矿	毒砂
4.0	E_{corr}/mV	59.01	- 162.64	218	176.0
	$I_{corr}/(\mu A \cdot cm^{-2})$	7.7×10^{-2}	0.146	0.25	0.3333
6.86	E_{corr}/mV	- 11	- 180	121	6.41
	$I_{corr}/(\mu A \cdot cm^{-2})$	2.78×10^{-2}	3.16×10^{-2}	4.44×10^{-2}	3.78×10^{-2}
9.18	E_{corr}/mV	- 83	- 230	24	- 53
	$I_{corr}/(\mu A \cdot cm^{-2})$	7.7×10^{-2}	0.146	0.556	0.416
11.0	E_{corr}/mV	- 138	- 255	- 47	- 125
	$I_{corr}/(\mu A \cdot cm^{-2})$	8.3×10^{-2}	0.2683	1.13	1.17

温度效应：

在 pH = 11，Na_2CO_3 2.26×10^{-2} mol/L 溶液中，测定了温度对黄铁矿和毒砂氧化速度的影响。结果如表 2 – 3 所示。

表 2 – 3　温度对黄铁矿和毒砂氧化的速度影响（ΔI_{corr} $\mu A/cm^2$）

| 温度/K | FeS_2 | | FeAsS | |
	pH = 11	Na_2CO_3 (2.26×10^{-2} mol/L)	pH = 11	Na_2CO_3 (2.26×10^{-2} mol/L)
288	1.130	1.41	1.170	1.93
298	2.111	1.76	1.7222	2.46
308	2.780	2.86	3.280	3.82
318	4.620	4.089	5.050	5.47

根据化学动力学理论，反应速度、活化能、温度存在如下的关系：

$$v_r \propto a \exp\left[-\frac{\Delta G^\ominus}{RT} \right]$$

所以

$$I_{corr} = A \exp\left[-\frac{\Delta G^\ominus}{RT} \right]$$

或

$$\ln I_{corr} = A - \frac{\Delta G^\ominus}{R} \cdot \frac{1}{T}$$

即 $\ln I_{corr}$ 与 $1/T$ 呈线性关系。从直线的斜率可以求出反应活化能 $\Delta G^\ominus$。根据上式，对表 2 – 3 的数据进行变换，得到了 pH = 11 和 Na_2CO_3 2.26×10^{-2} mol/L 时，黄铁矿、毒砂的 $\ln I_{cor}$ 与 $1/T$ 的关系，如图 2 – 1 所示。

由图 2 – 1 可计算出黄铁矿与毒砂在 pH 11、2.26×10^{-2} mol/L 的 Na_2CO_3 溶液中自然氧化反应的活化能（见表 2 – 4）。从表 2 – 4 可以看出，由于在 Na_2CO_3 介质中两矿物的氧化反应活化能均减小，因而它们的氧化速度分别从 pH 11 的 1.13 $\mu A/cm^2$（FeS_2）和 1.17 $\mu A/cm^2$（FeAsS）提高到了 1.41 $\mu A/cm^2$（FeS_2）和 1.93 $\mu A/cm^2$（FeAsS）。毒砂的自然氧化反应活化能减小明显 [（10.49 kJ/（mol·K））]，因而毒砂与黄铁矿氧化速度在 Na_2CO_3 介质中表现出差异，毒砂的氧化速度较大。

表 2 – 4　毒砂、黄铁矿自然氧化反应的活化能/（$kJ \cdot mol^{-1} \cdot K^{-1}$）

矿物	pH = 11	Na_2CO_3 2.26×10^{-2} mol/L	$\Delta G^\ominus = \Delta G^\ominus_{pH\,11} - \Delta G^\ominus_{Na_2CO_3}$
FeS_2	33.44	28.6	4.84
FeAsS	35.1	24.61	10.49

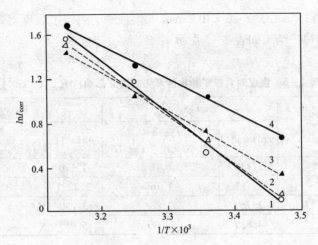

图 2 - 1   自然氧化速度(I_{corr})与温度($1/T$)的关系

1—pH 11，FeAsS；2—pH 11，FeS$_2$；

3—Na$_2$CO$_3$(2.26×10^{-2} mol/L）FeAsS；4—Na$_2$CO$_3$(2.26×10^{-2} mol/L）FeS$_2$

从图上可以看出，硫化矿物的自然氧化速度存在明显的不同，各硫化矿物的自然氧化速度受到介质 pH 及介质组分的影响。从统计来看，黄铜矿的氧化速度最小，黄铁矿和毒砂较大。在碳酸钠介质中毒砂和黄铁矿的氧化速度存在较大的差异，毒砂氧化速度加快的原因是其氧化反应的活化能显著减小。

（2）氧化动力学因素决定硫化矿物的氧化反应和氧化产物

一个化学反应如能发生，则要具备两个条件，即在热力学上是可行的，同时又要有较大的反应速度。对于硫化矿物，在中性或碱性溶液中可能发生的氧化反应形式有三种，即式（2-2）～（2-4）。在特定的条件下，哪一个反应优先发生，或者说哪一个反应是某一硫化矿物的主要氧化反应，就要从热力学和动力学这两个方面综合考虑。首先，可以采用热力学数据，通过计算得到热力学最可行的反应。动力学方面主要依据实验结果加以判断，可以采用的方法有两种：一是用电化学技术进行反应动力学研究；二是氧化产物的表面分析，如用光电子能谱鉴别硫化矿物表面氧化组分及各组分之间的相对含量，从而确定所发生的主要反应。下面以方铅矿氧化为例，说明动力学因素的影响。

对于方铅矿来说，在酸性介质中氧化生成可溶的铅离子和元素硫。

$$PbS \longrightarrow Pb^{2+} + S^0 + 2e^- \tag{2-5}$$

在中性或碱性介质中有生成元素硫的氧化反应：

$$PbS + H_2O \longrightarrow PbO + S^0 + 2H^+ + 2e^- \tag{2-6}$$

$$E^{\ominus} = 0.750 \text{ V}$$

$$PbS + 2H_2O \rightleftharpoons HPbO_2^- + S^0 + 3H^+ + 2e^- \quad (2-7)$$
$$E^\ominus = 0.841 \text{ V}$$

如果假定 $[HPbO_2^-] = 10^{-6}$ mol/L，则在 pH = 9 时，式(2 - 6)和式(2 - 7)的可逆电位分别为 0.219 V 和 -0.133 V。

同时还有下面两个反应可能发生：

$$PbS + 5H_2O \rightleftharpoons PbO + SO_4^{2-} + 10H^+ + 8e^- \quad (2-8)$$
$$E^\ominus = 0.45 \text{ V}$$

$$2PbS + 5H_2O \rightleftharpoons 2PbO + S_2O_3^{2-} + 10H^+ + 8e^- \quad (2-9)$$
$$E^\ominus = 0.614 \text{ V}$$

假定 SO_4^{2-} 和 $S_2O_3^{2-}$ 的浓度为 10^{-6} mol/L，则在 pH = 9 时，反应式(2 - 8)和式(2 - 9)的可逆电位分别为 -0.258 V 和 -0.094 V。

比较反应式(2 - 6) ～ (2 - 9)四个反应在 pH = 9 的可逆电位就可以发现，从热力学来说，反应式(2 - 8)最易发生，即(2 - 8)将是方铅矿在中性或碱性溶液中的主要氧化反应。

电化学研究表明，反应式(2 - 8)在热力学可逆电位(即 -0.258 V)时，反应速度极小，实际上不发生，只有当电位超过平衡电位 0.75 V，这一反应才会发生。因此，从动力学来说，反应式(2 - 8)，即氧化为硫酸根离子的氧化反应实际上是不可能出现的。因而，对于方铅矿来说，可能发生的氧化反应是反应式(2 - 6)、(2 - 7)、(2 - 9)，氧化产物是 S^0 和 $S_2O_3^{2-}$。

在 pH = 9.2 时，用电化学方法测定方铅矿在不同电位下发生氧化时，生成的元素硫(S^0)和硫代硫酸根($S_2O_3^{2-}$)的量之比(见表 2 - 5)，没有发现生成 SO_4^{2-} 的阳极氧化反应。

光电子能谱分析表明，方铅矿在 pH = 9，矿浆电位(E_h)为 450 mV 的条件下氧化，其氧化产物是 $S_2O_3^{2-}$ [见图 2 - 5(d)]。

表 2 - 5 粉状方铅矿在 pH = 9.2 时
(0.1 mol/L，NH_3、$H_2O - NH_4Cl$ 缓冲溶液)阳极氧化的氧化产物分析

极化电位/V	0.30	0.30	0.70
$\dfrac{n(S_2O_3^{2-})}{n(S^0)}$ /%	0.55	0.51	1.50

3)表面氧化程度的影响

前面所述的溶液 pH，反应热力学和动力学性质对硫化矿物氧化产物的影响，取决于硫化矿物本身的性质。从反应式(2 - 1) ～ (2 - 9)可以看出，氧化产物中有些是稳定的（SO_4^{2-}）和比较稳定的（$S_2O_3^{2-}$），而有些是不稳定的，如元素硫。元素硫在氧化时间延长和较强的氧化环境中，还可以进一步氧化为 $S_2O_3^{2-}$ 或 SO_4^{2-}。正是硫化矿物氧化时存在不稳定的中间氧化产物，使许多研究者从他们各自的试验条件下得到的试验结果相互矛盾。因此，硫化矿物表面氧化的程度对其最终氧化产物有着重要的影响。

硫化矿物氧化深度对硫化矿物氧化行为的影响，实际上是由硫化矿物的氧化产物之一的元素硫的热力学不稳定性引起的，即元素硫在氧化条件下可被氧化为 $S_2O_3^{2-}$ 或 SO_4^{2-} 或者被还原为 HS^-、H_2S。元素硫具有疏水性，如果表面上存在元素硫，则有助于增强硫化矿物表面的疏水性（现在硫化矿物无捕收剂浮选的机理就是硫化矿物适当氧化，表面上生成疏水性的元素硫）。如元素硫被进一步氧化为 SO_3^{2-}、SO_4^{2-}，将使硫化矿物表面形成更多的亲水物质，就会恶化其浮选行为。

对于元素硫来说，它是否能够稳定存在，受到两个方面的控制：一是环境，如果元素硫所处环境的氧化或还原性较强，则在较短的时间内，元素硫被氧化或还原；二是时间，在较弱的氧化还原条件下，元素硫被氧化、还原的速度较小，但是时间延长，元素硫同样可以被氧化或还原。就浮选实践来说，硫化矿物处理时间（包括采矿、运输、碎矿、磨矿、浮选等过程），短则几十分钟，长则数十小时，硫化矿物表面将会发生不同程度的变化，从而对浮选产生直接的影响。尽管如此，我们应该知道，对于特殊的硫化矿物浮选体系，可以利用两种硫化矿物氧化行为的差异来改善其浮选分离效果。

下面就从元素硫的热力学稳定性、时间和环境三个方面进行分析。

（1）元素硫的热力学稳定性

对方铅矿表面上元素硫的性质和作用进行详细的研究。零价的硫是热力学不稳定物质，从图 2-2 所示的硫水体系的电位 - pH 图可以看出，在 pH > 7 时硫不能稳定存在，在 pH < 7 时硫可以在一定的电位和 pH 区间内稳定存在。

在还原电位下，元素硫被还原。

pH < 7 时，

$$S^0 + 2H^+ + 2e^- \longrightarrow H_2S \tag{2-10}$$
$$E^{\ominus} = 0.124 \text{ V}$$

pH > 7 时，

$$S^0 + H^+ + 2e^- \longrightarrow HS^- \tag{2-11}$$
$$E^{\ominus} = -0.065 \text{ V}$$

在氧化电位下，元素硫被氧化为 $S_2O_3^{2-}$ 或 SO_4^{2-}、HSO_4^-。

$$2S^0 + 3H_2O \longrightarrow S_2O_3^{2-} + 6H^+ + 4e^- \tag{2-12}$$
$$E^{\ominus} = 0.50 \text{ V}$$

$$S^0 + 4H_2O \longrightarrow SO_4^{2-} + 8H^+ + 6e^- \tag{2-13}$$

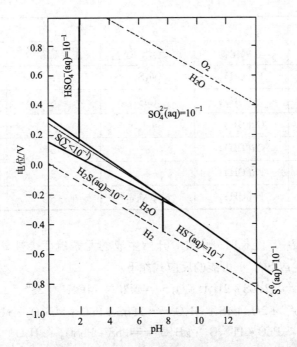

图2-2　硫-水体系的电位-pH图

(可溶物浓度 10^{-1} mol/L, 101325 Pa, 25℃)

$$E^{\ominus} = 0.357 \text{ V}$$

$$S^0 + 4H_2O \Longrightarrow HSO_4^- + 7H^+ + 6e^- \qquad (2-14)$$

可见在硫化矿物浮选 pH(7~12)范围内，元素硫不能稳定存在，可以被氧化或还原。

(2)反应时间

许多研究表明，短时间，适当氧化，硫化矿物表面都有元素硫生成。对方铅矿来说，电化学研究表明只要控制适当的氧化条件，在整个 pH 范围内元素硫都可以生成。对其他硫化矿物，元素硫也是短时间氧化时的主要氧化产物，如表2-6所示。

表2-6　硫化矿物在碱性溶液中(pH=9.2)的阳极氧化产物

硫化矿物	氧化产物			
	氢氧化物	硫 化 物	主要硫组分	次要硫组分
$Fe_{x-1}S_x$	$Fe(OH)_3$	—	S	SO_4^{2-}
FeS_2	$Fe(OH)_3$	—	SO_4^{2-}	S

续表 2-6

硫化矿物	氧化产物			
	氢氧化物	硫化物	主要硫组分	次要硫组分
Cu_5FeS_4	$Fe(OH)_3$	Cu_5S_4	—	
$CuFeS_2$	$Fe(OH)_3$	CuS	S	—
Cu_2S	$Cu(OH)_2$	$Cu_{2-x}S$	—	—
CuS	$Cu(OH)_2$	—	S	$S_2O_3^{2-}$
PbS	$Pb(OH)_2$	—	S	$S_2O_3^{2-}$
$(Fe、Ni)_9S_8$	$Fe(OH)_2$	没有确定	S	SO_4^{2-}

在碱性溶液中,经长时间氧化,开始生成的元素硫就会被氧化生成 $S_2O_3^{2-}$,进一步氧化会生成 SO_4^{2-},可能的反应式如下:

$$2PbS + 2H_2O + O_2 \Longrightarrow 2Pb^{2+} + 4OH^- + 2S^0 \qquad (2-15)$$

$$4Pb^{2+} + 2O_2 + 4S + xH_2O \Longrightarrow 2PbS + PbO \cdot PbS_2O_3 \cdot xH_2O \qquad (2-16)$$

$$PbO \cdot PbS_2O_3 \cdot xH_2O \Longrightarrow PbS + PbSO_4 + xH_2O \qquad (2-17)$$

研究结果见图 2-3(pH=9),在短时间内是以元素硫为主要氧化产物,随后 $S_2O_3^{2-}$ 和 SO_4^{2-} 的量逐渐增多。

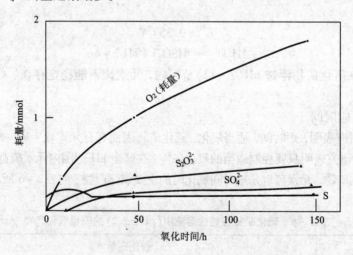

图 2-3 方铅矿(人工合成)的氧化产物及形成率

(3)反应环境

在较强的氧化还原条件下,元素硫可以迅速地被氧化或还原。在 1 mol/L 的

$NH_4AC + HAC$ 溶液中浸泡方铅矿 12 h，方铅矿表面上可以生成 0.89 个单分子层的元素硫。图 2-4 是这种含硫方铅矿表面的光电子能谱图。结合能计算式：

$$E_B = E_{ec} - E_{es} + 283.4(eV) \qquad (2-18)$$

其中：E_B 为 S^{2p} 电子结合能（eV）；E_{es} 为 C^{2p} 光电子能量（eV）；E_{ec} 为 C^{1S} 光电子能量（eV）。

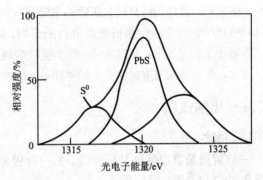

图 2-4　方铅矿（人工合成）表面的光电子能谱图

　　然后在还原或氧化条件下处理 5 min，结果见图 2-5。用矿浆电位表示氧化还原条件，图 2-5 表示了在不同矿浆电位处理后具有元素硫的方铅矿表面上 S^{2p} 光电子能谱，可以发现在还原环境（$E_h = -150$ mV），元素硫峰值减小，即元素硫被还原［图 2-5(a)］；在氧化环境，即矿浆电位为正时，元素硫的峰值随矿浆电位增加逐渐减小，而 $S_2O_3^{2-}$ 峰值逐渐加大，直到 $E_h = 450$ mV 时，元素硫全部被氧化，方铅矿表面上的唯一氧化产物是 PbS_2O_3［见图 2-5(b)、(c)、(d)］。

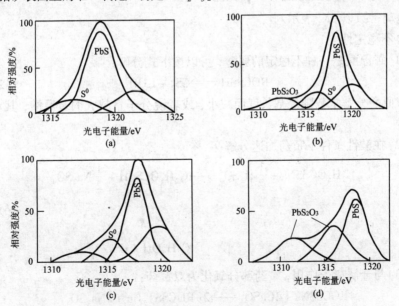

图 2-5　方铅矿表面 S^{2p} 光电子能谱图（pH 9）

(a)$E_h = -150$ mV，$E_{ec} = 1195.00$ eV；(b)$E_h = 323$ mV，$E_{ec} = 1194.30$ eV；

(c)$E_h = 215$ mV，$E_{ec} = 1195.20$ eV；(d)$E_h = 450$ mV，$E_{ec} = 1194.00$ eV

2.2 捕收剂

硫化矿物的捕收剂主要是黄药、黑药和硫氮9号。据统计,1980年美国67个选矿厂共消耗了4500 t药剂,其中黄药占65%。自1925年黄药在选矿工业应用到现在已半个多世纪,黄药仍然是硫化矿物的主要捕收剂,这也是硫化矿物浮选理论研究主要针对硫化矿物与黄药作用机理而进行的原因,同时也是学术上长期争论不休的问题。需要指出的是黑药、硫氮9号、酯类捕收剂现已开始在工业上得到越来越多的应用。因此,在本节除着重讨论黄药的性质外,也涉及其他捕收剂的性质。

2.2.1 化学性质

1)弱酸性

一般黄药是黄原酸钠盐或钾盐,是一种极易溶于水的弱酸盐。黄药在水溶液中发生电离和水解,反应如下:

黄药电离: $ROCSSNa \rightleftharpoons ROCSS^- + Na^+$ (2-19)

黄原酸根水解: $ROCSS^- + H_2O \rightleftharpoons ROCSSH + OH^-$ (2-20)

黄原酸电离: $ROCSSH \rightleftharpoons ROCSS^- + H^+$ (2-21)

电离常数以 pK_a 表示。

2)不稳定性

(1)黄原酸是一种不稳定的弱酸,可以按下式分解:

$$ROCSSH \rightleftharpoons CS_2 + ROH$$ (2-22)

黄原酸分解常数随烃基长度而减小,或者说分子量越大的黄原酸,其水溶性越稳定。

(2)在酸性条件下黄药加速分解:

$$C_2H_5OCSSNa + \frac{1}{2}H_2SO_4 \longrightarrow C_2H_5OCSSH + \frac{1}{2}Na_2SO_4$$

$$\downarrow$$ (2-23)

$$C_2H_5OH + CS_2$$

(3)与金属离子作用,黄药部分氧化为双黄药:

$$4ROCSSNa + 2CuSO_4 \longrightarrow 2(ROCSS)_2Cu + 2Na_2SO_4$$

$$\downarrow$$ (2-24)

$$(ROCSS)_2Cu_2 + (ROCSS)_2$$

（4）与氧化剂作用，黄药被氧化为双黄药：

$$2C_2H_5OCSSK + KI_3 \longrightarrow (C_2H_5OCSS)_2 + 3KI \qquad (2-25)$$

式（2-25）也是由黄药制备双黄药的反应之一。其他硫氢捕收剂，如黑药也有上述类似的性质。

2.2.2　氧化还原性

硫氢类捕收剂，如黄药、黑药、硫氮 9 号可以用作氧化剂，如碘、过硫酸盐，以及在惰性金属表面阳极氧化成为二聚物。表 2-7 给出了黄药、一硫代碳酸盐、黑药三种硫氢捕收剂离子氧化为相应二聚物的标准可逆电位值及随烃链长度的变化。

表 2-7　捕收剂离子/二聚物电对的标准可逆电位（25℃）

烷　基	$E^{\ominus}/V$		
	黄　药	一硫代碳酸盐	黑　药
甲　基	-0.004	0.02	0.315
乙　基	-0.057	0.002	0.255
正丙基	-0.090	-0.22	0.187
异丙基	-0.096	—	0.196
正丁基	-0.128	-0.038	0.122
异丁基	-0.127		0.158
正戊基	-0.158	-0.080	0.050
异戊基	—		0.086
正己基		-0.120	-0.015

几种常见的硫化矿物捕收剂的氧化还原反应如下：

1）黄药

$$2ROCSS^- \longrightarrow (ROCSS)_2 + 2e^- \qquad (2-26)$$

标准电位见表 2-7。

2）一硫代碳酸盐

$$2ROCOS^- \longrightarrow (ROCOS)_2 + 2e^- \qquad (2-27)$$

标准电位见表 2-7。

3）黑药

$$2(RO)_2PO_2^- \longrightarrow [(RO)_2PS_2]_2 + 2e^- \qquad (2-28)$$

标准电位见表 2-7。

4）硫氮 9 号

$$2(C_2H_5)_2NCS_2^- \longrightarrow [(C_2H_5)_2NCS_2]_2 + 2e^-$$
$$E^\ominus = -0.068 \text{ V} \tag{2-29}$$

5）白药

$$2CS(C_6H_5NH)_2 \longrightarrow [CS(C_6H_5NH)_2]_2 + 2e^-$$
$$E^\ominus = 0.049 \text{ V}$$

双黄药的性质：从式（2-26）~（2-29）可以看出，硫氢捕收剂离子可以氧化为相应的二聚物，如黄药可以氧化为双黄药。双黄药单独使用，本身就是硫化矿物的一种有效捕收剂，有时甚至比黄药的选择性还强；另一方面，在用黄药浮选硫化矿物时，双黄药又是某些硫化矿物表面上硫化矿物与黄药作用的最终产物（如黄铁矿）。

表 2-8 烷基双黄药的溶解度和标准还原电位

烷 基	溶解度/(mol·L⁻¹)	$E_{sat}^\ominus$/V	$E_{ag}^\ominus$/V	$E_{mixed}^\ominus$/V
甲 基	1.16×10^{-4}	-0.004	0.113	0.036
乙 基	1.14×10^{-5}	-0.057	0.089	0.029
正丙基	1.50×10^{-6}	-0.090	0.082	0.021
正丁基	1.60×10^{-7}	-0.128	0.073	0.020
正戊基	1.90×10^{-8}	-0.158	0.071	0.008

注：$E_{sat}^\ominus$ 以双黄药饱和水溶液为标准态；$E_{ag}^\ominus$ 以双黄药水溶液浓度 1 mol/L 为标准态；$E_{mixed}^\ominus$ 以 1:1 体积的水/丙酮为介质（黄药）溶在水中，双黄药溶在丙酮中，浓度为 1 mol/L 的标准态。

双黄药是一种非极性油类分子，主要性质有两点：一是可溶性小，极难溶于水；二是还原性，在还原电位下双黄药可以还原为黄原酸离子。表 2-8 列出了烷基双黄药在水中的溶解度及相应的标准还原电位。

2.2.3 难溶金属盐的生成

表 2-9 列出了几种金属乙基黄原酸盐和二乙基二硫代磷酸盐（黑药）的溶度积数据。

表2-9　金属乙基黄原酸盐和金属二乙基二硫代磷酸盐溶度积

金属	溶度积	
	黄药	黑药
银	5.0×10^{-15}	1.2×10^{-16}
金	6.0×10^{-30}	6.0×10^{-27}
镉	2.6×10^{-14}	1.5×10^{-10}
钴	5.4×10^{-13}	—
铜	5.2×10^{-20}	1.4×10^{-16}
铁(Ⅱ)	8.0×10^{-8}	—
镍	1.4×10^{-12}	1.7×10^{-4}
铅	1.7×10^{-17}	7.5×10^{-2}
锌	4.9×10^{-9}	1.5×10^{-2}

从表中数据可见,硫氢捕收剂能与大多数重金属离子形成难溶盐,这就是硫化矿物浮选理论之一的化学理论基础。

2.2.4　烃链的影响

硫氢捕收剂的烃链长度对其性质和捕收性能有明显的影响,可分为三个方面。

1)氧化还原性

从表2-7和表2-8中已经知道,烃链长度对氧化还原电位的影响,不同的烃链长度有不同的标准可逆电位 $E_{X/X_2}^{\ominus}$,图2-6更形象地描述了标准可逆电位随烃链中碳原子数的变化,可以看出,烃链中碳原子数越多,则其还原性越强,在较小的电位下就可以被氧化为二聚物。

从图2-6可以看出,黑药氧化为双黑药的标准可逆电位高于黄药,说明黑药较难氧化,化学活性较小。

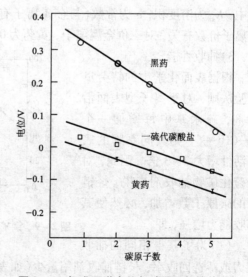

图2-6　标准可逆电位与碳原子数的关系

2)捕收剂金属盐的溶度积

随烃链中碳原子数增加,捕收剂金属盐的溶度积减小,如图2-7和图2-8所示。

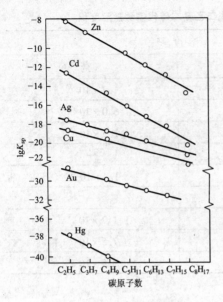

图 2-7 黄原酸金属盐溶度积
与烷基碳原子数的关系

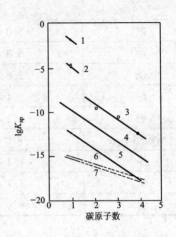

图 2-8 二硫代磷酸金属盐溶度积
与烷基中碳原子数的关系

$1-Zn^{2+}$；$2-Th^{2+}$；$3-Cd^{2+}$；

$4-Pt^{2+}$；$5-Cu^{2+}$；$6-Cu^+$；$7-Ag^+$

其溶度积和碳原子数服从如下关系式：

$$\lg K_{sp} = a - bN \qquad (2-30)$$

式中：K_{sp}为溶度积；a 为常数（与金属离子有关）；b 为常数，与捕收剂类型及金属离子价数有关，对二价金属离子，黄药为 0.58，黑药为 1.1。

3）捕收性能

根据表面化学中的特劳贝经验法则，对于离子型表面活性剂，疏水基中每增加一个"—CH$_2$—"，则其同系物的表面活性增大 2～3 倍。因此，对于硫化矿物捕收剂来说，烃链中的碳原子数增加，必然使其捕收能力增强，即：

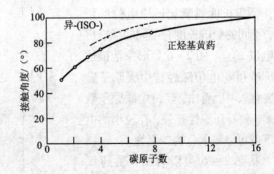

图 2-9 铜矿物的最大接触角与黄药中碳原子数的关系

（1）为了获得相同的捕收能力或浮选回收率，长链捕收剂用量少（如表 2-10 所示）；

（2）在相同用量时，捕收能力随烃链增长而增大。如用接触角为判据，则接触角增大（如图 2-9 所示）。

从以上可以看出，硫化矿物捕收剂有两个突出的特点：

（1）与金属离子生成难溶盐；

（2）具有氧化还原性。可以按电化学反应方程式参加反应，并能氧化为相应的二聚物。

表 2 - 10　在电位控制下，浮选金粒所需的双黄药吸附量

（分子层数）（10×10^{-6} 黄药，pH 9.2 缓冲溶液）

烷　基	双黄药吸附量(分子层数)
甲　基	3.6
乙　基	1.0
正丙基	0.44
异丙基	0.26
正丁基	0.26
异丁基	0.14
正戊基	0.04
异戊基	0.16

2.3　调整剂

调整剂在硫化矿物浮选中的作用是提高硫化矿物之间浮选分离的选择性，使某些硫化矿物在需要它们不浮时，选择性受到抑制，而在需要它们上浮时，选择性地活化。因此，调整剂可以分为两大部分，即活化剂和抑制剂。

2.3.1　活化剂

对于那些硫氢类捕收剂不能很好捕收的硫化矿物（如闪锌矿）可以先用金属离子（如 Cu^{2+}、Pb^{2+}、Cd^{2+}）预先活化，然后用捕收剂浮选。其中，铜离子活化闪锌矿是一个最典型的例子，其活化方式是溶液中的铜离子与闪锌矿表面的锌离子发生离子交换反应。

$$ZnS + Cu^{2+} \Longrightarrow CuS + Zn^{2+} \qquad (2-31)$$

生成难溶的硫化铜表面膜。经活化后的闪锌矿表现出类似于硫化铜矿物的浮选行为。

矿浆中适当的重金属离子可以起到活化作用，但是，如果金属离子过量，或者多金属硫化矿物石中含有较多次生铜矿物，将会导致活化作用过于强烈，不利

于硫化矿物的浮选分离，因此必须预先排除矿浆中过量的金属离子。

2.3.2 抑制剂

对于硫化矿物浮选体系，抑制剂可分为下面几类：氢氧根（OH⁻），含硫离子，氰化物等。

1）氢氧根（OH⁻）

溶液的 pH 影响硫化矿物的氧化行为和最终氧化产物。但在硫化矿物浮选中，pH 更直接的作用是作为硫化矿物的抑制剂。

在一定的捕收剂浓度下，每一种硫化矿物都有特定的浮选 pH 区间，即存在一个浮选的临界 pH。如果矿浆的 pH 超过这一临界 pH，硫化矿物就不浮。这种捕收剂临界浓度和典型硫化矿物（方铅矿、黄铁矿、黄铜矿）的可浮 pH 区间的关系如图 2－10 所示。

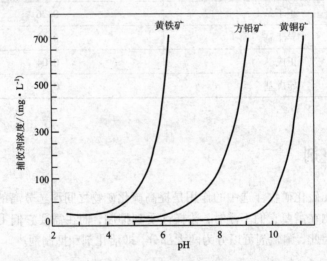

图 2－10 黄铁矿、方铅矿、黄铜矿浮选临界 pH 与捕收剂浓度的关系曲线

图 2－10 所表示的为保持硫化矿物可浮而必需的捕收剂浓度与 pH 之间的函数关系，可以用 Barsky 方程描述，即对于特定的硫化矿物，其浮选所需的捕收剂浓度与浮选矿浆的 pH 之比为一常数：

$$\frac{[X^-]}{[OH^-]^a} = b \qquad (2-32)$$

式中：$[X^-]$ 为捕收剂浓度；$[OH^-]$ 为矿浆中 OH⁻ 浓度；a、b 为常数，由硫化矿物－捕收剂体系决定。

表 2－11 列出了一些硫化矿物－捕收剂浮选体系的巴斯基（Barsky）关系式中的系数 a 值。可见对不同浮选体系巴斯基关系，式中的 a 值均不相同。

表 2 - 11　几种硫化矿物捕收剂体系的 a 值

硫化矿物/捕收剂	a	pH
PbS/乙基钾黄药	0.65	9 ~ 12
PbS/钾黑药	0.53	6 ~ 9
ZnS/硫氮九号	0.56	6 ~ 8
ZnS/二丁基二硫代氨基甲酸酯	0.72	7.5 ~ 10
ZnS/二戊基二硫代氨基甲酸酯	0.75	8 ~ 11
CuFeS₂/钠黑药	—	8.5 ~ 11
CuFeS₂/乙基钾黄药	0.71	11 ~ 13
FeS₂/钠黑药	—	4 ~ 6
FeS₂/乙基钾黄药	0.62	10 ~ 12

　　用 OH^- 和 X^- 在矿物表面上的竞争吸附和化学置换理论可以推导出巴斯基关系式。现代电化学方法也证实了巴斯基关系式的正确性。如用循环伏安法对黄铁矿氧化和黄药在黄铁矿表面氧化的动力学研究表明,黄药离子浓度与氢氧根离子浓度存在如下关系:

$$[X^-]/[OH^-]^{0.8} = 常数 \qquad (2-33)$$

　　2)含硫离子

　　作为硫化矿物抑制剂的含硫离子分为两大类:一是碱土金属硫化物,如硫化钠;二是硫氧化合物,如二氧化硫、亚硫酸及亚硫酸盐类等。含硫离子现在已广泛地应用在硫化矿物浮选分离中,为实现无氰浮选分离工艺起着重要作用。

　　(1)硫化钠

　　硫化钠的化学性质包括下面两个方面。

　　①水解平衡。在硫化钠水溶液中,存在如下平衡:

$$Na_2S \Longrightarrow 2Na^+ + S^{2-} \qquad (2-34)$$

$$H_2S \Longrightarrow HS^- + H^+ (pK_1 = 13.9) \qquad (2-35)$$

$$HS^- \Longrightarrow S^{2-} + H^+ (pK_2 = 7.0) \qquad (2-36)$$

可见在硫化矿物浮选 pH 范围(7 ~ 13),HS^- 是硫化钠的主要组分。

　　②氧化还原性

　　硫离子和硫氢根离子中的硫为 - 2 价,极易氧化为高价,如 S^0、SO_3^{2-}、$S_2O_3^{2-}$、SO_4^{2-} 等,而失去起抑制作用的有效组分 HS^-。

　　图 2 - 11 是硫化物各热力学稳定组分的电位 - pH 图。从图中可以看出:在较高的氧化电位下,HS^-、H_2S 将会氧化为 SO_4^{2-}、HSO_4^-。只有在较低的电位下,

H_2S、HS^- 才能稳定存在。也就是说，如果硫化矿物浮选矿浆中有 HS^- 稳定存在，则 HS^- 就会产生一个还原性环境。

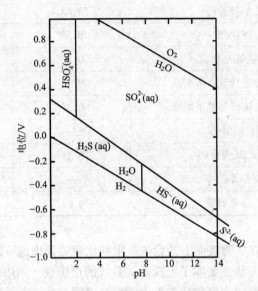

图 2 – 11   硫化物 – 水体系(热力学稳定组分) 电位 – pH 图(25℃ 、101325 Pa)

研究表明，硫离子可以被氧化为各种硫氧化合物和元素硫，其氧化速率与许多因素有关，主要影响因素有下面几种：

①氧气

溶液中的溶解氧能促进硫离子的氧化，动力学研究得到了硫离子的氧化速率与溶解氧量的关系(式 2 – 37)。

$$-\frac{d[\sum S^{2-}]}{dt} = K_a[\sum S^{2-}][O_2] \cdot \left\{ 1 + K_b \left(\frac{[\sum S^{2-}]}{[O_2]} \right)^{0.5} \right\} \quad (2 - 37)$$

式中：$[\sum S^{2-}]$ 为全硫浓度，mol/L；$[O_2]$ 为溶解氧浓度，mol/L；K_a、K_b 为比速率参数。

式(2 – 37)可以适用的 pH 区间为 7 ~ 12.5。硫离子的氧化速率与溶液 pH 有关。其中 K_a 与 pH 的关系(如图 2 – 12 所示)，在 pH 6 ~ 13 区间，在 pH 8 和 pH 11 处出现了两个极大值。

②金属离子

几乎所有的金属离子都对硫离子氧化有催化作用，过渡金属离子的催化作用尤为明显，几种金属离子的催化能力顺序如下：$Ni^{2+} > Co^{2+} > Cu^{2+} > Fe^{2+}$。

③有机物

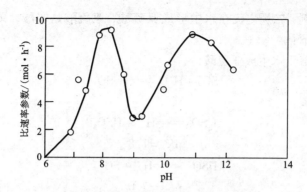

图 2 – 12　pH 对硫离子氧化速率的影响

对硫离子氧化起催化作用的有机物有：酚、脲、乙醛，起抑制作用的有柠檬酸盐、氰化物、EDTA、十八烷基胺等。

④硫化矿物

硫化矿物对硫离子氧化具有催化作用，并且催化能力随矿物的不同而不同（如图 2 – 13 所示）。研究还发现，如果矿物表面有捕收剂存在，硫化矿物对硫离子氧化的催化能力减小，其原因可能是捕收剂离子减弱了矿物表面金属离子的反应活性，从而降低了硫化矿物的催化能力。

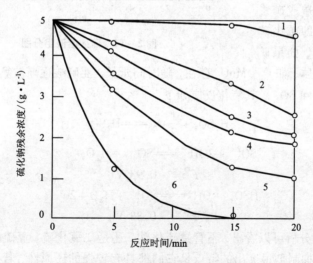

图 2 – 13　矿物对硫离子的影响

1—石英；2—黄铜矿；3—黄铜矿精矿；4—黄铁矿；5—方铅矿；6—氧化铜矿尾矿

（2）硫氧化合物

作为硫化矿物浮选抑制剂的硫氧化合物有：二氧化硫、亚硫酸、亚硫酸盐类。

以二氧化硫为例，二氧化硫在水中形成亚硫酸，亚硫酸是弱酸，又会发生电离，其平衡关系如下：

二氧化硫溶于水生成亚硫酸：

$$SO_2 + H_2O \rightleftharpoons H_2SO_3 \tag{2-38}$$

亚硫酸电离：

$$H_2SO_3 \rightleftharpoons H^+ + HSO_3^- \tag{2-39}$$
$$pK_a = 1.8$$

$$HSO_3^- \rightleftharpoons H^+ + SO_3^{2-} \tag{2-40}$$
$$pK_a = 7.0$$

从图 2-14 可以看出，在 pH 5~7，亚硫酸在溶液中的主要组分是 HSO_3^-；在接近中性时还有 SO_3^- 存在。因此，在弱酸性时对硫化矿物起抑制作用的主要组分是 HSO_3^-。

亚硫酸具有较强的还原性，可以造成矿浆的还原环境，即减小矿浆电位。同时，如果矿

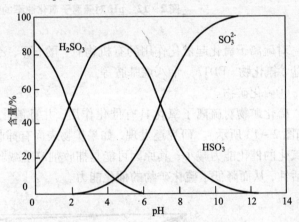

图 2-14　硫酸溶液组分图

浆中有氧化物质，如 O_2、MnO_2 存在，随时间延长，亚硫酸逐渐被氧化，而失去有效组分 HSO_3^- 和 SO_3^-。其氧化反应如下：

$$H_2SO_3 + \frac{1}{2}O_2 = H_2SO_4 \tag{2-41}$$

$$SO_3^{2-} + 2OH^- = SO_4^{2-} + H_2O + e^- \tag{2-42}$$
$$E^\ominus = -0.93 \text{ V}$$

$$HSO_3^- + OH^- = SO_4^{2-} + H_2O + 2e^- \tag{2-43}$$
$$E^\ominus = -0.33 \text{ V}$$

从上面的分析可以看出，不管是硫化钠，还是二氧化硫、亚硫酸及亚硫酸盐类，这种含硫抑制剂最突出的特点是它们都具有较强的还原性，若存在于矿浆中则可以产生还原性环境，随时间延长，本身会被氧化。

3）氰化物

硫化矿物浮选中，作为抑制剂的氰化物一般是氰化钠和氰化钾。氰化物的化学性质包括下面几个方面：

（1）弱酸性

$$HCN \Longleftrightarrow H^+ + CN^- \qquad pK_a = 9.39 \qquad (2-44)$$

（2）氧化还原性

CN^- 可以被氧化为 $(CN)_2$ 及进一步氧化为 HCNO：

$$2HCN \Longrightarrow (CN)_2 + 2H^+ + 2e^-$$
$$E^\ominus = 0.37\ V \qquad (2-45)$$
$$(CN)_2 + 2H_2O \Longrightarrow 2HCNO + 2H^+ + 2e^-$$
$$E^\ominus = 0.334\ V \qquad (2-46)$$

（3）配合性

氰化物最突出的特点是能与过渡金属离子形成各种离子型的配合物，反应通式如下：

$$M^{z+} + yCN^- \Longrightarrow M(CN)_y^{z-y} \qquad (2-47)$$

表 2-12 列出了一些金属氰化配合物的稳定常数 pK_a 值。

表 2-12　金属氰氢酸根配合物稳定常数 $[M(CN)_y^{z-y} M^{2+} + yCN^-]$

金属	z	y	pK_a	金属	z	y	pK_a
Cu	1	2	20	Pt	2	4	41
	1	3	26	Pd	2	4	42
	1	4	28	Zn	2	4	19
	2	4	26		2	2	10.5
Ag	1	2	20	Cd	2	3	15
	1	3	22		2	4	18.5
Au	1	2	37	Hg	2	2	34.7
	1	4	(85)		2	4	41.0
Fe	2	6	36	Cr	2	6	21
	3	6	43.7		3	5	33
Co	2	5	19	Pb	2	4	(10.3)
	3	6	(50)				
Ni	2	4	32				

2.3.3　氧化还原剂

前面所提到的含硫离子、氰化物这些硫化矿物常规调整剂都具有氧化还原性质，它们对硫化矿物的选择性抑制作用只是部分由这种氧化还原性质来实现的。除此之外，人们越来越认识到硫化矿物浮选分离行为与矿浆电位的依赖关系，有意识地加入纯粹的氧化还原剂，如次氯酸、高锰酸钾、连二亚硫酸钠、过硫酸铵、双氧水等，改变和控制矿浆的氧化还原环境即矿浆电位，把矿浆电位作为一个主要工艺参数来研究硫化矿物的浮选分离，从而构成了现代硫化矿物浮选理论和实践研究的新领域。这一部分的内容将在后面章节中详细介绍。

2.4 浮选气相

浮选气相中对硫化矿物浮选具有特殊作用的组分是氧气。氧气的突出特点是具有氧化性，可按下式还原：

$$O_2 + 4H^+ + 4e^- \rightleftharpoons 2H_2O \qquad (2-48)$$

$$E^\ominus = 0.1229 \text{ V}$$

电化学研究表明，氧气还原是分步进行的，其中 HO_2^- 是中间产物，同时硫化矿物对氧的还原有催化作用。如图 2-15 所示（pH = 9.2），可以看出黄铁矿对氧还原的催化能力最强。从本章的讨论可以看出，硫化矿物浮选体系中的各组分：硫化矿物、捕收剂、调整剂、浮选气相中的氧气都具有氧化还原性质，可以说氧化还原性质是硫化矿物浮选体系的基本特性。因此，电化学方法就成为硫化矿物浮选研究的基本手段。下面的几章就从电化学角度出发，探讨硫化矿物浮选理论、研究方法以及根据硫化矿物浮选电化学理论发展起来的新研究领域——矿浆电化学。

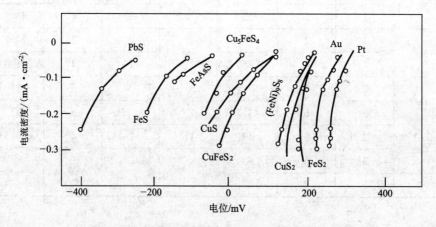

图 2-15 硫化矿物表面氧化还原的电流 – 电位关系

第 3 章　硫化矿物无捕收剂浮选

　　硫化矿物的无捕收剂浮选是浮选电化学理论的直接体现，充分展现了硫化矿物的表面性质和矿物的电化学调控概念。早在泡沫浮选以前的表层浮选时代，就发现经干磨的硫化矿物矿粉均匀地洒在水溶液表面时，疏水的硫化矿物(如辉钼矿、雄黄、雌黄、辉锑矿等)浮在水溶液表面，而亲水的脉石和矿物则沉入水底，并研制了表层浮选设备。在 20 世纪 40 年代，发现经热盐溶液(如 NH_4AC、NH_4Cl、$NaCl$)处理后的硫化矿物，如方铅矿，疏水可浮，如果加入起泡剂，可以强化浮选。在 70 年代，发现经酸洗的硫化矿物大多具有疏水性，黄铜矿经干式自磨后可以无捕收剂浮选出。研究发现大多数硫化矿物，如方铅矿、黄铜矿、斑铜矿、辉铜矿、黄铁矿、磁黄铁矿等，可以在特定条件下，不加常规硫氢类捕收剂实现有效浮选，并且逐步发展成为一种无捕收剂浮选工艺。

　　从硫化矿物的性质，以及硫化矿物无捕收剂浮选过程的特点，硫化矿物的无捕收剂浮选可以分为如下三类：天然可浮性、自诱导无捕收剂浮选和硫诱导无捕收剂浮选。

3.1　天然可浮性

3.1.1　典型矿物的天然可浮性

　　硫化矿物的天然可浮性取决于矿物的结晶构造。这些矿物的晶体结构表现为层状(辉铜矿与雄黄)、链–链连接(辉锑矿与辉铋矿)和分子–分子连接(雌黄)，只存在微弱的范德华吸引力(分子键)。在矿物破裂时将出现较完整的解理面，在这种解理面上化学键不饱和程度低，表面能小，吸附水分子的表面活性极小，难以被水润湿，从而表现出天然疏水性。

　　典型的具有天然可浮性的硫化矿物主要有辉钼矿、雌黄、雄黄、辉锑矿和辉铜矿。辉钼矿的天然可浮性是由它的断裂晶格产生的，它的晶体结构为层状，在破碎时破坏了横切矿物晶体棱边和棱角方向上的 S—Mo 键，而在平行于矿物晶面方向上只破坏了 S—S 键，因此，棱边和棱角具有强的极性，而面上没有极性，从而导致矿物天然疏水。由于"棱边"表面晶格的排列随 pH 值而变化，所以矿物的导电性能和浮选性能也随 pH 而变化。雌黄具有层状结构，从而也表现出类似于辉钼矿的浮选行为。雄黄的结晶构造为分子晶体，因此具有天然可浮性。辉铜矿具有天然可浮性，是因为氧对辉铜矿的氧化速度很慢，残余键的断裂引起辉铜矿的破裂，并且辉铜矿是由范德华力连接的电中性硫化铜层所组成，在矿石破碎时，由于这些微弱的残余键范德华力的断裂，而引起层状结构的破坏。辉锑矿也具有天然可浮性，S—Sb 键是弱键，至少比大多数金属—硫键弱，并且解离面呈现一定程度的非极性。

3.1.2 其他硫化矿物的天然可浮性

其他常见的硫化矿物是否也同样具有天然可浮性，目前仍存在较大争议。早在 1940 年，Ravitz 提出方铅矿具有天然可浮性；Fuerstenau 等人观察某种条件下黄铜矿具有天然可浮性；Heyes 和 Trahar 在 1977 年指出，在氧化性环境里，硫化矿物具有无捕收剂浮选性能，而在还原性环境里则不能。目前关于硫化矿物的天然可浮性，不同研究者所得结果不一样，其原因可能是他们各自的体系中氧的含量不同，以及表面制备过程等的不同。由于溶解氧控制了表面硫化物氧化为硫的含氧化合物的程度，为了消除氧在硫化物浮选过程中的影响，Fuerstenau 设计并制作了一种设备，它能使试验在含氧摩尔分数小于 10^{-6} 的空气和含氧量小于 5×10^{-9} 的水中进行，在不加起泡剂和捕收剂的条件下获得了不同产地的辉铜矿、黄铜矿、方铅矿、黄铁矿和闪锌矿的浮选回收率，如表 3 - 1 所示。

表 3 - 1 不同产地的常见硫化矿物的天然可浮性

矿物	产地	回收率/%
方铅矿	爱达荷州克达伦	100
	密苏里州比克斯尔	100
	俄克拉何马州皮切尔	100
	南达科他州加利纳	100
黄铜矿	安大略省泰马加密	100
	安大略省萨德伯里	100
	犹他州比佛湖区	97
	德兰士瓦省迈塞尔	93

续表 3 - 1

矿物	产地	回收率/%
辉铜矿	阿拉斯加州肯尼科特	100
	科罗拉多州爱屋格林	88
	蒙大拿州比尤特	86
	亚利桑那州苏必利尔	83
黄铁矿	西班牙安巴阿瓜斯	92
	南达科他州	85
	墨西哥萨卡特卡斯	83
	墨西哥奈卡	82
闪锌矿	南达科他州基斯顿	56
	密苏里州乔普林	47
	科罗拉多州克雷德	46
	俄克拉何马州皮切尔	41
闪锌矿(Cu^{2+}活化)	南达科他州基斯顿	100
	密苏里州乔普林	100
	科罗拉多州克雷德	100
	俄克拉何马州皮切尔	100

注：浮选条件：粒径 100～200 目，pH 6.8，未加捕收剂和起泡剂。

从表 3 - 1 可见，除了未活化的闪锌矿没有天然可浮性外，其他几种硫化矿物，如方铅矿、黄铜矿、辉铜矿、黄铁矿以及活化后的闪锌矿，都具有很好的天然可浮性。并且与产地的关系不大。Fuerstenau 的这一结果说明硫化矿物本身都具有天然可浮性，虽然该结果是在含氧摩尔分数小于 10^{-6} 的空气和含氧量小于 5×10^{-9} 的水中进行的，但仍然不能排除氧的作用。已经证实硫化矿物表面的适度氧化是有利于浮选的，而硫化矿物的样品处理过程以及微量氧的存在都有可能导致表面轻微氧化，从而改变其表面性质。因此对于硫化矿物是否具有天然可浮性的问题，只有在完全排除氧的影响，才能获得可信的结论。目前比较合理的看法是除了一些典型的硫化矿物，如辉钼矿、雄黄和辉铜矿具有天然可浮性外，其他硫化矿物则仍不具有天然可浮性。

3.2 自诱导无捕收剂浮选

一些没有天然疏水性的硫化矿物，如黄铜矿、方铅矿、铜离子活化的闪锌矿、磁黄铁矿、斑铜矿等，在合适的 pH 和矿浆电位条件下，矿物表面适度氧化产生疏水物质，从亲水变为疏水，能够在无捕收剂存在时浮选，称之为自诱导无捕收剂浮选。

3.2.1 表面氧化产物研究

与具有天然可浮性的矿物不同，这些矿物大多是共价键和离子键晶体，破裂时，矿粒表面化学键不饱和程度大，对水分子吸引力强，原始表面易被水润湿，不具有天然疏水性。但是，这种矿物表面在一定的矿浆电化学条件下，发生电化学反应，产生疏水物质，从而可以无捕收剂浮选。因此，在硫化矿物自诱导无捕收剂浮选中，矿浆的电化学环境起着重要的作用，其无捕收剂浮选行为与矿浆电位存在依赖关系；一般规律是在还原电位、强氧化电位不浮，只在适当氧化电位下，具有无捕收剂可浮性。

表面氧化在无捕收剂浮选中意义重大，除几种天然可浮矿物外，无捕收剂浮选常常需要一个氧化电位。虽然可以用氧化剂而并不用氧来创造一个氧化环境，然而，矿浆中存在的氧足以满足上述条件。表面氧化产物将影响表面疏水性，从而影响浮选过程。

Plante 和 Sutherland 研究了方铅矿、黄铁矿、黄铜矿和闪锌矿在中性和碱性溶液中的氧化产物，表 3-2 概括了他们的结果。由表可见，不同矿物其表面产物不同，同一种硫化矿物，在不同的条件下，其表面产物也有区别，如在 pH 值为 6 时，黄铜矿的主要氧化产物是硫酸盐，在 pH 值为 10 时则出现了硫酸盐、亚硫酸盐、连二亚硫酸盐等物质。Eadington 和 Prosser 发现方铅矿的主要氧化产物随溶液 pH 和暴露在氧中的时间而变化，经过数小时的氧化，主要氧化产物在酸性溶液中是元素硫，在中性溶液中是硫酸盐，而在碱性溶液中为硫代硫酸盐。显然，氧化产物的种类由所研究的特定矿物而决定。

表 3-2　硫化矿物悬浮液氧化反应产物

矿　物	起始 pH 为 6 时的产物	起始 pH 为 10~11 时产物
方铅矿	有 Cu^{2+}、Fe^{2+}、Fe^{3+}、SO_4^{2-} 没有 Pb^{2+}、连多硫酸盐	有 H^+、Ag^+、Pb^{2+}、SO_4^{2-}、硫代盐，没有 Fe^{2+}、Fe^{3+}、Cu^{2+}

续表 3 - 2

矿 物	起始 pH 为 6 时的产物	起始 pH 为 10~11 时产物
黄铁矿	有 Fe^{2+}、H^+、SO_4^{2-} 没有 Fe^{3+}、连多硫酸盐	有 $S_2O_3^{2-}$、H^+、SO_4^{2-}、$S_3O_6^{2-}$、$S_4O_6^{2-}$、SO_3^{2-} 没有 Fe^{3+}、Fe^{2+}、Cu^{2+}、S^{2-}、$S_5O_6^{2-}$、$S_2O_6^{2-}$
黄铜矿	有 H^+、Cu^{2+}、Fe^{2+}、Fe^{3+}、SO_4^{2-} 没有连多硫酸盐	有 H^+、SO_4^{2-}、$S_2O_3^{2-}$、$S_4O_6^{2-}$ 没有 Cu^{2+}、Fe^{2+}、Fe^{3+}
闪锌矿	有 SO_4^{2-}、硫代盐 没有 Zn^{2+}、Fe^{2+}、Fe^{3+}、Cu^{2+}	有 H^+、Zn^{2+}、S_4^{2-}、SO_3^{2-} 没有 $S_4O_6^{2-}$、$S_2O_3^{2-}$

3.2.2　硫化矿物自诱导无捕收剂浮选顺序

　　常见硫化矿物自诱导无捕收剂浮选能力的顺序为：黄铜矿、方铅矿、磁黄铁矿、镍黄铁矿、铜蓝、斑铜矿、闪锌矿、黄铁矿、毒砂。

　　图 3 - 1 是 8 种硫化矿物在最佳条件下的粒级回收率及总回收率(无捕收剂存在)，结果表明，方铅矿、黄铜矿、磁黄铁矿和镍黄铁矿的无捕收剂可浮性较好，斑铜矿次之，而其他三种硫化矿物(辉铜矿、黄铁矿、闪锌矿)较差。

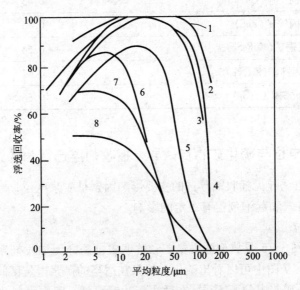

图 3 - 1　8 种硫化矿物无捕收剂浮选的粒级回收率

1—黄铜矿(98.2%)；2—方铅矿(97.6%)；3—磁黄铁矿(95.8%)；4—镍黄铁矿(79.8%)；
5—斑铜矿(35.1%)；6—辉铜矿(28.2%)；7—黄铁矿(34.6%)；8—闪锌矿(20.6%)

造成这种差别的原因是硫化矿物各自的性质不同，特别是硫化矿物电化学性质的差异。有人试图用硫化矿物的静电位(矿物电极在 pH = 4 的静电位)来进行解释。结果如表 3 - 3 所示，发现除了黄铜矿以外，其他几种硫化矿物的无捕收剂浮选性基本上与静电位数值相符(即静电位越小的硫化矿物，其无捕收剂浮选性越好)，需要说明的是，硫化矿物的无捕收剂浮选试验一般是在中性或碱性介质中进行的，而表中所列的是 pH = 4 时矿物电极的电位。此外，块状电极与硫化矿物无捕收剂浮选时粉粒的表面性质也有差别(粉粒的比面积大，易氧化)。这两个原因可能使静电位数据不能圆满地解释硫化矿物无捕收剂浮选顺序。

表 3 - 3　硫化矿物无捕收剂浮选顺序与静电位的关系

硫　化　矿　物	静电位/V(pH = 4)
辉钼矿(MoS_2)	0.11
辉锑矿(Sb_2S_3)	0.12
硫化银矿(Ag_2S)	0.28
方铅矿(PbS)	0.40
斑铜矿(Cu_5FeS_4)	0.42
铜　蓝(CuS)	0.45
闪锌矿(ZnS)	0.46
黄铜矿($CuFeS_2$)	0.56
铁闪锌矿($(Zn,Fe)S$)	0.63
黄铁矿(FeS_2)	0.66

3.2.2　矿浆电位与硫化矿物自诱导无捕收剂浮选行为的关系

硫化矿物自诱导无捕收剂浮选的主要影响因素是矿浆电位，此外 pH、磨矿条件、电位控制方式和起泡剂也有一定的影响。

1)矿浆电位

图 3 - 2 ~ 图 3 - 5 是典型的方铅矿和黄铜矿自诱导无捕收剂浮选行为与矿浆电位的关系图。从图中可以看出硫化矿物只在适当的矿浆电位区间可以无捕收剂浮选，即在还原矿浆电位下不浮，在适当氧化时可浮，而在强氧化时又不浮。比较可以发现，在较强的氧化电位下，黄铜矿可以无捕收剂浮选，而方铅矿不浮，从而可以看出，硫化矿物之间不仅存在无捕收剂浮选性大小的差别，而且它们的无捕收剂浮选性与矿浆电位的关系也存在差异。

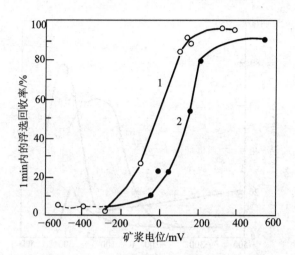

图 3 - 2　黄铜矿无捕收剂浮选回收率与矿浆电位的关系

1—瓷球磨，矿浆电位为矿物开始浮选电位；2—铁球磨，矿浆电位矿物不浮选时的电位

2) 矿浆 pH

硫化矿物的氧化行为与 pH 密切相关。既然硫化矿物的无捕收剂浮选行为依赖于矿浆电位，则必然也受到矿浆 pH 的影响。

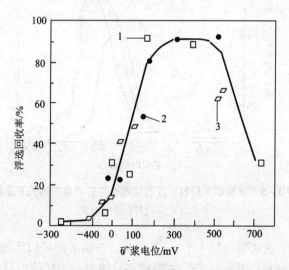

图 3 - 3　黄铜矿在有捕收剂和无捕收剂时回收率与电位的关系

1—有捕收剂，黄药，pH = 3；2—无捕收剂，pH = 11；3—无捕收剂，pH = 8

从图 3 - 5 可以看出，方铅矿的无捕收剂浮选行为受 pH 的影响极大，在酸性

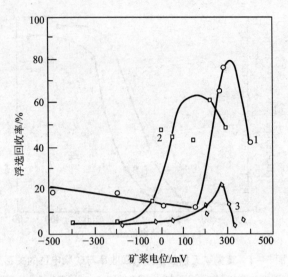

图 3 - 4   在不同磨矿介质中,方铅矿无捕收剂浮选回收率与矿浆电位的关系
1—瓷球磨; 2—瓷球磨中加 Na_2S; 3—铁球磨, pH = 8

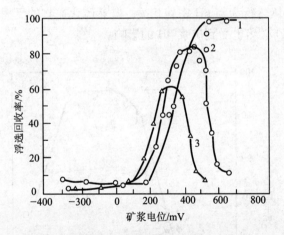

图 3 - 5   方铅矿无捕收剂浮选回收率与矿浆电位的关系曲线
1—pH 4; 2—pH 6; 3—pH 9

(pH = 4)条件下, 在矿浆电位大于 0 mV 以后, 方铅矿都可以无捕收剂浮出, 但在中性(pH = 6)或碱性(pH = 9)下, 方铅矿都只能在一个矿浆电位范围内表现出一定的无捕收剂可浮性, 在较高的矿浆电位下不浮; 不过, 黄铜矿的无捕收剂浮选行为似乎不受矿浆 pH 的影响, 如图 3 - 3 所示, 在 pH = 8 和 pH = 11 下, 黄铜矿的无捕收剂浮选回收率与矿浆电位的关系曲线相同。

3）磨矿介质

对黄铜矿，如图 3 - 2 所示，曲线 1 是用瓷球磨磨矿（磨矿矿浆电位为 300 mV 左右），用还原剂调节到所需的矿浆电位后进行浮选。曲线 2 是用铁球磨磨矿，其磨矿矿浆电位为 -400 ~ -300 mV。比较曲线 1 和曲线 2，黄铜矿的无捕收剂浮选回收率与矿浆电位的关系极为相似，只是有一个大约 100 mV 的 E_h 差值，即在惰性（瓷球磨）环境下，磨矿的黄铜矿可以在较小的矿浆电位下无捕收剂浮选。对方铅矿，磨矿环境的影响较为复杂，如图 3 - 4 所示，用瓷球磨磨矿时，方铅矿浮选速度快，回收率高，而经铁球磨磨矿的方铅矿，浮选速度慢，回收率低。但是，如果用 Na_2S 造成还原性的磨矿环境，方铅矿仍可以获得较大的无捕收剂浮选回收率。这说明铁球磨不仅可以产生还原性磨矿环境，而且磨矿过程中产生的铁离子以及水解产物——羟基铁配合物也对硫化矿物的无捕收剂浮选产生抑制作用。

3.2.3　硫化矿物自诱导无捕收剂浮选机理

硫化矿物没有天然疏水性，但是在合适的氧化性矿浆电位下，这些硫化矿物表现出一定的无捕收剂浮选性，说明在氧化电位下硫化矿物表面性质发生了变化，生成了具有疏水性的物质，一般认为这种物质是零价的元素硫（S^0）。

从热力学上，硫化矿物在酸性、中性和碱性介质中均可以按下面两式发生氧化生成元素硫：

$$MS \Longrightarrow M^{n+} + S^0 + ne^- \tag{3-1}$$

$$MS + nH_2O \Longrightarrow M(OH)_n + S^0 + nH^+ + ne^- \tag{3-2}$$

元素硫具有疏水性，如果存在于硫化矿物表面，则硫化矿物就能够无捕收剂浮选。已用现代检测技术证实了元素硫的存在，一是用光电子能谱（XPS）在方铅矿无捕收剂浮选精矿表面发现了元素硫；二是用环己烷萃取 - 气相色谱法，在磁黄铁矿无捕收剂浮选精矿的环己烷萃取产物中有元素硫。可以认为元素硫是硫化矿物自诱导无捕收剂浮选的疏水物质。

黄铜矿：

黄铜矿在酸性和碱性矿浆中的氧化反应分别为：

$$CuFeS_2 \Longrightarrow CuS + Fe^{2+} + S^0 + 2e^- \tag{3-3}$$

$$CuFeS_2 + 3H_2O \Longrightarrow CuS + Fe(OH)_3 + S^0 + 3H^+ + 3e^- \tag{3-4}$$

把黄铜矿在 pH = 11 的循环伏安曲线，以及无捕收剂浮选回收率与矿浆电位的关系曲线进行比较（见图 3 - 6），可以发现，黄铜矿电极的伏安曲线上从 -100 mV 阳极电流开始增加，在 100 mV 左右，出现一个阳极电流峰值，与此相对应的反应是式（3 -4），即在黄铜矿表面生成元素硫。同时从浮选回收率曲线可以看出，黄铜矿的回收率从零开始逐渐随电位增大，表面疏水。在电位大于 200 mV 后，黄铜矿电极的阳极电流又开始增加，这是黄铜矿的氧化产物 CuS 发生了氧化反应(式(3-5)),反应产物中又有元素硫,因为黄铜矿可以在 600 mV 左右的高电位下实现无捕收剂浮选。

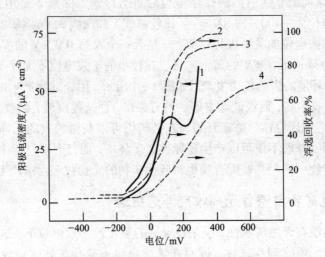

图 3-6　无捕收剂存在时,黄铜矿阳极电流、浮选回收率与电位的关系

1—阳极电流;2、3、4—浮选回收率

$$CuS + 2H_2O \rightleftharpoons Cu(OH)_2 + S^0 + 2H^+ \qquad (3-5)$$

方铅矿:

在碱性介质中方铅矿将按式(3-6)氧化生成元素硫

$$PbS + H_2O \rightleftharpoons PbO + S^0 + 2H^+ + 2e^- \qquad (3-6)$$

图 3-7 中曲线 1、2 分别是在 pH=6.8、9.2 时,方铅矿的阳极电流曲线,在 100 mV 时阳极电流开始增加,在 250 mV 左右出现一个不明显的阳极电流峰值,从浮选回收率曲线上也可看出,方铅矿的无捕收剂浮选回收率在此电位区间急剧上升,其电流增加和方铅矿疏水可浮的原因是在这一电位区间方铅矿表面发生了生成元素硫的氧化反应[式(3-6)];当电位大于 350 mV 后,阳极电流又开始增加,相对应的是方铅矿氧化生成硫代硫酸盐,因此方铅矿的浮选回收率也随之下降。

磁黄铁矿:

磁黄铁矿在碱性矿浆中是以式(3-7)氧化生成元素硫:

$$Fe_7S_8 + 21H_2O \rightleftharpoons 7Fe(OH)_3 + 8S + 21H^+ + 21e^- \qquad (3-7)$$

电化学研究结果和浮选试验十分吻合(图 3-8),从 -150 mV 阳极电流开始增加(图 3-8 曲线 1),表明磁黄铁矿按式(3-7)氧化生成元素硫,同时在电位大于 100 mV 后,磁黄铁矿无捕收剂浮选回收率随电位急剧增加。

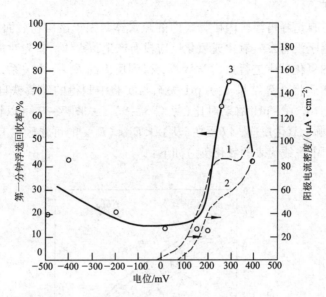

图 3-7　无捕收剂存在时,方铅矿阳极电流、第一分钟浮选回收率与电位的关系

1—pH = 6.8; 2—pH = 9.2; 3—pH = 8

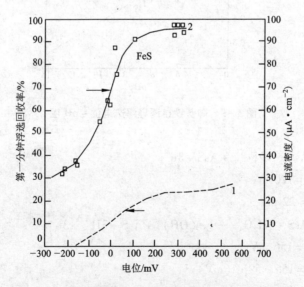

图 3-8　无捕收剂存在时,磁黄铁矿阳极电流(曲线 1)、
浮选回率(曲线 2)与电位的关系

砷黄铁矿:

砷黄铁矿自诱导可浮区内矿物表面的疏水体归因于该矿物表面发生了氧化,不可浮区归因于没有发生氧化或氧化反应没有产生疏水体。首先对可以产生和不产生疏水体的氧化反应进行热力学计算,得到反应的 E_e – pH 关系, E_e 为热力学平衡电位,然后将计算结果 E_e – pH 关系与实验中测得的砷黄铁自诱导浮选的 $(E_s)_u$ – pH 与 $(E_s)_l$ – pH 结果对比(见图 3 – 9)。从图 3 – 9 可以说明 $(E_s)_u$ 和 $(E_s)_l$ 控制着哪个氧化反应,以及在 $(E_s)_l < E_s < (E_s)_u$ 的可浮区内有什么样的疏水体存在,图中虚线代表的氧化反应如下:

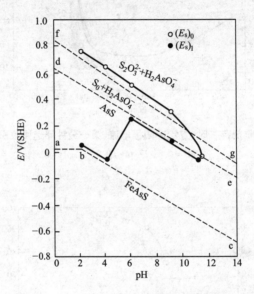

图 3 – 9　砷黄铁自诱导浮选电位 – pH 图

ab 线:$FeAsS \longrightarrow Fe^{3+} + AsS + 3e^-$　　　　　　　　　　(3 – 8)

　　$E^{\ominus} = 120 \text{ mV}$

　　$E_e = 22 \text{ mV}$

bc 线:$FeAsS + 3H_2O \longrightarrow Fe(OH)_3 + AsS + 3H^+ + 3e^-$　　(3 – 9)

　　$E^{\ominus} = 156 \text{ mV}$

　　$E_e = 156 - 59pH(\text{mV})$

de 线:$FeAsS + 7H_2O \longrightarrow Fe(OH)_3 + H_2AsO_4^- + S^0 + 9H^+ + 8e^-$　(3 – 10)

　　$E^{\ominus} = 398 \text{ mV}$

　　$E_e = 360 - 66pH(\text{mV})$

　　$E = E_e + 300 = 660 - 66pH(\text{mV})$

fg 线： $FeAsS + \dfrac{17}{2}H_2O \longrightarrow Fe(OH)_3 + H_2AsO_4^- + \dfrac{1}{2}S_2O_3^{2-} + 12H^+ + 10e^-$

$$(3-11)$$

$E^{\ominus} = 421 \ mV$

$E_e = 377 - 71pH(mV)$

$E = E_e + 500 = 877 - 71pH(mV)$

abc 线为 AsS/FeAsS 分界线；de 线为 $S^0 + H_2AsO_4^-/AsS$ 的分界线，表明 AsS 进一步氧化成 $S^0 + H_2AsO_4^-$，氧化时有一个 300 mV 过电位，即 AsS 也有一个扩大的稳定存在区；fg 线为 $S_2O_3^{2-}/S^0$ 的分界线，表明 S^0 进一步氧化成 $S_2O_3^{2-}$，氧化时有 500 mV 过电位，即 S^0 也有一个扩大稳定存在区。

氧化产物 AsS 具有雄黄结构，被认为是疏水产物。中性硫(S^0)是疏水的，$AsS + S^0$ 的扩大稳定存在区与自诱导浮选可浮区相对应，表明 $AsS + S^0$ 是导致浮选的疏水体；pH < 4 时，$AsS + S^0$ 同时存在；pH < 4 后，只有 S^0 存在。

pH < 4 时，$(E_s)_1 - pH$ 关系与 abc 线十分接近；pH > 4 时，$(E_s)_1 - pH$ 关系与 de 线十分接近，这表明 $(E_s)_1$ 控制着产生疏水体氧化反应式(3-8)、(3-9)和(3-10)能否发生；当 $E_s > (E_s)_1$ 时，反应不发生，没有疏水体 AsS 和 S^0 产生，亲水不可浮；当 $E_s < (E_s)_1$ 时，氧化发生，有疏水体形式，疏水可浮。

在 pH 4~11 之间，$(E_s)_u - pH$ 关系与 fg 线接近，表明 $(E_s)_u$ 控制着疏水体中性硫是否进一步氧化成 $S_2O_3^{2-}$，当 $E_s > (E_s)_u$ 时，S^0 氧化成 $S_2O_3^{2-}$，由可浮转变为不可浮；当 $E_s < (E_s)_u$ 时，S^0 稳定存在，可浮。

3.3　硫化矿物硫诱导无捕收剂浮选

3.3.1　化学原理

黄铁矿没有天然疏水性、自诱导无捕收剂可浮性也很差，但是如果有硫化钠存在，黄铁矿具有与捕收剂黄药存在时相似的浮选行为(图3-10)。这种由于硫化钠存在而导致的硫化矿物无捕收可浮性，称之为硫诱导无捕收剂浮选。

除黄铁矿之外，其他自诱导无捕收剂可浮性较差的硫化矿物也具有类似于黄铁矿的硫诱导无捕收剂可浮性。这一过程的实质是硫离子氧化为元素硫，并沉积在硫化矿物表面，使硫化矿物表面从亲水变为疏水，能够在没有常规捕收剂存在时，具有可浮性。

硫离子氧化为元素硫的总反应为：

$$HS^- =\!\!=\!\!= S^0 + H^+ + 2e^- \qquad\qquad (3-12)$$

$E^{\ominus} = 0.065 \ V$

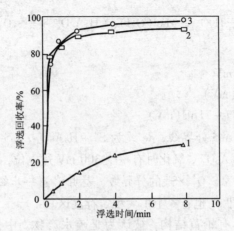

图 3 - 10 黄铁矿浮选回收率与时间的关系

1—无捕收剂、无 Na$_2$S；2—乙黄药（KEX）：10 mg/L；3—Na$_2$S：1 × 10^{-3} mol/L

电化学研究表明，HS$^-$氧化为元素硫分两步进行，中间产物是聚合硫离子。

$$xHS^- \Longrightarrow S_x^{2-} + xH^+ + 2(x-1)e^- \tag{3-13}$$

$$S_x^{2-} \Longrightarrow xS^0 + 2e^- \tag{3-14}$$

在黄铁矿表面元素硫的生成与疏水的关系如图 3 - 11 所示。在循环伏安曲线上，在 - 0.2 V 开始出现阳极电流，表明有元素硫生成，矿物表面的接触角和浮选回收率也随电位增大。

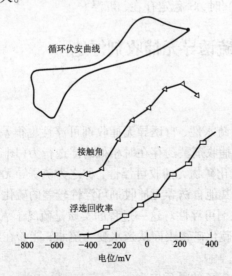

图 3 - 11 黄铁矿的循环伏安曲线及接触角、浮选回收率与电位的关系

（pH = 9.2, Na$_2$S 为 1 × 10^{-2} mol/L）

3.3.2　硫诱导无捕收剂浮选的影响因素

1）pH 的影响

图 3-12 是黄铁矿在无 Na_2S 时，不同 pH 条件下，电位对接触角的影响。从图中可以看出，在酸性介质中，黄铁矿的接触角大一些，受电位影响也大一些；在碱性介质中，黄铁矿的接触角较小，受电位影响也较小。这一结果表明，碱性介质中黄铁矿的表面疏水性受电位影响较小。

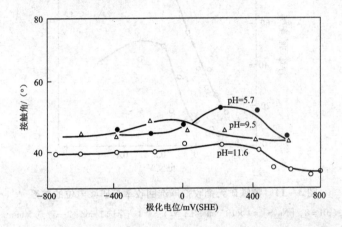

图 3-12　无硫化钠时，黄铁矿-溶液界面极化对接触角的影响

有 Na_2S 存在时，由于硫诱导作用，电位对润湿性影响较大。图 3-13 是在上述同样的溶液中添加 Na_2S（1×10^{-3} mol/L）后，测得的黄铁矿电位对接触角的影响。与图 3-12 相比较，由于添加了硫化钠，黄铁矿表面接触角的电位的调节作用变得十分明显，说明黄铁矿硫诱导效果显著。在酸性介质中没有变化，在碱性介质中电位对接触角的影响明显变大，尤其当 pH 为 9.5 时，在电位为 -0.2 ~ 0.1 V，黄铁矿的接触角较大，而在该区间之外则迅速下降。

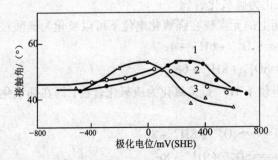

图 3-13　有硫化钠时，黄铁矿-溶液界面极化对接触角的影响
1—pH=5.7；2—pH=9.5；3—pH=11.6

2）矿浆电位的影响

如图 3 - 14 所示，有硫化钠存在时，黄铁矿在一定的矿浆电位区间具有较好的无捕收剂可浮性，存在浮选临界电位上下限。

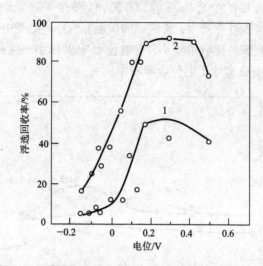

图 3 - 14 黄铁矿无捕收剂浮选回收率与矿浆电位的关系

（pH = 8，[Na$_2$S] = 1 × 10^{-3} mol/L，N$_2$）   1—浮选 1 min；2—浮选 5 min

（1）元素硫的生成电位

按式（3 - 12），可以写出元素硫生成时 HS$^-$ 浓度与 pH 的关系：

$$E = 0.065 - 0.05912(pH + \lg[HS^-]) \tag{3 - 15}$$

如当 pH = 8，[HS$^-$] = 1 × 10^{-3} mol/L，则 $E = -83$ mV，即只有当电位大于 -83 mV，元素硫才能形成，硫化矿物才能无捕收剂浮选。比较图 3 - 14，可以发现计算与浮选结果十分吻合。

（2）元素硫氧化为硫氧化合物

硫化矿物表面上的元素硫在强氧化电位下可以氧化为硫酸根或硫代硫酸根，

$$2S + 3H_2O \Longrightarrow S_2O_3^{2-} + 6H^+ + 4e^- \tag{3 - 16}$$

$$S + 4H_2O \Longrightarrow SO_4^{2-} + 8H^+ + 6e^- \tag{3 - 17}$$

或者是在强氧化电位下 HS$^-$ 直接氧化为硫氧化合物，即在强氧化时不能进行硫诱导无捕收剂浮选。

$$2HS^- + 3H_2O \Longrightarrow S_2O_3^{2-} + 8H^+ + 8e^- \tag{3 - 18}$$

$$HS^- + 4H_2O \Longrightarrow SO_4^{2-} + 9H^+ + 8e^- \tag{3 - 19}$$

3）Na$_2$S 浓度

Na$_2$S 是硫化矿物捕收剂浮选时的常用调整剂，在一定浓度下硫化钠可以有选择性地抑制某些硫化矿物的浮选。因此，硫诱导硫化矿物无捕收剂浮选时，也必须有一个合适的硫化钠浓度。

如果不控制矿浆的电位，可以依据混合电位原理确定硫化矿硫诱导无捕收剂浮选的硫化钠浓度。

(1)计算元素硫生成的热力学可逆电位。根据式(3－13)、(3－14)，取 $[S_x^{2-}]=0.01[HS^-]$，计算出生成聚合硫离子的可逆电位 $E_{HS^--/S_5^{2-}}$（取 $x=5$），聚合硫离子氧化为元素硫的可逆电位为 $E_{S_5^{2-}/S^0}$。

(2)测定硫化钠溶液中矿物电极的静电位 E_{MS}。

(3)比较矿物电极静电位值及 $E_{HS^--/S_5^{2-}}$、$E_{S_5^{2-}/S^0}$。

如果 $E_{MS}>E_{S_5^{2-}/S^0}$，则硫化矿物表面的阳极反应为式(3－13)，有元素硫生成，可以无捕收剂浮选，阴极反应为氧还原。

如果 $E_{MS}<E_{S_5^{2-}/S^0}$，但 $E_{MS}>E_{HS^--/S_5^{2-}}$，则硫化矿物表面的阴极过程是生成可溶性的 S_5^{2-}，阴极反应也为氧气还原，硫化矿物不能无捕收剂浮选，这样的硫化钠浓度可以对硫化矿物浮选起抑制作用。

测定一系列硫化钠浓度下的 E_{MS}，并与计算出的 $E_{HS^--/S_5^{2-}}$、$E_{S_5^{2-}/S^0}$ 进行比较，就可确定硫化矿物硫诱导浮选的硫化钠浓度范围。

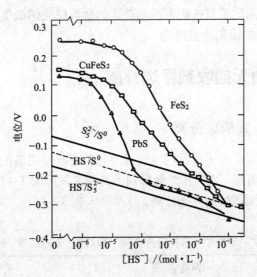

图 3－15　方铅矿、黄铜矿、黄铁矿电极的静电位与硫化钠浓度的关系

pH 9.2 空气饱和溶液

如图 3－15 所示，方铅矿、黄铁矿、黄铜矿电极的静电位随 HS⁻ 浓度增大而减小。对于方铅矿,当 $[HS^-]$ 小于 5×10^{-5} mol/L 时, $E_{PbS} > E_{S_5^{2-}/S^0}$,有元素硫形成,可以无捕收剂浮选;当 $[HS^-]$ 大于 5×10^{-5} mol/L 时, $E_{PbS} < E_{S_5^{2-}/S^0}$,则只有可溶性 S_5^{2-} 生成,方铅矿不浮。同样,黄铜矿和黄铁矿硫诱导的 HS^- 临界浓度分别为 10^{-2} mol/L 和 5×10^{-2} mol/L。

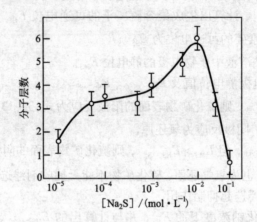

图 3 – 16　黄铁矿表面硫分子层数与硫化钠浓度的关系(XPS 测定)

用光电子能谱测定了黄铁矿表面元素硫的量与硫化钠浓度的关系,结果见图 3 – 16,与图 3 – 15 的结论十分吻合。

3.4　硫化矿物无捕收剂浮选分离

3.4.1　方铅矿 – 黄铜矿分离

据方铅矿与黄铜矿的无捕收剂浮选行为与矿浆电位关系的差异,特别是在强氧化电位下黄铜矿可浮,而方铅矿受抑制的特点,采用图 3 – 17 所示的流程进行了方铅矿与黄铜矿无捕收剂浮选分离,结果列入表 3 – 4。

表 3 – 4　方铅矿 – 黄铜矿 – 石英混合矿(30:30:280)无捕收剂浮选分离实验结果

磨矿介质	铜精矿/%		铅精矿/%	
	品位	回收率	品位	回收率
铁 球 磨	20.80	80.88	56.70	73.48
瓷 球 磨	25.78	81.00	65.75	90.00

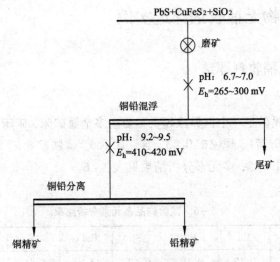

图 3 – 17　铜 – 铅无捕收剂浮选分离流程

3.4.2　辉钼矿 – 辉铜矿分离

用外控电位法进行了辉钼矿与辉铜矿无捕收剂浮选分离研究,结果如表 3 – 5 所示。结果表明,在电位为 300 mV 时,分离效果最好,辉铜矿可以全部浮出,而辉钼矿只浮出 17%,精矿中辉铜矿量占 86%。

表 3 – 5　辉钼矿与辉铜矿(50 : 50 混合矿)无捕收剂浮选分离结果

浮选电位(V)及电位变化速度	辉钼矿浮游率/%	辉铜矿浮游率/%	精矿中辉铜矿量/%
– 1.20	62	14	18
– 0.60	39	6	14
+ 0.3(50 mV/s)	21	63	75
+ 0.3(50 mV/s)	17	100	86

上述结果表明,硫化矿物之间的无捕收剂浮选分离是可能的。然而,这只是在试验室用纯矿物进行试验的结果,如果要在工业上实现,还需要做进一步研究。

3.5 硫化矿物无捕收剂浮选实例

3.5.1 钼铋无捕收剂浮选

1)原矿性质

柿竹园多金属矿是一个世界级超大型复杂多金属矿床, 矿床中主要有用矿物(%)有: 辉铜矿0.271、辉铋矿0.43、黄铁矿1.6、磷铁矿8.7、白钨矿0.51、黑钨矿0.47、萤石14.45, 多元素分析结果见表3-6。

表3-6 试验样品多元素分析结果

元素	WO_3	Mo	Bi	S	CaF_2	Fe	SiO_2	$CaCO_3$
含量/%	0.65	0.12	0.18	0.52	15.81	6.15	46.1	1.97

2)选别流程

柿竹园钨钼铋200 t/日选厂在以前的生产中, 硫化矿物浮选部分采用的选别流程为: 硫化矿物全浮 - 钼与铋硫分离, 称之为全浮流程。由于在硫化矿物全浮时加入了硫氮9号为捕收剂, 使全浮混合精矿中的钼、铋、硫分离困难, 钼精矿为等外品, 铋精矿为八级品, 并且钼铋回收率均低。

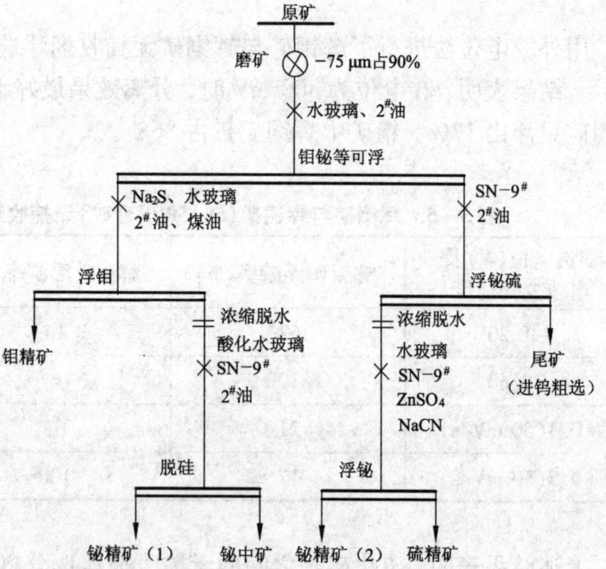

针对上述问题,

图3-18 钼铋等可浮生产原则流程

对选别流程和药剂制度进行改造, 现在的生产流程如图3-18所示。这一流程的特点是充分利用辉钼矿、辉铋矿的天然可浮性, 不加捕收剂(只加少量起泡剂 $2^{\#}$ 油)进行钼铋无捕收剂等可浮, 从而为钼铋及铋硫分离创造了条件, 这一流程称之为无捕收剂等可浮。

　　3)生产指标对比

　　从表3-7可以看出等可浮流程较全浮流程大幅度提高了钼铋的选别指标。1990年的生产指标与全浮流程指标相比,钼铋精矿品位由43.43%提高到47.76%,提高了4.33%,由等外品升为一级品,钼精矿回收率从58.87%提高到79.14%,提高了20.27%;铋精矿品位由15.18%提高到38.69%,提高了25.31%,由八级品升为四级品,铋回收率由40.57%提高到56.62%,提高16.05%,在选矿指标大幅度提高的同时,每吨矿药剂成本由11.65元降为9.33元。

表3-7　两种流程选矿指标对比

流　　程		原矿品位/%		钼精矿/%			铋精矿/%		
		钼	铋	产率	钼品位	回收率	产率	铋品位	回收率
全浮	1987年 5—7月	0.12	0.17	0.163	43.43	58.87	0.454	15.18	40.57
等可浮	1988年	0.16	0.18	0.239	48.35	72.74	0.334	26.86	49.83
	1989年	0.16	0.20	0.242	46.78	70.70	0.560	22.12	61.99
	1990年 1—4月	0.14	0.19	0.232	47.76	79.14	0.278	38.69	56.92

　　从上可见钼铋无捕收剂等可浮具有以下优点:

　　(1)提高了辉铜矿-辉铋矿-黄铁矿浮选分离的选择性。

　　(2)由于钼铋等可浮时不加捕收剂,简化了随后钼铋硫分离的药剂制度、减少了药剂用量,从而降低了药剂成本。

　　(3)由于分离选择性提高,使生产过程稳定,操作方便。

3.5.2　硫化铜矿无捕收剂浮选

　　大量实验室研究表明硫化铜矿(特别是黄铜矿)具有较好的无捕收可浮性,对湖北铜绿山铜矿进行的工业试验表明,在工业浮选厂硫化铜矿的无捕收剂或少捕收剂浮选是可能的。

　　1)矿石性质

　　铜绿山铜矿的主要铜矿物为黄铜矿,其次是辉铜矿,还有少量的自由氧化铜和结合氧化铜。铜物相如表3-8所示。

表 3 - 8   铜物相分析

铜物相	自由氧化铜	结合氧化铜	原生硫化铜	次生硫化铜	总 铜
品位/%	0.12	0.115	0.571	2.693	3.499
占有率/%	3.43	3.29	16.32	76.96	100.00

2)选别流程及结果

硫化铜矿无捕收剂或少捕收剂浮选工业试验流程见图 3 - 19。浮选试验结果如表 3 - 9 所示。结果表明,用石灰调节 pH 为 10 ~ 11,矿浆电位为 142 ~ 189 mV,硫化铜矿的无捕收剂、少捕收剂(45 g/t)浮选可以得到与常规浮选(捕收剂 113.785 g/t)相近的浮选指标。

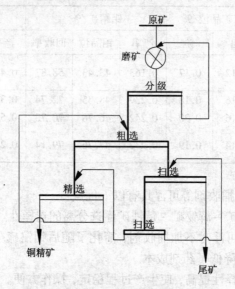

图 3 - 19   硫化铜矿工业试验浮选流程

表 3 - 9   工业试验结果

工艺方案	原矿品位/%	精矿指标/%		药剂用量/$(g \cdot t^{-1})$				
		品位	回收率	黄药	2#油	CaO	pH	E_h/mV
少捕收剂	3.525	27.85	95.47	44.91	118.26	1826	10 ~ 11	142 ~ 189
无捕收剂	3.85	29.33	95.88	0	164.80	2750	10 ~ 11	142 ~ 189
常规浮剂	3.389	25.267	96.05	113.75	164.80	0	6 ~ 7	

第 4 章　硫化矿物浮选电化学理论

　　早在 20 世纪 30 年代，高登(A. M. Gauldin)和塔加尔特(A. F. Taggart)等人就依据硫化矿物捕收剂金属盐的溶度积数据提出了硫化矿物浮选的化学理论，如离子吸附和离子交换反应；50 年代初，A. M. Cook 又提出了中性分子吸附等，均从某一侧面解释了硫化矿物与捕收剂的作用机理和硫化矿物浮选规律，如巴斯基(Barsky)关系式，但不能说明为什么用黄药浮选硫化矿物时，氧气是一种必需的物质，以及矿物表面双黄药的形成。因而，促使人们从新的角度来研究硫化矿物与硫氢捕收剂的作用机理，提出了硫化矿物浮选的半氧化学说、半导体学说以及电化学理论。这几种理论的基础都是硫化矿物所具有的半导体性和硫化矿物浮选体系的氧化还原性质，在本质上是一致的。特别是硫化矿物浮选的电化学理论比较全面，深刻地反映了硫化矿物与捕收剂反应过程的实质，通过半个世纪的努力，现在已发展成为大家公认的硫化矿物浮选电化学理论。

4.1　硫化矿物浮选的电化学机理

　　电化学性质是硫化矿物浮选体系的基本性质，这一特性也是硫化矿物浮选电化学理论的基础。按照桑拉米(Salamy)和尼克森(Nixon)提出的硫化矿物与捕收剂作用的电化学模型，认为硫化矿物与捕收剂的作用为电化学反应，其阳极过程是由捕收剂转移电子到硫化矿物或硫化矿物直接参与阳极反应而产生疏水物质，其阴极过程为液相的氧气从矿物表面上接受电子而还原。如用 MS 表示硫化矿物，X^- 表示硫氢捕收剂离子，则硫化矿物与硫氢捕收剂的作用可用电化学反应表示：

阴极反应为氧气还原：

$$O_2 + 2H_2O + 4e^- \longrightarrow 4OH^- \qquad (4-1)$$

阳极反应为硫氢捕收剂离子向矿物表面转移电子[式(4-2)、(4-5)]或者为硫化物表面直接参与阳极反应[式(4-3)、(4-4)]而形成疏水物质。包括下面几种：

(1)硫氢捕收剂离子的电化学吸附：

$$X^- \longrightarrow X_{吸附} + e^- \qquad (4-2)$$

(2)硫氢捕收剂与硫化矿物反应生成硫氢捕收剂金属盐：

$$MS + 2X^- \longrightarrow MX_2 + S^0 + 2e^- \tag{4-3}$$

$$或\ MS + 2X^- + 4H_2O \longrightarrow MX_2 + SO_4^{2-} + 8H^+ + 8e^- \tag{4-4}$$

(3) 硫氢捕收剂离子在硫化矿物表面氧化为二聚物：

$$2X^- \rightleftharpoons X_{2(吸附)} + 2e^- \tag{4-5}$$

阴极反应[式(4-1)]和阳极反应[式(4-2)~(4-5)]相结合,可以组成硫氢捕收剂与硫化矿物反应的三种形式(如图4-1所示)。

$$① \ 4X^- + O_2 + 2H_2O = 4X + 4OH^- \tag{4-6}$$

$$② MS + 2X^- + \frac{1}{2}O_2 + H_2O = MX_2 + S^0 + 2OH^- \tag{4-7}$$

$$MS + 2X^- + 2O_2 = MX_2 + SO_4^{2-} \tag{4-8}$$

$$③ \ 4X^- + O_2 + 2H_2O = 2X_2 + 4OH^- \tag{4-9}$$

电化学机理表明,硫氢捕收剂与硫化矿物作用可能出现的疏水产物有三种,即 $X_{吸附}$、MX_2 和 X_2,同时还说明了氧气的作用(见图4-1)。

但是,对于具体的硫化矿物浮选体系,将会发生哪一种电化学反应,生成什么疏水物质呢? 为了回答这个问题,在本节里先从电极反应特征进行一些讨论,然后在下一节里具体阐述这一问题。

根据电化学原理,对单电极过程[如式(4-1)~(4-5)],其基本特征是反应的自由能随界面(固-液)的电位大小而变化。当反应处于平衡(即以一定的速度进行)时,相应地有一平衡电位,但是这一电位发生变化,电位值或者向阳极方向增加(电位提高)或者向阴极方向增加(电位减小),就会影响电化学反应的速度和方向。以反应式(4-5)为例

$$2X^- \rightleftharpoons X_{2(吸附)} + 2e^-$$

在该反应中,一方面捕收剂离子(X^-)可氧化为二聚物也可以形成捕收剂离子(正向反应);另一面氧化生成的捕收剂二聚物也可以还原为捕收剂离子(反向反应)。当反应达到平衡,或者说固-液界面的电位一定时,捕收剂离子氧化为二聚物(正向反应)的速度一定,同时二聚物还原为捕收剂离子(反向反应)的速度也一定,如果在此电位下正向反应速度大于反向反应速度,则捕收剂离子总是以一定的速度(正向反应与反向反应速度之差)氧化为二聚物。

当电位发生变化时,有两种情形:一是电位值向阳极方向增加(电位增大),在这种情况下,正向反应速度增大,反向反应速度减小,总的结果是捕收剂离子氧化为二聚物的速度增加;二是电位值向阴极方向增加(电位减小),此时正向反应速度减小,反向反应速度增加,总的结果为捕收剂离子氧化为二聚物的速度减小。如果电位值向阴极方向增加很多,就会出现正向反应速度小于反向反应速度,即会发生二聚物的还原反应,或者说捕收剂离子不能氧化为二聚物。对其他几个单电极反应[式(4-2)~(4-4)]也可以做类似的讨论。

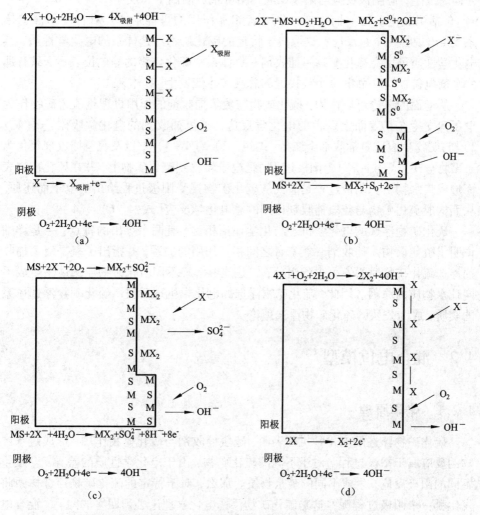

图 4-1 硫化矿物与硫氢捕收剂作用的电化学机理示意图

对于电化学反应体系，即总的电化学反应，阳极反应和阴极反应总是同时存在，并以相同的速度进行，不可能出现单独的阳极反应和阴极反应，阳极反应给出电子，阴极反应接受电子，从而构成一个完整的电化学氧化还原反应。同时，也由于这种阳极反应和阴极反应的相互制约，使整个电化学反应只能以有限的速度进行，相应地，电化学反应体系存在一个由阳极反应和阴极反应所控制的平衡电位，这一平衡电位称之为混合电位。

对于硫化矿物浮选体系，阴极还原反应只有一个，即氧气还原[(式(4-1)]，而阳极氧化反应可能发生的有四个[(式(4-2)~(4-5)]。不管这四个反应是否同时发生，但阴极反应与阳极反应相结合组成的四个总反应[式(4-6)~(4-9)]包括了硫化矿物-捕收剂-氧三者相互作用的可能形式。对特定的浮选体系，会出现哪一个总反应？这取决于特定的硫化矿物浮选体系的电化学性质，其电化学性质可用在硫化矿物-捕收剂-氧体系中硫化矿物的静电位表示，只有那些平衡电位比这一静电位小或接近的总反应才能发生[具体见式(4-2)]。

从上面的讨论可以认为：硫化矿物与硫氢捕收剂的作用机理是硫化矿物作为电子源支持在其表面上发生的电化学反应，硫氢捕收剂的电化学吸附[式(4-2)]与矿物生成硫氢捕收剂金属盐[式(4-3)~(4-4)]，以及硫氢捕收剂氧化为二聚物分子[式(4-5)]等阳极过程，把电子转移到硫化矿物上，并在硫化矿物表面形成疏水物质。阴极过程是氧气从硫化矿物接受阳极过程给出的电子而还原。从而构成硫化矿物与硫氢捕收剂作用的总电化学反应[式(4-6)~(4-9)]。

硫化矿物浮选的电化学机理与化学理论相比，有两个突出的特点：一是详细说明了硫化矿物-捕收剂-氧三者之间相互作用的关系，并指出了氧是硫氢捕收剂浮选硫化矿物时必不可少的组分；二是能够解释不同硫化矿物浮选体系生成不同疏水物质的原因。因此，硫化矿物浮选的电化学机理反映了硫化矿物浮选体系的实质，成为公认的硫化矿物浮选理论。

4.2 混合电位模型

4.2.1 化学原理

硫化矿物浮选的电化学机理表明，硫氢捕收剂与硫化矿物作用，形成疏水产物的反应属于阳极过程。对于不同的硫化矿物，由于电化学性质的差异，会发生不同的阳极反应，生成不同的疏水物质。那么，对于特定的硫化矿物浮选体系将发生哪一个阳极过程呢？这是硫化矿物浮选电化学理论必须回答的问题，混合电位模型就解决了这一问题。

在电化学中，对每一个氧化还原反应都有一个标准电位 $E^{\ominus}$，如用 A 和 B 代表氧化物，C 和 D 代表还原物，则氧化还原反应为式(4-10)，当各物质活度不等于 1 时，反应的电位就不等于标准电位，而存在相应的平衡电位 E，如式(4-11)所示。

$$A + B \Longrightarrow C + D \tag{4-10}$$

$$E = E^{\ominus} - \frac{RT}{nF}\ln\frac{[C][D]}{[A][B]} \tag{4-11}$$

[A]，…，[D]：物质 A，…，D 的浓度(mol/L)。

如果在同一体系中存在几个氧化还原反应，则平衡电位小的电化学反应优先发生。

对于硫化矿物浮选体系来说，已知阴极反应只有一个，即氧气还原，而阳极反应有四个，因此硫化矿物浮选体系的四个电化学氧化还原反应[式(4-6)~(4-9)]，实际上可以归结为四个阳极反应问题，也就是说，对特定的硫化矿物-捕收剂体系，其平衡电位小的阳极反应优先发生。在硫化矿物浮选体系中，阳极反应的平衡电位的一般顺序是：$E_{X_{吸附}} < E_{MX_2} < E_{X_2}$，即在较小的电位下发生捕收剂离子的电化学吸附或生成捕收剂金属盐的阳极反应，而在较大的电位下发生捕收剂离子氧化为二聚物的阳极反应。

硫化矿物浮选体系的电化学反应，其阳极过程和阴极过程都是在硫化矿物表面进行的，因此在有捕收剂存在时，硫化矿物的静电位是描述硫化矿物浮选体系电化学性质的特征值。同时，这一电位的大小将决定在硫化矿物表面上发生的阳极反应类型，也就是说，硫化矿物的静电位与阳极反应产物之间存在必然的联系。

混合电位模型描述了硫化矿物残余电位与阳极反应产物之间的关系。对于硫氢捕收剂，可以氧化为二聚物(X_2)：

$$2X^- \Longrightarrow X_2 + 2e$$

在一定的浓度$[X^-]$时，X^-氧化为X_2的平衡电位为：

$$E_{X^-/X_2} = E^\ominus_{X^-/X_2} - \frac{RT}{nF}\ln\frac{[X^-]^2}{[X_2]}$$

同时，硫化矿物(MS)在此浓度$[X^-]$的捕收剂溶液中有一静电位E_{MS}。如果$E_{MS} < E_{X^-/X_2}$，则硫化矿物与捕收剂的作用产物为捕收剂金属盐(MX_2)；如果$E_{MS} > E_{X^-/X_2}$，则硫化矿物与捕收剂的作用产物为捕收剂的二聚物。

因此，对特定的硫化矿物浮选体系，只要测定硫化矿物的静电位E_{MS}，然后与捕收剂氧化为二聚物的平衡电位E_{X^-/X_2}进行比较，就可以确定硫化矿物与捕收剂作用的阳极反应和生成产物。

4.2.2 硫化矿物静电位与阳极反应产物之间的关系

为了确定硫化矿物静电位与硫化矿物和捕收剂作用产物之间的关系，R. Allison 和 N. P. Finkelsiein 等人测定了硫化矿物在捕收剂溶液中的静电位，并用萃取-红外光谱法对硫化矿物表面的反应产物进行了鉴定。结果见表4-1、4-2。从表4-1、4-2中可以看出，一般来说，捕收剂只在那些硫化矿物的静电位大于相应的二聚物生成的平衡电位时，才氧化为二聚物，而对于那些静电位低于前述平衡电位的硫化矿物，便生成捕收剂金属盐。

表 4-1　乙基黄药溶液中硫化矿物的静电位与反应产物

矿　物	残余电位/V	反应产物
方铅矿	0.06	MX_2
斑铜矿	0.06	MX_2
铜蓝	0.05	X_2
黄铜矿	0.14	X_2
硫锰矿	0.15	X_2
辉钼矿	0.16	X_2
磁黄铁矿	0.21	X_2
黄铁矿	0.22	X_2
砷黄铁矿	0.22	X_2

注：乙黄药浓度：6.25×10^{-4} mol/L，$E_{X^-/X_2} = 0.13$ V。

表 4-2　在硫氮 9 号溶液中硫化矿物静电位与反应产物

矿　物	残余电位/V	反应产物
黄铁矿	0.475	二聚物
铜蓝	0.115	捕收剂金属盐
黄铜矿	0.095	捕收剂金属盐
方铅矿	-0.035	捕收剂金属盐
斑铜矿	-0.045	捕收剂金属盐
辉铜矿	-0.155	捕收剂金属盐

注：硫氮 9 号浓度 1000 ppm，pH = 8，$E_r = 0.176$ V。

　　比较表 4-1 和表 4-2，可知硫化矿物与捕收剂作用的反应产物或者说所发生的阳极反应，不仅与硫化矿物有关，而且也取决于所采用的捕收剂种类，即硫化矿物浮选体系的性质。以黄铜矿为例，用乙基黄药为捕收剂时，表面反应产物是双黄药；用硫氮 9 号为捕收剂时，表面反应产物是二乙基二硫化氨基甲酸铜。电化学动力学研究证实了混合电位模型的正确性。

4.3　捕收剂(黄药)与硫化矿物反应的电化学研究

　　硫化矿物浮选的电化学机理表明，在硫化矿物表面，可能存在的疏水物质有三种，即电化学吸附的硫氢捕收剂、硫氢捕收剂金属盐和硫氢捕收剂二聚物。混合电位模型给出了在硫氢捕收剂溶液中硫化矿物静电位与表面产物之间的关系，认为硫化矿物表面反应产物是硫氢捕收剂金属盐或硫氢捕收剂二聚物。但是有两个问题需要进一步证实，一是捕收剂在硫化矿物表面的反应产物是否通过电化学过程生成；二是通过电化学过程生成的阳极反应产物对硫化矿物表面疏水的贡献大小。这两个问题也是硫化矿物浮选电化学理论的基本内容。

4.3.1　双黄药

早在 1934 年，Wark 等人就已经发现双黄药可以使硫化矿物表面疏水。现代电化学机理仍然认为双黄药是硫化矿物浮选的疏水物质之一，最典型的矿物是黄铁矿，红外线光谱和电化学研究表明双黄药是黄药在黄铁矿表面氧化生成的唯一产物（图 4 - 2、图 4 - 3）。

1）双黄药的生成机理

图 4 - 2 是黄铁矿电极在 pH = 6.87 缓冲溶液中的循环伏安图。曲线 1 代表没有黄药存在时，黄铁矿在不同电位下的氧化还原行为。曲线 2 的黄药浓度为 2.0×10^{-3} mol/L。可见，当电位大于黄药氧化为双黄药的平衡电位以后，在电位为 0 V 处出现阳极电流，在 0.3 V 左右出现明显的阳极电流峰值，而在此电位区间黄铁矿没有发生氧化（曲线 1 中没有阳极电流）。这说明黄药在黄铁矿电极表面发生氧化并生成双黄药。黄铁矿与黄药作用的表面产物的红外光谱分析证实了电化学研究结果（见图 4 - 3）。

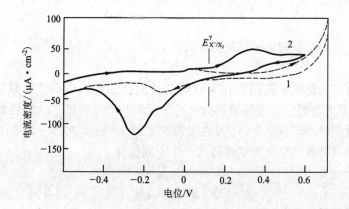

图 4 - 2　黄铁矿电极循环伏安图

电位扫描速度 5 mV/s, E_{X^-/X_2} — 黄药/双黄药对的可逆电位

1—[EX^-]: 0 mol/L; 2—[EX^-] = 2×10^{-3} mol/L

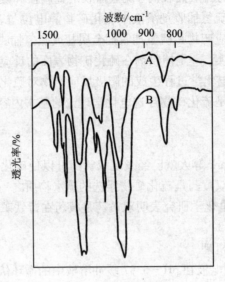

图 4 – 3   红外光谱图

A—乙基黄药在黄铁矿表面的氧化产物；B—乙基双黄药

因此，黄药在黄铁矿表面的氧化产物是双黄药。其反应为：

$$\frac{1}{2}O_2 + 2X^- + H_2O \Longrightarrow X_{2\text{吸附}} + 2OH^- \tag{4 – 12}$$

其中阴极反应为氧的还原：

$$\frac{1}{2}O_2 + H_2O + 2e^- \Longrightarrow 2OH^- \tag{4 – 13}$$

阳极反应为黄原酸离子氧化为双黄药：

$$2X^- \Longrightarrow X_2 + 2e^- \tag{4 – 14}$$

黄药离子在黄铁矿表面氧化为双黄药的电化学动力学研究还表明，反应式
(4 – 14)分两步进行。首先是黄药的电化学吸附[式(4 – 15)]，然后是两个电化
学吸附的黄药结合形成双黄药，并在黄铁矿表面上吸附[式(4 – 16)]，即黄药的
电化学吸附只是黄药氧化为双黄药的一个中间过程。

$$X^- \Longrightarrow X_{\text{吸附}} + e^- \tag{4 – 15}$$

$$2X_{\text{吸附}} \Longrightarrow X_{2(\text{吸附})} \tag{4 – 16}$$

2）双黄药的疏水性

接触角是矿物表面疏水性的标志之一。图 4 – 4 的结果表明，不管是甲基、乙
基还是丁基黄药，在电位大于相应的黄药氧化为双黄药的平衡电位以后，黄药开
始氧化为双黄药，出现阳极电流[见图 4 – 4(a)]。黄铁矿表面在低电位下是亲水
的（电位小于平衡电位时，接触角为零），随电位的增加，黄铁矿表面由于生成的

双黄药逐渐增多，疏水性增加，接触角变大[如图 4-4(b)]。这说明在黄铁矿表面生成的双黄药能使黄铁矿表面疏水。

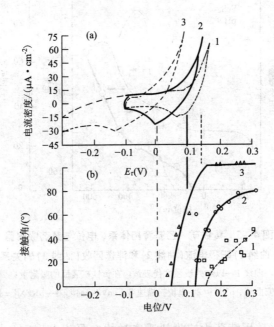

图 4-4　黄铁矿电极循环伏安曲线与接触角曲线

25℃，pH = 6.2 黄药浓度 1000 mg/L

(a)—循环伏安曲线(1 mV/s)；(b)—接触角曲线(在每一电位下停留 30 s)；垂直线为 E_{X_2/X^-}

1—甲基黄药；2—乙基黄药；3—丁基黄药

对黄铁矿 - 乙基黄药浮选体系，如果把浮选回收率、矿物电极的阳极电流以及黄药在黄铁矿表面上的吸附量随电位的变化关系进行比较(图 4-5)，就更加清楚地看到双黄药在黄铁矿表面生成以及使黄铁矿疏水可浮的关系。在 100 mV 左右，在循环伏安曲线上出现阳极电流(曲线 2)，这表明在黄铁矿电极表面黄原酸离子开始氧化生成双黄药，相对应的红外光谱测定结果也表明黄药开始在黄铁矿表面吸附，并随电位向阳极电位增加，黄药的吸附量增大。对于黄铁矿浮选，在电位小于双黄药的生成电位时不浮；在电位大于 150 mV 时，由于双黄药在黄铁矿表面形成，回收率随电位增大而急剧增加；在 400 mV 左右达到极值，随后浮选回收率随电位增加而减小，但在此电位下，黄药的吸附仍随电位增加，产生这一矛盾的原因是在高阳极电位下黄铁矿发生氧化，一方面黄铁矿自身氧化产物[如 Fe(OH)$_3$]产生亲水性抵消了双黄药的疏水性，另一方面氧化产物溶解使双黄药不能牢固吸附。

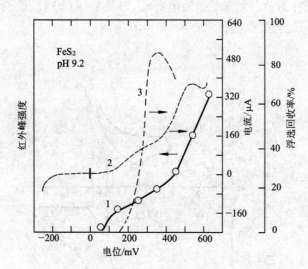

图 4 - 5 黄铁矿 - 乙基黄药体系、电位与黄药吸附量

(曲线 1)阳极电流(曲线 2)和浮选回收(曲线 3)的关系

曲线 1—以红外线强度代表黄药在黄铁矿表面的吸附量;

曲线 2—循环伏安曲线, pH = 9.2, 电位扫描速度 1 mV/s; 曲线 3—[KEX] = 1.9 × 10⁵ mol/L

  双黄药是黄铜矿用黄药为捕收剂浮选时的主要疏水物质。从图 4 - 6 可以看出, 在电位为 100 ~ 400 mV, 阳极电流随电位的增大而增大, 黄铜矿表面上双黄药量也增大, 黄铜矿表面上生成的双黄药使矿物表面强烈疏水, 浮选回收率几乎达到 100%(曲线 4)。

4.3.2 黄药的电化学吸附

1)吸附特性

黄药在硫化矿物表面的电化学吸附有两个特点:

(1)它是伴随着电子转移的吸附过程, 如式(4 - 2)所示。这一吸附过程受到固 - 液界面电位的制约, 只有在适当的电位下, 才能发生黄药的电化学吸附。如图 4 - 7 曲线 1 所示, 对于方铅矿, 乙基黄药只在 - 0.1 ~ 0.1 V 发生电化学吸附, 即在电位阳极扫描(电位向正方向增加)时, 出现阳极反应电流峰对应为式(4 - 2)所示的电化学吸附过程, 在阴极扫描(电位减小或电位向负方向增加)时, 在 - 0.1 V 左右出现一个还原电流峰对应于吸附的黄药的电化学脱附:

$$X_{吸附} + e^- \longrightarrow X^-$$
(4 - 17)

黄药在方铅矿表面上的电化学吸附 - 脱附是可逆过程。

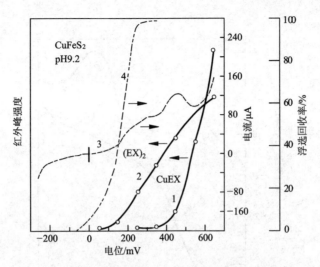

图 4 - 6　黄铜矿 - 乙基黄药体系，电位与黄药吸附量(曲线 1、2)，

阳极电流(曲线 3)及浮选回收率(曲线 4)的关系(pH = 9.2)

曲线 1、2—红外峰强度代表黄铜矿表面(EX)$_2$ 及 CuEX 的生成量([KEX] = 1 × 10^{-3} mol/L)；

曲线 3—循环伏安曲线，扫描速度 1 mV/s，[KEX] = 1 × 10^{-3} mol/L；

曲线 4—浮选回收率，pH = 9.2，[KEX] = 1.9 × 10^{-3} mol/L

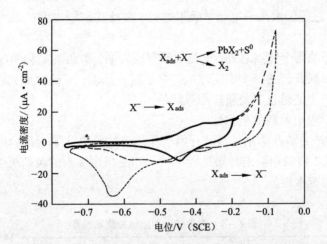

图 4 - 7　乙基黄药溶液中方铅矿电位循环伏安典线

pH = 9.2 缓冲溶液，扫描速度 5 mV/s KEX：1 × 10^{-3} mol/L

　　同样，对自然硫化铜矿物(辉铜矿 85%)，电位为 - 0.2 ~ - 0.1 V 时也存在黄药的电化学吸附。如图 4 - 8 所示，其阳极电流峰 A$_1$ 和 A$_2$ 是由黄药的电化学吸附引起的。

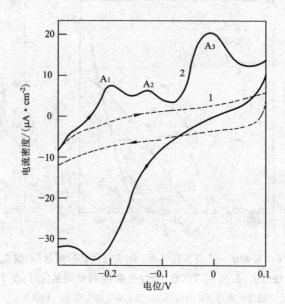

图 4-8   自然硫化铜(辉铜矿 85%)在 0.1 mol/L 氯化钠溶液中的循环伏安曲线

扫描速度 10 mV/s; KEX: 1—0 mol/L; 2—3.97×10⁻⁴ mol/L

(2)这一过程仍然是一电化学吸附过程,在硫化矿物表面的最大覆盖率为一个单分子层。

除了上面的两个特点之外,电化学研究还表明:黄药的电化学吸附是形成黄原酸金属盐和双黄药的一个中间过程。由于这一原因,对硫化矿物浮选来说,其主要的疏水产物是捕收剂金属盐和双黄药。

2)电化学吸附黄药的疏水性

(1)方铅矿 - 黄药体系。黄药开始的作用形式是电化学吸附,形成一个单层的黄药吸附层,接触角测定结果见表 4-3。可见单层吸附的黄药可以使方铅矿表面产生较强的疏水性。

表 4-3   方铅矿表面接触角测定结果

黄药	接触角/(°),(X吸附)	最大接触角/(°),(PbX₂)
甲基黄药	20	50
乙基黄药	50	60
丁基黄药	70	74

(2)辉铜矿 - 乙基黄药体系。如图 4-9 所示,辉铜矿电极的循环伏安曲线表

明，在 $-0.2 \sim -0.1$ V 之间，出现黄药的电化学吸附（相对应的有阳极电流峰）。其浮选回收率与电位的关系曲线表明，这一电位范围，正是浮选回收率随电位急剧增加的区域。因此，结合循环伏安研究和浮选试验结果表明，黄药在辉铜矿表面上的电化学吸附可以使辉铜矿产生疏水性。

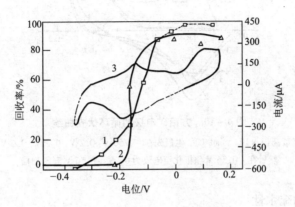

图 4 - 9 辉铜矿 - 乙基黄药体系

曲线 1，2—辉铜矿浮选回收率与电位的关系曲线；曲线 3—辉铜矿电极在乙基黄药溶液中的循环伏安曲线；
乙基黄药浓度：曲线 1 为 4.7×10^{-5} mol/L，曲线 2 为 1.44×10^{-5} mol/L；曲线 3 为 1.9×10^{-5} mol/L

4.3.3 金属黄原酸盐

1）方铅矿 - 乙基黄药体系

如图 4 - 10 所示，从方铅矿电极的循环伏安曲线上可以看到，在低电位下发生黄原酸离子电化学吸附，在高电位下阳极电流随电位急剧增加，其阳极反应是生成了黄原酸铅或双黄药：

$$PbS + 2EtX^- \Longrightarrow Pb(EtX)_2 + S^0 + 2e^- \tag{4-18}$$

$$E^\ominus = -0.124 \text{ V}$$

$$2EtX^- \Longrightarrow (EtX)_2 + 2e^- \tag{4-19}$$

$$E^\ominus = -0.06 \text{ V}$$

在方铅矿表面上生成的黄原酸铅可以还原。如图 4 - 10 所示，在 1×10^{-2} mol/L 乙基黄药溶液（pH = 9.2）中，方铅矿电极在 600 mV 极化 100 s，生成黄原酸铅，然后在 -560 mV 极化，黄原酸铅还原为金属铅和黄原酸离子[式(4 - 20)的逆反应]，随后从 -560 mV 开始向阳极进行电位扫描，在 $-500 \sim -400$ mV 电位区间，出现了一个阳极电流峰，这是发生按式(4 - 20)进行的阳极反应，表明金属铅与黄药在强还原电位下生成黄原酸铅。

$$Pb + 2EtX^- \Longrightarrow Pb(EtX)_2 + 2e^- \tag{4-20}$$

$$E^\ominus = -0.6 \text{ V}$$

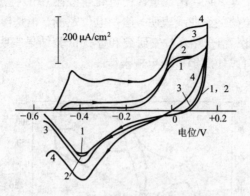

图 4 – 10 方铅矿电极的循环伏安曲线

pH 9.2，乙基黄药（1×10^{-2} mol/L），电极先在 -0.56 V，0.2 V，0.3 V，0.6 V 极化 100 s，

然后在 -0.56 V 预极化至电流为 0，从 -0.56 V 开始扫描

黄原酸铅的疏水性：

如图 4 – 11，方铅矿经氧化处理按式（4 – 20）在较负电位下生成黄原酸（图 4 – 11 曲线 2），而疏水可浮（图 4 – 11 曲线 1），经还原处理后，方铅矿在电位 0 mV 左右，发生黄原酸离子的电化学吸附；在电位大于 100 mV 后，生成黄原酸铅，方铅矿也在这一电位区间疏水可浮；在电位大于 350 mV 后，方铅矿不浮，是由于方铅矿表面的黄原酸铅氧化分解：

$$Pb(EtX)_2 + 2H_2O \Longrightarrow Pb(OH)_2 + (EtX)_2 + 2H^+ + 2e^- \qquad (4-21)$$

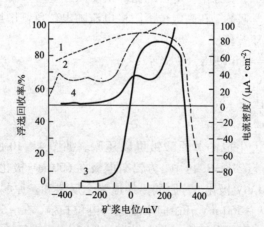

图 4 – 11 经氧化和还原处理后方铅矿在捕收剂 pH = 8 时的阳极电流，浮选回收率曲线

1—氧化处理后浮选回收率—矿浆电位关系；2—氧化处理后的循环伏安曲线；

3—还原处理后浮选回收率—矿浆电位关系；4—还原处理后的循环伏安曲线

　　方铅矿表面的黄药覆盖率随电位增大而增加(图 4 - 12),在 0.2 V 时,方铅矿表面黄药覆盖率达 100%,方铅矿浮选回收率也随捕收剂吸附量增加而提高。这说明黄原酸铅是方铅矿浮选的主要疏水物质。

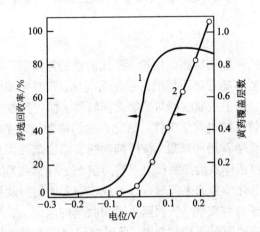

图 4 - 12　方铅矿表面捕收剂(黄药)吸附率、浮选回收率与电位的变化关系

1—回收率; 2—黄药覆盖层数

2)辉铜矿 - 乙基黄药浮选体系

　　如图 4 - 9 曲线所示,在 0.1 V 又出现了一个电流峰,与此极相对应的是黄原酸亚铜的形成,其反应为:

$$Cu_2S + X^- \Longrightarrow CuS + CuX + e^- \tag{4-22}$$

$$E^\ominus = -0.234 \text{ V}$$

　　另一种可能的机理是辉铜矿先氧化为氢氧化铜,然后与黄原酸离子作用生成黄原酸亚铜:

$$Cu_2S + 2H_2O \Longrightarrow Cu(OH)_2 + CuS + 2H^+ + 2e^- \tag{4-23}$$

$$Cu(OH)_2 + X^{2-} + e \Longrightarrow CuX + 2OH^- \tag{4-24}$$

$$E^\ominus = 0.181 \text{ V}$$

　　由于 CuX 的生成,在高电位下,辉铜矿仍表现出很高的可浮性,如图 4 - 9 曲线 1、2 所示。

　　以上表明,按照硫化矿物浮选的电化学理论形成的黄药与硫化矿物作用的三种阳极反应产物,即黄药电化学吸附、金属黄原酸盐、双黄药,在特定的硫化矿物浮选体系中,在适当条件下都能以电化学反应方式生成,并且能使硫化矿物表面疏水,从而证明了硫化矿物浮选的电化学理论。

第5章 硫化矿物浮选抑制的电化学

根据前面的讨论可以明确得到结论，硫化矿物的浮选是一个电化学过程，矿物表面产物及状态能够随着体系环境的变化而变化，巯基类捕收剂与硫化矿物的作用是电化学反应，电子在捕收剂与矿物之间转移，捕收剂在硫化矿物表面吸附的产物主要取决于体系的电化学条件。硫化矿物的抑制过程是捕收剂分子和抑制剂分子在矿物表面竞争作用的结果，按照抑制剂和捕收剂的添加顺序可以分为两种情况：一是优先浮选体系的抑制机理，即抑制剂加在捕收剂之前，从而阻碍了捕收剂的吸附，从电化学方面来理解可以看成矿物表面的抑制膜切断了捕收剂与硫化矿物之间的电子转移路线，从而阻止了捕收剂的吸附；二是混合精矿体系的抑制机理，即矿物表面覆盖了捕收剂膜，此时抑制剂需要对矿物表面捕收剂膜进行破坏，才能吸附在矿物表面，而硫化矿物表面捕收剂膜的解吸仍是一个电化学过程，电化学因素起着支配作用。因此本章将系统介绍硫化矿物浮选中常见几类抑制剂的电化学作用原理。

5.1 电化学原理

根据硫化矿物与硫氢类捕收剂相互作用的电化学机理和混合电位模型，硫化矿物与捕收剂、氧作用的电化学原理可用图 5 - 1 中的曲线 O 和 R 表示。曲线 O 表示捕收剂与矿物作用的阳极过程[式(5 - 1)、(5 - 2)]，随电位向阳极方向增加，阳极电流增大，即在较高的阳极电位下捕收剂与矿物以较快速度反应形成疏水物质。

$$MS + 2X^- \Longrightarrow MX_2 + S^0 + 2e^- \tag{5-1}$$

$$2X^- \Longrightarrow X_2 + 2e^- \tag{5-2}$$

曲线 R 表示氧气在硫化矿物表面还原的阴极过程，随电位向阴极方向增加，氧的还原速度增大[式(5 - 3)]。

$$O_2 + 2H_2O + 4e^- \Longrightarrow 4OH^- \tag{5-3}$$

根据电化学反应电极动力学原理，对任何单电极过程[如式(5 - 4)]所示的简单电荷传递反应：

$$O + ne^- \Longrightarrow R \tag{5-4}$$

反应速度(i)与电位和反应物浓度存在如下的关系：

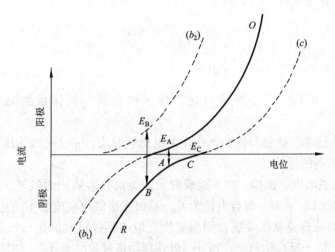

图 5 – 1　硫化矿物浮选和抑制的电化学原理示意图

正向反应速度(阴极反应):

$$i_{阴} = nFk_1c_0\exp\left[-\frac{\alpha nF(\varphi_{平} + \Delta\varphi)}{RT}\right] \qquad (5-5)$$

逆向反应速度(阳极反应):

$$i_{阳} = nFk_2c_R\exp\left[\frac{\beta nF(\varphi_{平} + \Delta\varphi)}{RT}\right] \qquad (5-6)$$

式中: F 为阿伏伽德罗; k_1、k_2 为正、逆向反应速度常数; C_0、C_R 为反应物及产物浓度; α、β 为传递系数, 一般取 0.5, 且 $\alpha + \beta = 1$; $\Delta\varphi$ 为过电位, 反应电位与平衡电位的差值。

电极反应速度:

$$i = i_{阳} - i_{阴} = i_0\left\{\exp\left(\frac{\beta nF\Delta\varphi}{RT}\right) - \exp\left[-\frac{\alpha nF\Delta\varphi}{RT}\right]\right\} \qquad (5-7)$$

其中 $i_0 = nFK(c_0)^{1-\alpha}(c_R)^{\alpha}$ 为交换电流密度, K 为式 $(5-4)$ 反应速率的常数。从式 $(5-7)$ 可以看出, 影响电极反应速度的主要因素是电位和反应物及产物浓度。如果阳极极化足够大, 即 $\Delta\varphi \to \infty$, 则阴极电流就可忽略不计; 反之, 如果极化足够小, 即 $\Delta\varphi \to 0$, 则阳极电流就可忽略不计。

对于硫化矿物浮选体系中存在的两个独立电极过程, 即阳极过程 – 捕收剂与矿物反应或捕收剂自身氧化, 阴极过程 – 氧气还原, 分别有阳极反应速度 $i_{阳}$ 和阴极反应速度 $i_{阴}$, 随电位的变化, $i_{阳}$ 和 $i_{阴}$ 也随之改变。但在有硫化矿物 – 捕收剂 – 氧三者共存的开放体系中, 这两个电极过程为一对共轭反应, 总是同时存在, 同时以大小相等、方向相反的速度进行, 以构成硫化矿物与捕收剂作用的电化学反应[式(5-8)、(5-9)]。

$$MS + 2X^- + \frac{1}{2}O_2 + H_2O \Longrightarrow MX_2 + S^0 + 2OH^- \qquad (5-8)$$

$$2X^- + \frac{1}{2}O_2 + H_2O \Longrightarrow X_2 + 2OH^- \qquad (5-9)$$

当 $i_阳 = i_阴$ 时的电位,即为硫化矿物-捕收剂-氧体系的混合电位,如图 5-1 中 E_A。

因此,依据硫化矿物与捕收剂作用的电化学性质,可以从如下几个方面强化或抑制硫化矿物的浮选。

(1)降低氧浓度。例如,加入亚硫酸及盐类消耗溶液中的氧气,使氧还原的阴极极化曲线如 b_1 所示,混合电位为 E_B,这时阳极氧化电流变小或趋于零,从而阻止了捕收剂的自身氧化或捕收剂与矿物反应的阳极过程的进行。从式(5-7)也可以看出,由于反应物氧浓度减小,氧还原阴极过程的交换电流密度(i_0)减小,即氧还原阴极电流变小,从而阳极过程速度也减慢,而达到抑制硫化矿物浮选的目的。

(2)增加捕收剂浓度,强化硫化矿物浮选。从式(5-7)可知,捕收剂浓度增大,则阳极过程反应速度增大,捕收剂与矿物反应的速度加快。在图 5-1 中,阳极极化曲线从 O 变为(b_2),相对应的阳极和阴极极化曲线分别为(b_2)、R,混合电位为 E_B。

(3)使捕收剂与矿物作用的阳极氧化电位提高,如曲线 C,混合电位为 E_C,从而抑制硫化矿物浮选。

(4)提供一个氧化电位比捕收剂与矿物作用的阳极过程电位低的阳极反应见曲线(b_2),由非捕收剂阳极反应和氧还原反应(R)构成一对共轭电极反应,而实现抑制硫化矿物浮选的目的。实现这一方法的途径有两个:一是向浮选体系加入易氧化物质如 Na_2S;二是提高 pH,使硫化矿物优先氧化。

5.2 氢氧化物

5.2.1 pH 对黄铁矿电化学循环伏安曲线的影响

在浮选实践中,大多用石灰抑制黄铁矿,起抑制作用的主要成分是 OH^-。图 5-2 是黄铁矿电极在不同 pH 下、有或没有捕收剂黄药存在时的阳极极化曲线,比较四组伏安曲线可以得出以下几点结论:

(1)pH 的变化对黄药在黄铁矿表面上的氧化动力学行为几乎没有影响。这是因为在黄药离子氧化为双黄药的反应中没有 H^+ 或 OH^- 离子参加(式(5-2))。

（2）黄铁矿自身的氧化速度随 pH 的增加而加快。如图 5-2 所示，在高 pH 时，在较小的阳极电位下，就出现了黄铁矿氧化电流；在 pH = 11.4 时，黄铁矿开始氧化的电位比黄药在黄铁矿表面氧化为双黄药的电位小。

（3）比较图 5-2 中不同 pH 下黄铁矿电极的伏安曲线，可以发现，在 pH < 11.4 时，黄铁矿的氧化电位大于黄药在黄铁矿表面的氧化电位，即黄药氧化为双黄药的氧化反应优先发生。在黄铁矿浮选体系中，将发生黄药的氧化反应和氧气的阴极还原，OH^- 不起抑制作用，黄铁矿可浮；在 pH ≥ 11.4 时，优先发生黄铁矿氧化，而不是黄药在黄铁矿表面发生氧化反应，在硫化矿物浮选体

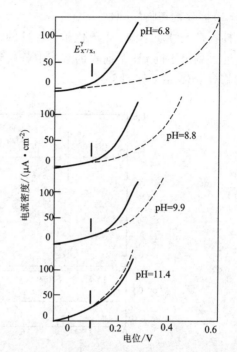

图 5-2 不同 pH 溶液中，黄铁矿电极的伏安曲线
阳极电位扫描速度 10 mV/s；乙基黄原酸钾浓度虚线：0，实线：5×10^{-3} mol/L

系中，将发生的阳极过程为黄铁矿的自身氧化，阴极过程为氧气还原，这样，在黄铁矿表面不仅不会形成疏水性捕收剂膜，而且由于黄铁矿氧化，表面亲水性增大。

5.1.2 抑制机理及临界 pH

以上的电化学研究表明，氢氧化物对硫化矿物的抑制机理是在高 pH 条件下，优先发生硫化矿物自身氧化反应，与氧气还原反应构成一个完整的电化学过程，从而阻止了捕收剂氧化为二聚物或捕收剂与硫化矿物作用生成捕收剂金属盐的电化学反应的发生。

电化学研究证实了硫化矿物浮选必需的捕收剂浓度与浮选 pH 之间存在 Barsky 关系。如用乙基黄药为捕收剂浮选黄铁矿时，捕收剂浓度与 pH 的关系为：

$$\frac{[C_2H_5OCS_2^-]}{[OH^-]^{0.8}} = 常数 \tag{5-10}$$

每一种硫化矿物都只在一定的 pH 范围内可以浮选，可浮的最高 pH 称为临界 pH。临界 pH 与捕收剂性质有关，根据硫化矿物浮选的电化学机理，可以用热力学数据计算出特定浮选体系的临界 pH。

（1）捕收剂与临界 pH

捕收剂的性质不同，则硫化矿物浮选的临界 pH 也随之而变。以黄铁矿为例，可以通过测定不同 pH 下捕收剂溶液中黄铁矿矿物电极的静电位来判断黄铁矿浮选的临界 pH，结果如图 5-3 所示。

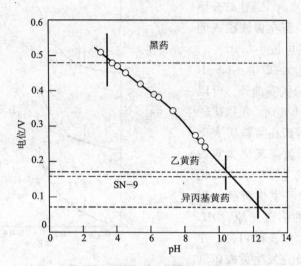

图 5-3　黄铁矿电极静电位与 pH 的变化关系

水平虚线：各捕收剂氧化为二聚物的可逆电位；垂直线：黄铁矿浮选的临界 pH；

捕收剂浓度：黑药 32.5 mg/L，乙黄药 25 mg/L，乙硫氮 26.7 mg/L，异丙基黄药 31.6 mg/L

图 5-3 水平虚线分别为黑药、乙黄药、乙硫氮、异丙基黄药氧化为相应二聚物的可逆平衡电位。由于用硫氢类捕收剂浮选黄铁矿时，其疏水物质是捕收剂二聚物，因此，用黄铁矿矿物电极静电位确定黄铁矿浮选临界 pH 的方法是：黄铁矿矿物电极静电位与捕收剂/捕收剂二聚物可逆电位相等时的 pH 值即为临界 pH。

图 5-3 中的垂直线是黄铁矿浮选试验得到的临界 pH，比较可见两者极为吻合。

（2）临界 pH 的热力学计算

计算原理：假定硫化矿物（MS）的氧化反应为：

$$MS + 6H_2O \Longrightarrow M(OH)_2 + SO_4^{2-} + 10H^+ + 8e^- \tag{5-11}$$

则硫化矿物的氧化电位 E_{MS} 随 pH 而变化，可以用式（5-12）表示：

$$E_{MS} = f(pH) \tag{5-12}$$

捕收剂（A^-）与硫化矿物的阳极过程假定可以用式（5-13）、（5-14）表示，其电位随捕收剂浓度改变化而变化，可以用式（5-15）表示：

$$MS + 2A^- \Longrightarrow MA_2 + S^0 + 2e^- \tag{5-13}$$

$$2A^- ===== A_2 + 2e^- \tag{5-14}$$

$$E_{A^-} = f([A^-]) \tag{5-15}$$

根据混合电位原理，当 $E_{MS} > E_{A^-}$ 时，在硫化矿物表面优先发生捕收剂金属盐（MA_2）或捕收剂二聚物（A_2）反应，硫化矿物可浮；当 $E_{MS} < E_{A^-}$ 时，则硫化矿物自身氧化[式(5-11)]优先于反应式(5-13)、(5-14)的发生，硫化矿物不能浮选。因此，$E_{MS} = E_{A^-}$ 时的 pH 即为硫化矿物浮选的临界 pH，即求解 $f(pH) = f([A^-])$ 关系式，就可以求出在给定捕收剂种类及浓度下的硫化矿物浮选临界 pH 值。下面以黄铁矿和方铅矿为例说明计算过程。

例 1：黄铁矿浮选临界 pH 的计算

黄铁矿在碱性介质中的氧化反应为式(5-16)：

$$FeS_2 + 11H_2O ===== Fe(OH)_3 + 2SO_4^{2-} + 19H^+ + 15e^- \tag{5-16}$$

$E^{\ominus} = 0.402$ V

假定 $[SO_4^{2-}] = 1 \times 10^{-6}$ mol/L，并考虑 SO_4^{2-} 生成的过电位，则黄铁矿氧化的电位与 pH 的关系为式(5-17)。

$$E_{FeS_2} = 0.77 - 0.07473pH \tag{5-17}$$

如以乙基黄药为捕收剂，疏水产物为双黄药，反应为式(5-18)：

$$2EX^- ===== (EX)_2 + 2e^- \tag{5-18}$$

$E^{\ominus} = -0.06$ V

则乙基黄药氧化为双黄药的电位与其浓度的关系为式(5-19)：

$$E_{EX^-/(EX)_2} = -0.06 - 0.059\lg[EX^-] \tag{5-19}$$

令 $E_{FeS_2} = E_{EX^-/(EX)_2}$

则可得到黄铁矿用乙基黄药浮选的临界 pH 为：

$$pH = 11.08 + 0.79\lg[EX^-] \tag{5-20}$$

按式(5-20)计算了不同乙基黄药浓度时黄铁矿浮选的临界 pH，结果如表 5-1所示。同样可以计算出不同捕收剂浮选黄铁矿的临界 pH，结果列入表 5-2。可见捕收剂阴离子氧化为捕收剂二聚物的可逆电位越小，浮选黄铁矿的临界 pH 越高。

表 5-1　乙黄药浓度与黄铁矿浮选临界 pH

$[EX^-]/(mol \cdot L^{-1})$	1×10^{-3}	5×10^{-4}	1×10^{-4}	5×10^{-5}	10^{-5}
临界 pH	8.70	8.50	7.92	7.70	7.13

表 5 - 2   不同捕收剂时, 黄铁矿浮选临界 pH

捕收剂	$E^{\ominus}_{A^-/A_2}$/V	临界 pH	备注
乙基黄药	-0.06	7.92	
丁基黄药	-0.128	8.83	
戊基黄药	-0.158	9.23	捕收剂浓度
黑 药	0.255	3.70	1×10^{-4} mol/L
硫氮 9 号	-0.068	8.03	

图 5 - 4 是黄铁矿浮选回收率与 pH 的变化关系, 黄铁矿浮选受抑制的 pH 基本上与式(5 - 20)计算一致。

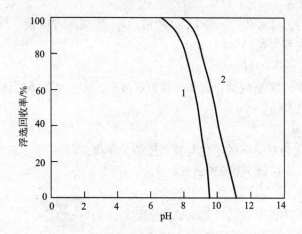

图 5 - 4   黄铁矿浮选回收率与 pH 的关系

[EX⁻] = 2×10^{-4} mol/L, pH 调节: 1—CaO, 2—NaOH、HCl

例 2: 方铅矿浮选临界 pH 值的计算

在强碱性介质中方铅矿不能浮选, 采用与黄铁矿类似的方法可以计算出方铅矿浮选的临界 pH。

在碱性条件下, 方铅矿表面氧化按式(5 - 21)发生:

$$2PbS + 7H_2O \Longrightarrow 2Pb(OH)_2 + S_2O_3^{2-} + 10H^+ + 8e^- \tag{5-21}$$

假定 $[S_2O_3^{2-}] = 1 \times 10^{-6}$ mol/L, 则可写出方铅矿表面氧化电位与 pH 的关系:

$$E_{PbS} = = 0.59 - 0.0737 pH \tag{5-22}$$

乙黄药与方铅矿反应生成 PbX_2(乙基黄原酸铅):

$$2PbS + 4EX^- + 3H_2O \Longrightarrow 2Pb(EX)_2 + S_2O_3^{2-} + 6H^+ + 8e^- \tag{5-23}$$

$E^{\ominus} = 0.194$ V

假定 $[S_2O_3^{2-}] = 1 \times 10^{-6}$ mol/L，则乙黄药氧化形成乙基黄原酸铅的电位可写成如下表达式：

$$E_{Pb(EX)_2} = 0.1498 - 0.0295 lg[EX^-] - 0.04425 pH \tag{5-24}$$

则方铅矿用乙黄药作为捕收剂的浮选临界 pH 为：

$$pH = 14.95 + lg[EX^-] \tag{5-25}$$

若 $[EX^-] = 1 \times 10^{-6}$ mol/L，则方铅矿浮选临界 pH 为 10.95，与黄铁矿相比，方铅矿浮选临界 pH 更高，因此可以在 pH 为 8～11 的范围内实现方铅矿与黄铁矿分离。

5.3　氰化物

5.3.1　对黄铁矿的抑制作用

1）氰化物对黄铁矿电化学循环伏安曲线的影响

图 5－5 是黄铁矿电极在不同 KCN 浓度、有或没有黄药存在时的阳极极化曲线，从图可以看出：

（1）在没有黄药存在时，氰化物的存在对黄铁矿氧化行为没有明显影响。

（2）在有黄药存在时，氰化物对黄药在黄铁矿表面的氧化行为有明显影响。随氰化物浓度增加，黄药开始氧化的阳极电位明显地向阳极移动，即只有在较高的电位下，在黄铁矿表面才能发生黄药氧化为双黄药的反应，从而抑制了黄铁矿的浮选。

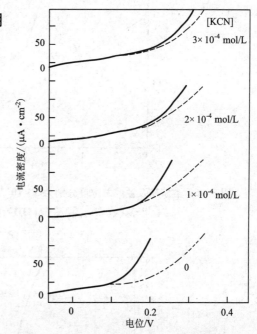

图 5－5　在 pH＝9.2 缓冲溶液中黄铁矿电极的伏安曲线

氰化物浓度如图所示；乙基黄药浓度：虚线—0，实线—4× 10^{-3} mol/L

2）抑制机理

首先是在黄铁矿表面形成亚铁氰化物［式(5-26)］，形成的亚铁氰化物一方面使黄铁矿表面亲水，另一方面使黄药离子在黄铁矿表面氧化为双黄药的电位升高，使双黄药难以形成。如果进一步提高氰化物浓度，在黄铁矿表面只会进行式

(5-26)的阳极过程，而完全阻止双黄药生成。其原因可能是 $Fe_4[Fe(CN)_6]_3$ 使双黄药生成[式(5-18)]的过电位增大。

$$7Fe^{2+} + 18HCN \Longrightarrow Fe_4[Fe(CN)_6]_3 + 18H^+ + 4e^- \qquad (5-26)$$

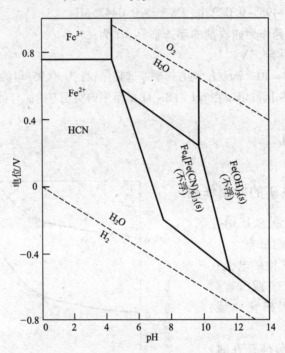

图 5-6 溶解硫及铁的总浓度分别为 3×10^{-4} mol/L、5×10^{-5} mol/L 时，
$Fe_4[Fe(CN)_6]_3$ 及 $Fe(OH)_3$ 的稳定区域

$[CN^-] = 6 \times 10^{-4}$ mol/L

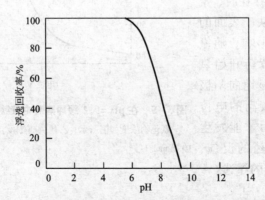

图 5-7 氰化物存在时，黄铁矿浮选回收率与 pH 的关系

$[KEX] = 5 \times 10^{-4}$ mol/L，$[KCN] = 6 \times 10^{-4}$ mol/L

图 5-6 是铁-氰化物体系的电位-pH 图,对比图 5-7 中有氰化物存在时黄铁矿的浮选行为与 pH 的关系可见,$Fe_4[Fe(CN)_6]_3$ 的存在区域与黄铁矿受抑制的 pH 范围十分吻合,说明 $Fe_4[Fe(CN)_6]_3$ 是抑制黄铁矿的有效组分。

5.3.2　对铜矿物的抑制作用

1) 黄铜矿

图 5-8 是黄铜矿电极的循环伏安曲线。比较图 5-8 中的三条曲线,可以发现氰化物对黄铜矿抑制机理与氢氧根对黄铁矿的抑制机理相似,即当有氰化物存在时,黄铜矿表面的阳极氧化在较小的电位下发生。也就是说,在有氰化物存在时,优先发生黄铜矿的阳极氧化反应,从而阻止了黄药氧化反应的发生。

2) 辉矿铜

氰化物存在和不存在时,辉铜矿电极电位与其浮选回收率的关系见图 5-9。图 5-9 曲线 1 表明随氰化物加入,电位降低,达到 -0.1 V 时,辉铜矿不浮。如用氧化还原剂调节电位,同样在 -0.1 V 左右,辉铜矿浮选受到抑制(图 5-9 曲线 2、3)。研究表明加入氰化物使辉铜矿-黄药浮选体系的电位降低,从而阻止了捕收剂与矿物反应阳极过程的进行,这就是氰化物抑制辉铜矿的作用机理。

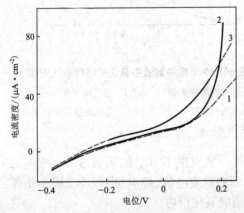

图 5-8　黄铜矿电极的伏安曲线

溶液组成:1—0.05 mol/L 硼砂;

2—加上 1×10^{-2} mol/L 乙基黄药;

3—3×10^{-3} mol/L CN^-。阳极电流扫描速度 4 mV/s

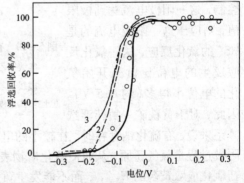

图 5-9　辉铜矿浮选回收率与电位的关系

1—加入 30 mg/L KCN,异丙基黄药浮选结果;

2—Richardson 等人用乙黄药的浮选结果;

3—Heys 等人用乙基黄药的浮选结果

5.4 硫化钠

硫化钠是一些金属氧化矿的硫化剂，如氧化铅、氧化铜矿用硫化钠硫化后，用硫化矿物的捕收剂浮选，同时硫化钠又是硫化矿物浮选分离广泛使用的抑制剂。下面以黄铁矿浮选为例说明硫化钠抑制作用的电化学机理。

图 5 - 10 是在含有黄药和不同浓度硫化钠溶液中，黄铁矿电极的伏安特性曲线。从图可以看出，在没有硫化钠存在时，黄药在黄铁矿电极表面发生氧化的电位大约为 0.2 V，而在有硫化钠存在时，在 -0.3 V 就开始出现阳极电流，在 0 V 左右由于质量传输控制，这一阳极电流达到极限值，对应于这一阳极电流的是 HS^- 的氧化反应，这一氧化反应发生的电位比黄药开始氧化的电位小得多（约 0.5 V）。因此，对于黄铁矿 - 黄药浮选

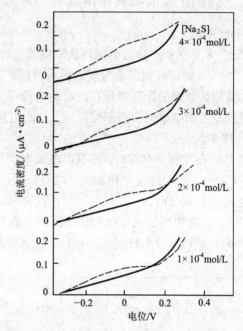

图 5 - 10 在 pH = 9.2 缓冲溶液中黄铁矿电极的伏安曲线
实线—乙基黄药浓度 4×10^{-3} mol/L，硫化钠浓度 0；
虚线—乙基黄药浓度 4×10^{-3} mol/L，硫化钠浓度如图所示；
电位扫描速度 20 mV/s

体系来说，有硫化钠存在时，在较小的电位下就发生了 HS^- 的阳极过程，相应的阴极过程是氧气还原，从而使硫化矿物表面的稳定电位（静电位）较小，即小于黄药氧化成双黄药的 E_{X^-/X_2}，而不能发生黄药的氧化反应。

因此，硫化钠对黄铁矿抑制作用的机理为：溶液中的 HS^- 提供了一个能在较小电位下发生的阳极反应，从而阻止了捕收剂黄药氧化为双黄药的氧化反应产生。

依据这一抑制机理，可以用热力学方法计算出抑制黄铁矿浮选所需的硫化钠浓度或硫化钠浓度与 pH 的关系。

$$Na_2S + 2H_2O \Longrightarrow 2HS^- + 2NaOH \tag{5-27}$$

$$HS^- + 4H_2O \Longrightarrow SO_4^{2-} + 9H^+ + 8e^- \tag{5-28}$$

$$E_{HS^-/SO_4^{2-}} = 0.5953 - 0.0664pH - 0.007375lg[HS^-] \tag{5-29}$$

式(5-29)与式(5-19)，联解可得：

$$pH = 8.98 + 0.891lg[EX^-] - 0.111lg[HS^-] \qquad (5-30)$$

图 5-11 是按式(5-30)的预测值(虚线)与试验值的比较结果，可见两者十分相近。

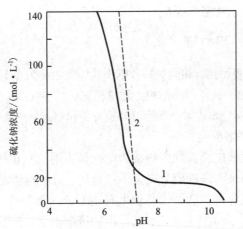

图 5-11　防止气泡与黄铁矿接触所需要的 Na₂S 浓度与 pH 的关系

$[KEX]$ = 25 mg/L；1—测定值；2—计算值

5.5　氧化剂

5.5.1　抑制机理

浮选电化学研究表明巯基类捕收剂在硫化矿物表面发生阳极氧化反应，生成疏水的二聚物或金属捕收剂盐，反应如下：

1)生成捕收剂二聚物的反应

$$2X^- \longrightarrow X_2 + 2e^- \qquad (5-31)$$

如黄药在黄铁矿、黄铜矿表面生成双黄药。

2)生成金属捕收剂盐

$$MS + 2X^- \longrightarrow MX_2 + S^0 + 2e^- \qquad (5-32)$$

生成的元素硫能进一步氧化生成硫氧阴离子，如硫代硫酸盐：

$$2MS + 4X^- + 3H_2O \longrightarrow 2MX_2 + S_2O_3^{2-} + 6H^+ + 8e^- \qquad (5-33)$$

如黄药在方铅矿表面生成金属黄原酸铅。

另一方面，硫化矿表面可以发生自身的氧化反应。

$$MS + 6H_2O \longrightarrow M(OH)_2 + SO_4^{2-} + 10H^+ + 8e^- \qquad (5-34)$$

根据上述电化学反应，在实践中可以通过加入氧化剂来选择性控制捕收剂的阳极反应[式(5-31)~(5-33)]或硫化矿物的自身氧化阳极反应[如式(5-34)所示],破坏矿物表面捕收剂膜,增加矿物表面亲水性,从而实现矿物的抑制。可以通过两种方式实现:一是添加氧化剂控制适宜的电位,让矿物表面阳极氧化反应优先发生,阻止黄药在矿物表面的阳极反应;二是添加氧化剂调整电位,使矿物表面捕收剂膜发生氧化分解反应。

5.5.2 表面氧化作用机理

当不同硫化矿物表面具有相同的捕收剂产物时,如黄药在毒砂、黄铁矿、黄铜矿表面的产物都是双黄药,氧化剂的作用主要是根据矿物的性质,选择性实现某一硫化矿物表面的氧化来达到分离效果。下面以砷硫分离和铜硫分离来说明这一机理。

1)毒砂-黄铁矿体系

黄药在毒砂和黄铁矿表面的产物都为电化学吸附的双黄药,因此采用选择性解吸捕收剂膜的方法来实现砷硫分离是不可行的,只能利用毒砂和黄铁矿两种矿物性质的差异来实现分离。从氧化产物来看,在 pH < 8.7 时,黄铁矿与毒砂分别按式(5-35)、式(5-36)发生氧化,氧化产物可溶于水,会形成亲水氧化物层。

$$FeS_2 + 8H_2O = Fe^{2+} + 2SO_4^{2-} + 16H^+ + 14e^- \tag{5-35}$$
$$E^{\ominus} = 0.355 \text{ V}$$

$$FeAsS + 8H_2O \longrightarrow Fe^{2+} + H_2AsO_4^- + SO_4^{2-} + 14H^+ + 13e^- \tag{5-36}$$
$$E^{\ominus} = 0.344 \text{ V}$$

假定 SO_4^{2-}、$H_2AsO_4^-$ 和 Fe^{2+} 浓度均为 1×10^{-6} mol/L,可以写出黄铁矿和毒砂氧化的能斯特方程式:

$$E_{FeS_2} = 0.28 - 0.0674pH \tag{5-37}$$
$$E_{FeAsS} = 0.262 - 0.0635pH \tag{5-38}$$

由以上两式可以看出,在酸性条件下黄铁矿和毒砂的氧化热力学电位很接近,因此采用氧化剂在酸性条件下很难实现黄铁矿和毒砂的分离。而在 pH > 8.7 以后,氧化产物中有 $Fe(OH)_3$ 等存在于矿物表面,反应式为(5-39)和式(5-40):

$$FeAsS + 11H_2O = Fe(OH)_3 + HAsO_4^{2-} + SO_4^{2-} + 18H^+ + 14e^- \tag{5-39}$$
$$E^{\ominus} = 0.426 \text{ V}$$

$$FeS_2 + 11H_2O = Fe(OH)_3 + 2SO_4^{2-} + 19H^+ + 15e^- \tag{5-40}$$
$$E^{\ominus} = 0.402 \text{ V}$$

同样可以写出毒砂和黄铁矿在碱性条件下氧化的能斯特方程:

$$E_{FeAsS} = 0.401 - 0.0759pH \tag{5-41}$$
$$E_{FeS_2} = 0.355 - 0.0747pH \tag{5-42}$$

由以上两式可以看出,在碱性条件下,毒砂和黄铁矿氧化的热力学电位差比酸性条件下扩大了,但仍然不显著。这也是在一般条件下难以实现砷硫分离的本质所在, 即二者的热力学氧化性质很接近。但是在 Na_2CO_3 介质中, 毒砂和黄铁矿氧化的动力学速率不同, 从表 5-3 可以看出, 在 Na_2CO_3 介质中, 毒砂与黄铁矿氧化速度的差别增大, 并且随 Na_2CO_3 浓度增大, ΔI_{corr} 增大, 即在 Na_2CO_3 介质中毒砂以较大的速度氧化。根据这一原理在 Na_2CO_3 介质中实现了毒砂和黄铁矿的电化学浮选分离。

表 5-3　在碳酸钠介质中, 黄铁矿和毒砂的自然氧化速率(15℃)

Na_2CO_3 /(mol·L^{-1})	pH	FeS$_2$		FeAsS		ΔI_{corr} /(μA·cm^{-2})
		E_{corr} /mV	I_{corr}/ (μA·cm^{-2})	E_{corr} /mV	I_{corr}/ (μA·cm^{-2})	
5×10^{-3}	9.5	-51.52	1.39	-138	1.46	0.07
2.26×10^{-2}	10.6	-72.79	1.41	-152.4	1.93	0.52
0.1	10.9	-88.80	1.84	-173.3	2.79	0.95

注: $\Delta I_{corr} = I_{corr}(\text{FeAsS}) - I_{corr}(\text{FeS}_2)$。

2) 黄铜矿 - 黄铁矿体系

研究表明, 在 pH 为 9~12 条件下黄铜矿表面可以发生的氧化反应如下:

$$CuFeS_2 + 3H_2O \Longrightarrow CuS + Fe(OH)_3 + S^0 + 3H^+ + 3e^- \tag{5-43}$$

$$E^{\ominus} = 0.547 \text{ V}$$

$$E_{CuFeS_2} = 0.547 - 0.059pH \tag{5-44}$$

$$FeS_2 + 11H_2O \Longrightarrow Fe(OH)_3 + 2SO_4^{2-} + 19H^+ + 15e^- \tag{5-45}$$

$$E^{\ominus} = 0.402 \text{ V}$$

$$E_{FeS_2} = 0.355 - 0.0747pH \tag{5-46}$$

可以看出, 在碱性条件下, 黄铁矿的氧化电位比黄铜矿低, 因此在碱性条件下, 黄铁矿优先发生氧化生成 $Fe(OH)_3$ 和硫代硫酸盐使表面亲水, 而黄铜矿则难氧化, 并且氧化产物 CuS 和 S^0 仍是疏水产物。因此采用氧化的办法可以实现黄铁矿和黄铜矿的分离。图 5-12 是不同氧化剂次氯酸钙用量下黄铁矿和黄铜矿浮选回收率的情况, 由图可见次氯酸钙能够选择性抑制黄铁矿, 而对黄铜矿浮选影响较小。

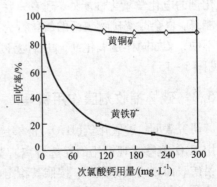

图 5-12　次氯酸钙对黄铁矿和黄铜矿浮选的影响

图 5 – 13 分别为在 CaO 和 Ca(ClO)$_2$ 溶液中黄铜矿电极的循环伏安曲线。O_1、R_1 与 O_2、R_2 这两对氧化还原峰分别表示黄铜矿表面的两个氧化反应,而另一对氧化还原峰 O_3、R_3 则表示与溶液中含钙物质的作用有关。图 5 – 13 结果说明在 CaO 和 Ca(ClO)$_2$ 溶液中黄铜矿的电化学行为改变较小。

图 5 – 14 分别为在 CaO 和 Ca(ClO)$_2$ 溶液中黄铁矿电极的循环伏安曲线。由图可见,在高 pH 下,代表黄铁矿表面氧化生成元素硫(S^0)的反应 O_1 峰几乎消失,表明在 CaO 或 Ca(ClO)$_2$ 作用下黄铁矿表面强烈氧化,生成元素硫的可能性小,并且可以看出 Ca(ClO)$_2$ 的影响更加显著。出现 O_2 峰可能表示由于含钙物质的富集受传输控制而出现的电流峰。

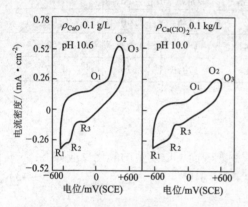

图 5 – 13　黄铜矿电极循环伏安曲线

25℃;0.5 mol KNO$_3$;扫描速度 12 mV/s

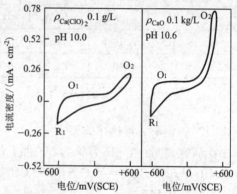

图 5 – 14　黄铁矿电极循环伏安曲线

25℃;0.5 mol KNO$_3$;扫描速度 12 mV/s

需要指出的是,由于不同结构的氧化剂组成和性质有很大的区别,因此除了氧化剂的电化学氧化性能外,还有一些其他的因素,如氧化剂的化学性质和吸附性能等,也会改变矿物表面的氧化行为。如次氯酸钠和次氯酸钙对矿物的氧化行为不同,又如同样是氧化剂,高锰酸钾就不能实现黄铁矿和黄铜矿的电化学分离(见图 5 – 15)。

5.5.3　破坏捕收剂膜作用机理

研究表明,过氧化氢(H_2O_2)能够选择性抑制方铅矿,而不抑制黄铜矿,因此采用 H_2O_2 能够实现铜铅的浮选分离。黄药在黄铜矿表面的产物是双黄药,而在方铅矿表面则为黄原酸铅,按照其稳定电位顺序,金属黄原酸盐的平衡电位比双黄药要小(见 4.2 节),黄原酸铅比双黄药更不稳定,因此在 H_2O_2 存在下,黄原酸铅捕收剂膜首先遭到破坏,从而对方铅矿产生抑制效果。

图 5 – 16 是 H_2O_2 对表面预先吸附有双黄药(X_2)的黄铜矿电极的循环伏安影

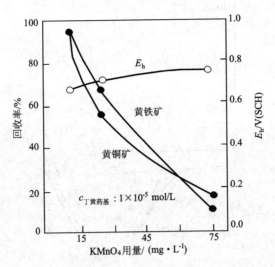

图 5 – 15 KMnO₄浓度对矿浆电位(E_h)和黄铜矿、黄铁矿上浮率(R)的影响(pH 6.8)

响曲线。由图 5 – 16 可知，当黄铜矿电极与 H_2O_2 作用后，在阳极扫描过程中，除了黄铜矿自身氧化电流峰 A 和 B (B_1、B_2、B_3)外，没有出现其他氧化峰，说明 H_2O_2 预先作用没有破坏双黄药(X_2)在黄铜矿表面的稳定存在。

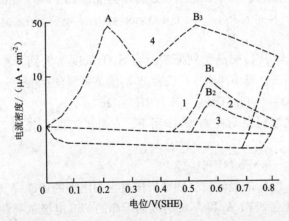

图 5 – 16 表面预先附着双黄药黄铜矿电极在 pH 9.2 缓冲液中的宽电位循环伏安曲线

扫描速度：40 m/s；底液：0.05 mol/L Na₂B₄O₇ + 0.1 mol/L KNO₃

H_2O_2作用浓度：1—0；2—5 × 10⁻³ mol/L；3—1 × 10⁻² mol/L；4—表面没有预先附着 X_2 的电极

图 5 – 17 是 H_2O_2 对表面预先吸附有 PbX_2 的方铅矿电极的循环伏安影响曲线。由图可见，表面预先附着有 PbX_2 的方铅矿电极，经 H_2O_2 处理后，阳极扫描过

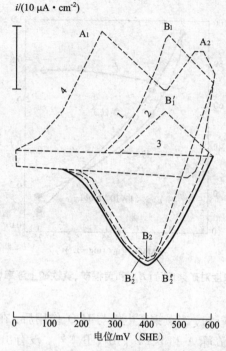

图 5 – 17 表面预先附着 PbX$_2$ 方铅矿电极在 pH9.2 缓冲液中的宽电位循环伏安曲线

扫描速度: 20 m/s. 底液: 0.05 mol/L Na$_2$B$_4$O$_7$ + 0.1 mol/L KNO$_3$

H$_2$O$_2$ 作用浓度: 1—0; 2—8 × 10^{-4} mol/L; 3—2 × 10^{-3} mol/L; 4—表面没有预先附着 PbX$_2$ 的电极

程中出现的氧化峰(B$_1'$)明显受到抑制。当 H$_2$O$_2$ 浓度增大到 2 × 10^{-3} mol/L 时氧化峰(B$_1'$)完全消失。峰 B$_1$(B$_{11}'$)对应着 PbX$_2$ 的下列氧化反应:

$$PbX_2 + 2H_2O \Longrightarrow Pb(OH)_2 + X_2 + 2H^+ + 2e^- \tag{5-45}$$

峰 B$_1$ 强度的减弱说明在 H$_2$O$_2$ 作用下, 方铅矿表面预先附着的 PbX$_2$ 受到了 H$_2$O$_2$ 的氧化:

$$PbX_2 + H_2O_2 \longrightarrow Pb(OH)_2 + X_2 \tag{5-46}$$

氧化减少了 PbX$_2$ 的吸附量。阴极扫描过程中出现的还原峰 B$_2$、B$_2'$、B$_2''$ 代表反应(5-45)的逆反应, A$_1$ 和 A$_2$ 峰为表面干净的 PbS 电极本身的氧化电流峰。

在浮选条件下, H$_2$O$_2$ 浓度控制在 1 × 10^{-3} mol/L, 此时方铅矿表面 PbX$_2$ 受到氧化而分解, 生成 Pb(OH)$_2$, 从而抑制了方铅矿 PbS 的浮选。但此时黄铜矿表面的 X$_2$ 仍然稳定存在, 从而实现了铜铅分离。

需要指出的是, 不同氧化剂具有不同的电化学活性和化学性质, 正是由于这种性质的存在, 使采用氧化剂来实现硫化矿物的分离具有比较大的灵活性和可操作性, 氧化剂的电化学调控作用和化学吸附作用在浮选中有可能同时发生作用。

比如次氯酸钙除了氧化作用外，钙离子的吸附也同样不容忽视。其他常见氧化剂，如过氧化氢、次氯酸钙、次氯酸钠和高锰酸钾等，它们对矿物的抑制行为都有自身的特点，在实际情况中，需要针对具体的浮选体系来分析讨论。

5.6　有机抑制剂

5.6.1　巯基乙酸抑制的电化学机理

巯基乙酸是一种强还原剂，它的标准氧化还原电位为 -0.33 V，明显低于丁黄药的氧化还原标准电位 -0.128 V。另外，测定表明当巯基乙酸浓度为 5×10^{-5} mol/L 时矿浆电位为 -0.07 V，这一电位明显低于浓度为 2.5×10^{-5} mol/L 的丁黄药氧化为双黄药的热力学可逆电位 0.148 V。因此在巯基乙酸存在时硫化矿表面的双黄药容易被还原为黄原酸根离子。

在 pH 为 6.8，巯基乙酸浓度为 1.0×10^{-4} mol/L 时，测定了表面覆盖有黄药的硫化矿物表面动电位数值。从表 5 - 4 看出巯基乙酸对硫化矿物表面的动电位影响很小，这表明化学作用在巯基乙酸与硫化矿物作用的过程中不占主导作用。

表 5 - 4　巯基乙酸对硫化矿物表面动电位(mV) 的影响

硫化矿物	ZnS	PbS	FeS$_2$	FeAsS	CuFeS$_2$
无 TGA	-25.5	-23.7	-23.5	-31.8	-29.2
有 TGA	-29.8	-26.9	-26.3	-32.5	-33.7

注：所有数据都是经过多次测量后取算术平均值；丁黄药 2.5×10^{-5} mol/L；巯基乙酸 1×10^{-4} mol/L。

表 5 - 5 列出了加入巯基乙酸(1.0×10^{-4} mol/L)前后硫化矿物静电位的变化情况。从表 5 - 5 可以看出，巯基乙酸可以降低硫化矿物的静电位，其中黄铜矿、黄铁矿和方铅矿降低后的静电位分别低于其相应的捕收剂膜还原热力学可逆电位，而毒砂和闪锌矿降低后的静电位仍高于其相应的黄药/双黄药热力学可逆电位。根据电化学浮选混合电位模型可知，当硫化矿物的静电位 E_{MS} 低于 E_{X^-/X_2} 时，硫化矿物表面的双黄药将不能稳定存在(这一结论也可以推广到金属黄原酸盐体系)，因此当 $E_{MS} < E_{X^-/X_2}(E_{X^-/PbX_2})$ 时，硫化矿物表面黄药被还原。根据这一电化学模型可知，在巯基乙酸存在的条件下，黄铜矿、黄铁矿表面的双黄药以及方铅矿表面的黄原酸铅都将不能稳定存在，而毒砂和闪锌矿表面的双黄药将稳定存在。

表 5 – 5　巯基乙酸对硫化矿物静电位（mV）的影响

硫化矿物	黄铜矿	黄铁矿	毒砂	闪锌矿	方铅矿
无 TGA 时 E_{MS}	213	262	223	247	145
有 TGA 时 E_{MS}	114	90	170	237	82
$E_{X^-/X_2}\ (E_{X^-/PbX_2})$	189	157	160	197	139

丁黄药：2.5×10^{-5} mol/L。

5.6.2　巯基乙酸对黄铜矿微分电容及亲水性的影响

用巯基乙酸（TGA）作还原剂，造成溶液的还原性电位。图 5 – 18 表明了黄铜矿电极在不同的电位调节方式下界面微分电容与电位的关系。一是用 TGA 调节矿浆电位；二是用恒电位仪调节极化电位。由图可知，两种电位调节方式对微分电容具有相同影响。随着巯基乙酸的添加，矿浆电位迅速降低，黄铜矿电极界面微分电容迅速升高，接近于表面干净电极的微分电容值。这表明在阳极条件下电化学吸附在黄铜矿表面的双黄药在巯基乙酸作用下被阴极还原解吸。双黄药在黄铜矿表面的脱附导致矿物表面亲水。从图 5 – 18 还可看出，加入 TGA 时黄铜矿微分电容开始增加的电位在 100 mV 左右，即黄铜矿表面双黄药开始解吸的初始电位，该结果和表 5 – 5 的结果很接近。

图 5 – 19 给出了表面覆盖有双黄药的黄铜矿电极表面气泡接触角与浓度的关系，由图可见巯基乙酸的加入降低了黄铜矿表面接触角，增加了黄铜矿的亲水性。

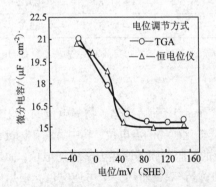

图 5 – 18　乙黄药浓度：6.7×10^{-4} mol/L
底液：0.05 mol/L $Na_2B_4O_7$ + 1 mol/L KNO_3

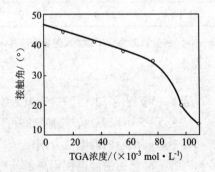

图 5 – 19　乙黄药浓度：8×10^{-3} mol/L
底液：0.05 mol/L $Na_2B_4O_7$ 缓冲液

第6章 硫化矿物浮选过程中的电偶腐蚀原理及应用

腐蚀电化学中的一个重要概念是金属腐蚀，金属腐蚀的宏观表现为金属表面的破坏。同样，在硫化矿物的浮选体系中，矿物表面亲水或疏水性质的转化过程，实际上也是一个矿物表面的破坏过程，所不同的是金属腐蚀表现为金属的阳极氧化溶解，而矿物表面的腐蚀有两种结果：一是矿物表面疏水；二是矿物表面亲水，其实质过程都是表面电化学反应的结果。金属腐蚀过程有两个重要概念，金属的腐蚀电位(对应于矿物的静电位)和电偶腐蚀。硫化矿物矿浆中的电偶腐蚀现象已被发现，并在许多文献中可见报道。本章试图对硫化矿物矿浆体系中的电偶腐蚀现象进行系统分析总结，阐述电偶腐蚀对硫化矿物浮选的影响和意义。

6.1 金属腐蚀基本原理

金属腐蚀过程是自发的过程，这一自发反应过程可以简单地用下式表示：

$$M + D \longrightarrow P \tag{6-1}$$

式中：M 为金属，D 为介质或介质中某一组分，P 为腐蚀产物，即腐蚀过程所形成的新相。

自发过程进行的必要条件是：随着过程的进行，整个体系的自由能降低，故上式所表示的腐蚀过程进行的必要条件是：

$$\Delta G = G_p - (G_M + G_D) < 0 \tag{6-2}$$

对于电化学腐蚀反应，式(6-1)中的 D 往往是前面提到的 H^+、O_2、H_2O。从电化学腐蚀倾向的判断，如已知在等温、等压下体系吉布斯自由能的减少等于它在可逆过程中所做的最大非体积功。

$$\Delta G_{T,p} = -W'_{最大} \tag{6-3}$$

原电池一般都是在等温、等压下工作的，所做的最大非体积功即为电功。由物理学可知，电功应等于电位差与电量的乘积。在可逆条件下，电池两极间的电位差即是电池的电动势 E，而电池反应中通过的电量应等于电池反应的电荷数 n 与法拉第常数 F 的乘积。故有关系式：

$$\Delta G_{T,p} = -nFE \tag{6-4}$$

在忽略液界电位和金属接触电位的情况下，电池的电动势 E 应等于阴极(正

极)的电位 E_c 减去阳极(负极)的电位 E_a, 即:

$$E = E_c - E_a \tag{6-5}$$

在化学热力学中利用反应的吉布斯函数 ΔG 值的大小来判断反应的方向和限度。由式(6-4)和式(6-5), 很容易地得到在一腐蚀电池中金属发生电化学腐蚀倾向的判据:

$$\Delta G_{T,p} = -nF(E_c - E_a) \tag{6-6}$$

$E_c > E_a$, $\Delta G_{T,p} < 0$, 电位为 E_a 的金属腐蚀自发进行;

$E_c < E_a$, $\Delta G_{T,p} > 0$, 电位为 E_a 的金属不发生自发腐蚀;

$E_c = E_a$, $\Delta G_{T,p} = 0$, 平衡态。

要知道腐蚀电池中各电极电位的大小有两种方法:一是通过实验测定;二是用能斯特公式计算可逆电极。另外, 在实际中, 为了方便可直接利用金属的标准电极电位数据进行判断。

金属腐蚀是一个阳极氧化过程, 必然伴随一个表面氧化剂吸收阳极反应电子的阴极过程。整个过程的完成可用腐蚀原电池回路图描述, 见图6-1。其基本过程包括三个方面:

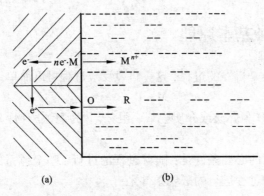

图6-1 腐蚀原电池回路示意图

(a)金属;(b)电解质溶液

(1)阳极过程, 金属进行阳极溶解, 以离子形式进入溶液, 同时将同量的电子留在金属上, 如式(6-7)所示:

$$ne^- \cdot M^{n+} \longrightarrow M^{n+} + ne^- \tag{6-7}$$

(2)阴极过程, 溶液中的氧化剂吸收电极上过剩的电子, 自身被还原, 如式(6-8)所示:

$$O + ne^- \longrightarrow R \tag{6-8}$$

(3)以上两个过程在同一块金属的不同表面位置或在直接接触的不同金属上进行, 且在金属回路中有电流流动。

6.2　硫化矿物浮选电偶腐蚀原理及分类

6.2.1　静电位

　　硫化矿物矿浆体系是一个复杂矿物体系,体系中的各种矿物组分以及磨矿介质在矿浆中的表面静电位(腐蚀电位)是不相同的。表 6 - 1 为常见硫化矿物及磨矿钢介质在中性 pH 值下的静电位值。从表中可见,不同矿物的静电位值不同,即使同一种矿物由于产地或矿浆条件的变化,所测得的静电位值也有显著差异。但总的来说,硫化矿物矿浆体系中钢介质的表面静电位最低,而黄铁矿的表面静电位相对最高。因此,在硫化矿物矿浆体系中,各种硫化矿物之间以及矿物与磨矿介质之间相互接触时,就会由于表面电位的差异而形成腐蚀电偶。

表 6 - 1　硫化矿物及磨矿介质在中性 pH 下的静电位

矿物	溶液	静电位/mV(SHE)		
		氮气	空气	氧气
黄铁矿	蒸馏水	405	445	485
	0.001 mol/L 硫酸钠	389	391	393
毒砂	蒸馏水	277	303	323
硫化钴	蒸馏水	200	275	303
黄铜矿	蒸馏水	190	355	371
	0.05 mol/L 硫酸钠	115	—	265
磁黄铁矿	蒸馏水	55	160	173
	蒸馏水	125	262	295
	蒸馏水	155	290	335
	0.001 mol/L 硫酸钠	262	277	308
	0.05 mol/L 硫酸钠	58	—	190
方铅矿	蒸馏水	142	172	218
钢介质	蒸馏水	-355	-255	-135
	蒸馏水	-515	-335	-175
	0.05 mol/L 硫酸钠		-395	

6.2.2　硫化矿物浮选的电偶腐蚀类型

硫化矿物矿浆中由于矿物之间或矿物与磨矿介质之间相互接触形成腐蚀电偶，必然会因此发生电偶腐蚀。

在硫化矿物矿浆中发生的电偶腐蚀，如果有钢介质和黄铁矿存在，则钢球介质总是作为阳极发生氧化反应（静电位最高），黄铁矿总是作为阴极，在黄铁矿表面发生氧气或某氧化态物质的还原反应（黄铁矿的静电位最低），而其他矿物相互接触时，则静电位高的为阴极，静电位低的为阳极。

硫化矿物矿浆中的电偶腐蚀可归纳为图6-2所示的三种情形。图6-2(a)、(c)表示发生在磨矿过程中钢球介质与硫化矿物发生的电偶腐蚀。其中图6-2(a)中只有一种硫化矿物，则钢球为阳极，发生铁的氧化，硫化矿物为阴极，在其表面进行氧的还原反应；图6-2(c)表示有两种硫化矿物存在，由于两种硫化矿物的静电位不同，静电位相对较高的硫化矿物呈电化学惰性，主要作为阴极，而静电位较低的硫化矿物呈电化学活性，而与钢球介质一起，主要作为阳极，以阳极氧化为主；图6-2(b)代表了两种硫化矿物在浮选过程中发生的电偶腐蚀行为，静电位较低的硫化矿物作为阳极发生氧化，而静电位较高的硫化矿物作为阴极，不发生氧化。

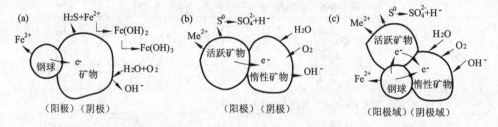

图6-2　硫化矿物矿浆中的电偶腐蚀模型

(a)磨矿钢介质与硫化矿物；(b)硫化矿物之间；(c)磨矿钢介质与两种硫化矿物

6.3　电偶腐蚀原电池反应

6.3.1　伽伐尼电池的电压平衡

当两种矿物接触后，由于它们的静电位不同，准确的讲应该是两种矿物的电化学位不同，从而导致电子发生转移，形成伽伐尼电池（Galvani cell），如图6-3所示。

图6-3的伽伐尼相互作用电化学模型表明，在一个封闭的电路系统中电压

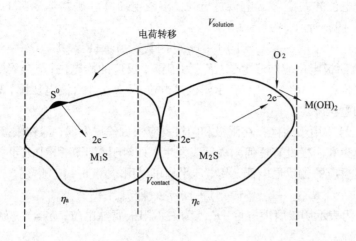

图 6 - 3　矿物相互接触的伽伐尼作用电化学模型

增加总和等于电压损失的总和。影响电偶相互作用程度的因素有：

（1）阴极和阳极静电压差值大小；

（2）电极的过电位大小；

（3）两个电极间的电阻大小；

（4）在整个电解质溶液中电压下降幅度。

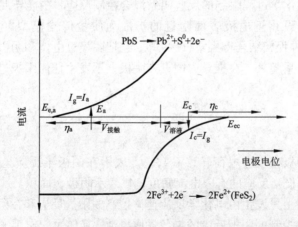

图 6 - 4　矿物接触与溶液的电压降对伽伐尼作用的影响

图 6 - 4 描述了伽伐尼作用对矿物接触和溶液电压降的影响。经过矿物接触和溶液的电压降分别形成了阳极电位（E_a）和阴极电位（E_c），而损失在矿物接触和溶液中的电压则使阳极和阴极过电位增大，同时降低了伽伐尼电流，阳极静电

位和阴极静电位的差值等于电极过电位、溶液电压降和矿物电压降的绝对值之和，如式(6-9)所示：

$$E_{e,c} - E_{e,a} = |\eta_c| + |\eta_a| + |V_{solution}| + |V_{contact}| \qquad (6-9)$$

其中：$E_{e,c}$ 为阴极半反应的静电位；$E_{e,a}$ 为阳极半反应的静电位；$\eta_c = E_c - E_{e,c}$，表示阴极过电位；$\eta_a = E_a - E_{e,a}$，表示阳极过电位；$V_{solution}$ 为溶液电压降；$V_{contact}$ 为矿物间接触的电压降。

式(6-9)适用于纯粹存在阳极和阴极反应的伽伐尼电偶，即在阳极没有任何阴极反应发生和阴极没有任何阳极反应发生。而对于在阴极和阳极同时发生阴极反应和阳极反应的伽伐尼电偶，其电压平衡可以用等式(6-10)描述：

$$E_{cor,c} - E_{cor,a} = |\eta_c'| + |\eta_a'| + |V_{solution}| + |V_{contact}| \qquad (6-10)$$

其中：$E_{cor,c}$ 为表示阴极腐蚀电位；$E_{cor,a}$ 为表示阳极腐蚀电位；$\eta_c' = E_c$ 为 $E_{cor,c}$；$\eta_a' = E_a - E_{cor,a}$。

6.3.2　伽伐尼作用的电极反应动力学

Butler-Volmer 方程描述了由电荷转移控制半反应的速率，如下式所示：

$$i = i_0 \left\{ \exp\left[\frac{(1-\alpha)F\eta}{RT} \right] - \exp\left(\frac{-\alpha F\eta}{RT} \right) \right\} \qquad (6-11)$$

其中：i 表示电流密度；i_0 表示交换电流密度；R 表示气体常数；T 表示温度；α 表示电荷转移系数；F 为法拉第常数。

由传质和电化学过程限制的反应叫做混合控制反应，在推导混合控制反应表达式时，通常假设靠近电极表面附近的扩散为质量传输模型。将扩散方程和 Bulter-Volmer 方程相结合得到式(6-12)，它把阴极过电位和阴极过程的热力学和动力学参数联系起来。在推导中假设在阴极上不发生任何阳极过程。

$$\eta_c = \frac{RT}{\alpha_c F} \ln\left[\frac{i_{l,c} - \dfrac{i}{A_c}}{i_{l,c}\left(\dfrac{i}{A_c i_{0,c} + 1} \right)} \right] \qquad (6-12)$$

其中：α_c 表示阴极半反应电荷转移系数；$i_{0,c}$ 表示在阴极半反应上的电流转移密度；$i_{l,c}$ 表示在阴极半反应的有限电流密度；A_c 表示阴极表面积。

对于在阳极上只发生由电化学反应速率控制的阳极反应和在阴极上只发生由反应和质量转移控制的阴极反应的伽伐尼原电池，其伽伐尼作用的数学模型如式(6-13)所示。在这里假设电阻只存在矿物接触和溶液中。由式(6-13)可以看出，该模型由阴极和阳极电极过程的热力学和动力学参数以及经过矿物接触和溶液的电压降反映伽伐尼作用大小程度。

$$E_{e,c} - E_{e,a} = \frac{RT}{\alpha_c F} \ln\left[\frac{i_{l,c} - \dfrac{i_g}{A_c}}{i_{l,c}\left(\dfrac{I_g}{A_c i_{0,c}} + 1\right)} \right] + \frac{RT}{\alpha_a F} \ln\left(\frac{I_g}{i_{0,a} A_a} \right) + I_g R'_{\text{contact}} + I_g R'_{\text{solution}}$$

$$(6-13)$$

其中：I_g 表示伽伐尼电流；R'_{contact} 表示矿物接触间的电阻；R'_{solution} 表示溶液电阻。

6.4　硫化矿物间的电偶腐蚀

6.4.1　硫化矿物静电位

　　硫化矿物发生电偶腐蚀的本质原因是其电子的电化学位不同，从而导致电子在不同矿物间的转移，电子电化学的宏观表现就是矿物静电位，因此测量矿物静电位对于了解硫化矿物接触的电偶腐蚀具有重要意义。

　　硫化矿物在水溶液中的静电位不同，由表 6-2 可见，黄铁矿的静电位最高，其次为黄铜矿，静电位较低的是方铅矿和闪锌矿。因此，在黄铁矿与其他硫化矿物相互接触形成腐蚀电偶时，总是黄铁矿作为阴极，在其表面发生以氧气还原为主的阴极过程，而其他硫化矿物则作为阳极，发生氧化反应。当两矿物相互接触，开始的电位值相对于阴极矿物的单电极静电位下降较大，然后缓慢增大，几分钟后达到稳定值，其原因是两矿物开始接触发生了电偶腐蚀，腐蚀电流较大，随之产生电化学极化，而后两矿物间的电偶腐蚀减弱，混合电位升高到接近于阴极矿物的静电位值。

表 6-2　溶液中矿物电极的静电位

矿物电极体系		静电位/mV(SHE)			
		pH 6		pH 9.2	
		不充气	充气 20 min	不充气	充气 20 min
单矿物电极	黄铁矿(FeS_2)	424	430	342	336
	黄铜矿($CuFeS_2$)	364	381	292	288
	闪锌矿(ZnS)	188	225	187	190
	方铅矿(PbS)	228	257	227	229

续表 6 - 2

矿物电极体系		静电位/mV(SHE)			
		pH 6		pH 9.2	
		不充气	充气 20 min	不充气	充气 20 min
两矿物电极	$FeS_2 - CuFeS_2$	410 ~ 413	388 ~ 401	336 ~ 339	312 ~ 326
	$FeS_2 - ZnS$	394 ~ 406	386 ~ 400	338 ~ 341	309 ~ 327
	$FeS_2 - PbS$	351 ~ 401	345 ~ 393	339 ~ 342	317 ~ 331
	$CuFeS_2 - ZnS$	360 ~ 345	325 ~ 340	294 ~ 293	280 ~ 286
	$CuFeS_2 - PbS$	360 ~ 351	305 ~ 333	290 ~ 293	283 ~ 287
	$ZnS - PbS$	260 ~ 273	259 ~ 271	253 ~ 255	254 ~ 257

注：两矿物电极电位的初始值到最终值时为 5 ~ 10 min。

在黄药溶液中，硫化矿物单矿物电极的静电位代表了黄药在矿物表面的化学反应电位，如黄铁矿在黄药溶液中的静电位接近于 E_{X_2/X^-}，而方铅矿的静电位表示为黄原酸铅生成电位。当方铅矿与黄铁矿接触后放入黄药溶液中，电位值相对于黄铁矿单一电极的静电位下降幅度很大(68 mV)，然后上升到 220 mV，接近黄铁矿电极的静电位(226 mV)。这表明开始时在方铅矿表面进行生成黄原酸盐的电化学反应，然后在黄铁矿表面进行生成双黄药的电化学反应。当反应进行后，不存在电子转移，电偶达到一个稳定的电位值。

表 6 - 3　矿物电极在黄药溶液中的静电位

(pH 6.0，黄药浓度 1×10^{-3} mol/L)

矿物电极体系		静电位/mV(SHE)			
		乙基黄药		异丙基黄药	
		不充气	充气 20 min	不充气	充气 20 min
单矿物电极	黄铁矿(FeS_2)	190	226	168	178
	黄铜矿($CuFeS_2$)	124	166	114	158
	闪锌矿(ZnS)	164	155	145	175
	方铅矿(PbS)	58	90	66	120

续表 6 - 3

矿物电极体系		静电位/mV(SHE)			
		乙基黄药		异丙基黄药	
		不充气	充气 20 min	不充气	充气 20 min
两矿物电极	FeS$_2$ – CuFeS$_2$	173 ~ 192	161 ~ 220	165 ~ 166	172 ~ 176
	FeS$_2$ – ZnS	138 ~ 188	116 ~ 224	164 ~ 166	179 ~ 178
	FeS$_2$ – PbS	162 ~ 191	158 ~ 220	151 ~ 164	155 ~ 175
	CuFeS$_2$ – ZnS	122 ~ 123	142 ~ 166	120 ~ 116	150 ~ 177
	CuFeS$_2$ – PbS	103 ~ 121	132 ~ 168	95 ~ 112	126 ~ 148
	ZnS – PbS	38 ~ 160	122 ~ 164	125 ~ 145	111 ~ 174

注：两矿物电极电位的初始值到最终值时为 2 min。

6.4.2　电偶腐蚀对矿物浮选行为的影响

由于硫化矿物静电位的差异，使得它们在相互接触时发生电偶腐蚀，呈电化学活性的硫化矿物在发生电偶腐蚀时作为阳极，氧化反应被强化，有利于与捕收剂黄药反应的进行，其可浮性得到改善，如方铅矿与黄铜矿接触后，方铅矿浮选回收率从 78.0% 提高到 86.4%，甚至在有高碳钢存在时，使方铅矿的回收率从 29.9% 提高到 75.2%。磁黄铁矿、闪锌矿与呈电化学惰性的矿物（黄铁矿、黄铜矿）接触后，可浮性也可得到不同程度的提高，反之，静电位相对较高的硫化矿物（黄铁矿、黄铜矿），在与其他硫化矿物接触时，只能作为电偶腐蚀的阴极，一方面氧气在它们的表面发生还原反应而受到阴极极化，阻碍与黄药的电化学反应，另一方面阳极氧化产生的金属离子扩散到阴极矿物表面与氧还原生成的 OH$^-$ 形成金属氢氧化物吸附，又增大了阴极矿物的亲水性。因而阴极矿物的可浮性受到抑制。黄铜矿在与方铅矿、闪锌矿接触后浮选回收率降低；黄铁矿与磁黄铁矿接触后可浮性下降。

硫化矿物间电偶腐蚀的第三个影响是使硫化矿物浮选分离选择性变差。如磁黄铁矿、黄铜矿单矿物的浮选电位区间选择性变差。如磁黄铁矿、黄铜矿单矿物的浮选电位区间存在明显区别（图 6 - 5），但当两种矿物混合后，它们的可浮电位区间变为相同。而对于辉铜矿与黄铁矿，两矿物混合后辉铜矿的可浮性几乎未变，黄铁矿尽管浮选的起始电位减小，但在整个电位区间浮选回收率只有 20% 左右，即两矿物混合后由于辉铜矿与黄铁矿发生的电偶腐蚀作用，使辉铜矿与黄铁矿浮选分离的电位区域扩大。

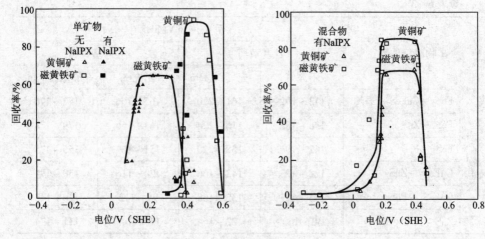

图 6 – 5 单矿物和混合矿浮选体系中黄铜矿、磁黄铁矿的浮选回收率与矿浆电位的关系
（中性 pH，NaIPX—异丙基黄药）

6.4.3 硫化矿物电偶腐蚀模型

1）方铅矿 – 黄铁矿电偶

图 6 – 6 是方铅矿和黄铁矿接触后的电偶腐蚀模型。由于黄铁矿的静电位比方铅矿高，两矿物相互接触后电子从方铅矿转移到黄铁矿，方铅矿被氧化。在这里方铅矿充当阳极，黄铁矿充当阴极。在方铅矿 – 黄铁矿电偶反应中，方铅矿中的硫原子失去电子，氧化为元素硫，溶液中的三价铁离子从黄铁矿表面得到电子，还原成二价铁。

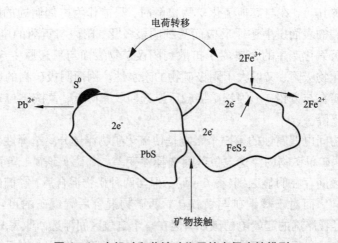

图 6 – 6 方铅矿和黄铁矿作用的电偶腐蚀模型

2) 黄铁矿 - 黄铜矿电偶

图 6 - 7 是由黄铜矿和黄铁矿构成的伽伐尼电偶。黄铁矿静电位较高充当阴极, 而黄铜矿静电位较低充当阳极, 电子从黄铜矿流向黄铁矿。黄铜矿在碱性环境中主要生成元素硫和 CuS, 依赖于阴极反应速率的 CuS 和元素硫会发生进一步氧化生成铜离子和硫酸盐。溶解的铁离子将会扩散并氧化为氢氧化铁。另一方面, 由于氧在黄铁矿表面被还原成氢氧根, 从而抑制了氢氧化铁向氢氧化亚铁的转换[如式(6 - 14)所示]。

$$Fe(OH)_2 + OH^- \rightleftharpoons Fe(OH)_3 + e^- \qquad (6-14)$$

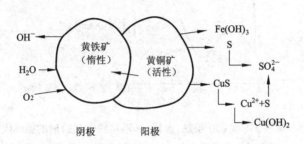

图 6 - 7　黄铜矿和黄铁矿作用的电偶腐蚀模型

为了进一步查明与黄铜矿接触的黄铁矿表面的电化学变化, 测试了黄铜矿对黄铁矿循环伏安曲线的影响。具体方法为: 在敞开体系中, 把黄铁矿电极浸入到 pH 为 9.2 的缓冲溶液中, 与粒度为 - 150 ~ + 90 μm 的黄铜矿接触 15 min, 然后把黄铁矿电极从黄铜矿颗粒中拿出, 立即放入相同 pH 的脱氧缓冲溶液中, 进行循环伏安测试, 电位扫描从 250 mV 开始向阴极方向扫描。实验结果如图 6 - 8 所示。

在图 6 - 8 中没有黄铜矿存在时, 黄铁矿伏安曲线上出现了一个阴极峰和一个阳极峰, 阳极峰对应于 $Fe(OH)_2$ 氧化为 $Fe(OH)_3$ 的反应, 如式(6 - 14)所示, 阴极峰为 $Fe(OH)_3$ 的还原, 也就是反应(6 - 14)的逆反应。

对有和无黄铜矿的循环伏安曲线对比可以发现, 在阴极和阳极峰的电位值几乎是相同的, 说明与黄铜矿接触作用后, 黄铁矿表面没有新物质的生成。然而黄铁矿的这两个峰的电流强度, 尤其是阴极峰, 与黄铜矿接触作用后明显降低。其原因可能是由于黄铜矿的伽伐尼作用, 导致黄铁矿表面可溶性 $Fe(OH)_2$ 的生成, 从而在黄铁矿表面形成元素硫或者缺金属硫, 降低了电极的有效表面积。

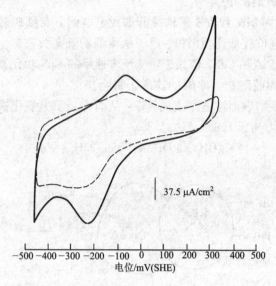

图 6 - 8　黄铁矿与黄铜矿接触(虚线)和不接触(实线)时的循环伏安曲线

pH =9.2，电位扫描起点 250 mV，向阴极方向以 20 mV/s 速率扫描

6.5　磨矿的电偶腐蚀电化学

6.5.1　磨矿的电偶腐蚀效应

　　许多研究表明，经铁球球磨的硫化矿物可浮性与用瓷球磨或不锈钢球磨的浮选行为存在很大的差别，两种矿物混合后的浮选行为与单一矿物的可浮性不同，这些结果都是硫化矿物矿浆中磨矿介质与硫化矿物之间形成电偶腐蚀造成的。

　　由于磨矿介质与硫化矿物之间形成电偶腐蚀而改变了单一物质(磨矿介质或硫化矿物)在矿浆中的电化学腐蚀行为，即作为电偶腐蚀阳极的物质(磨矿介质、电化学活性硫化矿物)的氧化速度加快，而作为电偶腐蚀阴极的电化学活性相对呈惰性的硫化矿物的电化学氧化被抑制，在矿物表面发生氧气还原，在电位较低时还会发生矿物本身的还原分解。这一电偶腐蚀效应使磨矿介质的电化学腐蚀加快，导致硫化矿物与黄药的电化学反应和浮选行为发生变化，改善或恶化硫化矿物间的浮选分离。

　　图 6 - 9 是低碳钢(MS)与黄铁矿(Py)、磁黄铁矿(Po)体系的电偶腐蚀示意图。从图中可见两电极体系(Py - MS，Po - MS)的腐蚀电流(I_{corr})受阴极矿物电化学活性影响极为显著。与磁黄铁矿相比，黄铁矿不仅静电位高，更为重要的是黄铁矿氧化还原的电化学催化活性大，因而与磨矿介质形成的电偶腐蚀电流几乎

是 Po – MS 电偶腐蚀的 10 倍。此外，当形成三相电极的电偶腐蚀后（Py – MS – Po），由于磁黄铁矿也呈现阴极特性，从而使腐蚀电流进一步增大，也即加快了磨矿介质的电化学腐蚀速度。

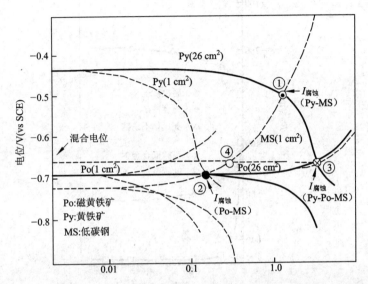

图 6 – 9　黄铁矿 – 磨矿介质(Py – MS)、磁黄铁矿 – 磨矿介质(Po – MS)
及黄铁矿 – 磁黄铁矿 – 磨矿介质(Py – MS – Po)多相电极体系的电偶腐蚀效应示意图

对任一磨矿(铁或钢)介质 – 硫化矿物、硫化矿物之间构成的电偶腐蚀体系均可以制成与图 6 – 9 相似的电偶腐蚀效应图。但目前还缺乏硫化矿物矿浆体系电偶腐蚀效应的定量电化学研究。

6.5.2　电偶腐蚀对磨矿介质的影响

1)磨矿介质静电位

以磁铁矿(有磁黄铁矿存在)磨矿体系为例。图 6 – 10 表示了两种矿物(磁铁矿和磁黄铁矿)、三种介质(奥氏体不锈钢、高碳低合金钢、低碳钢)的静电位与时间的关系曲线。可以看出磁铁矿和磁黄铁矿两种矿物的静电位相当并最高，低碳钢的静电位最小，这为形成腐蚀电偶提供了基础。

2)腐蚀电流与电化学反应

在含有磁黄铁矿的磁铁矿磨矿体系中，将形成两相电极和三相电极的电偶腐蚀，测定的腐蚀电流结果见表 6 – 4。由表可见磁黄铁矿的存在使腐蚀电流增大，充入氧气又能强化腐蚀过程。用光电子能谱技术对磁黄铁矿表面的物质组分进行了分析检测，发现有硫酸盐及 Fe(OH)$_3$ 表面吸附层存在。

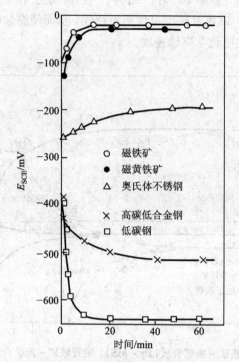

图 6 - 10　矿物与钢介质的静电位与时间关系曲线

表 6 - 4　磁黄铁矿对磁铁矿磨矿过程中磨矿介质电化学腐蚀行为的影响

腐蚀电偶	混合电位/mV(SCE)	腐蚀电流/μA
低碳钢 - 磁铁矿	- 620	10 ~ 11
低碳钢 - 磁黄铁矿	- 600	25 ~ 30
低碳钢 - 磁铁矿 - 磁黄铁矿	- 580	28 ~ 31
低碳钢 - 磁铁矿 - 磁黄铁矿 + 氧气	- 390	42 ~ 60
高碳低合金钢 - 磁铁矿	- 500	5 ~ 7
高碳低合金钢 - 磁黄铁矿	- 430	15 ~ 16
高碳低合金钢 - 磁铁矿 - 磁黄铁矿	- 400	18 ~ 20
高碳低合金钢 - 磁铁矿 - 磁黄铁矿 + 氧气	- 350	20 ~ 22
奥氏体不锈钢 - 磁铁矿	- 150	0.04
奥氏体不锈钢 - 磁铁矿 - 磁黄铁矿	- 90	0.09 ~ 0.05
奥氏体不锈钢 - 磁铁矿 - 磁黄铁矿 + 氧气	- 60	0.02

6.5.3　磨矿介质 – 硫化矿物电偶腐蚀对浮选的影响

1）对硫化矿物浮选的影响

许多研究和生产实践表明硫化矿物与磨矿铁介质接触或经铁球磨磨矿后，可浮性明显恶化。研究表明，磁黄铁矿、方铅矿及黄铜矿分别与活性金属（如铁等）接触后，浮选回收率降低，接触时间越长，影响越大。

磨矿介质 – 硫化矿物间的电偶腐蚀还影响硫化矿物的无捕收剂浮选行为及硫化矿物浮选回收率与矿浆电位的关系。例如方铅矿经铁球磨磨矿后，几乎失去了无捕收剂可浮性，黄铜矿经铁球磨磨矿后，需要在较高的氧化电位下才具有无捕收剂可浮性。

2）影响因素分析

（1）降低硫化矿物混合电位

S. R. Rao 与 K. S. Moon 等人研究了氧化条件和非氧化条件下硫化矿物单独存在及与金属铁接触时的混合电位和黄药浓度的关系。结果表明，硫化矿物单矿物的静电位，除方铅矿的静电位与 E_{X_2/X^-} 相近外，闪锌矿、黄铜矿、黄铁矿的静电位均高于 E_{X_2/X^-}；但当矿物与铁接触后，由于腐蚀电偶的作用使硫化矿物的表面混合电位大幅度降低都小于 E_{X_2/X^-}，这一还原电位降低的直接结果导致硫化矿物表面还原性增强，不利于黄药在硫化矿物表面的电化学吸附。

（2）铁氢氧化物罩盖矿物表面

在磨矿铁介质 – 硫化矿物的电偶腐蚀中，铁总是作为阳极发生铁的氧化反应，如果溶液中保持一定的氧气浓度，则会出现稳态腐蚀电流。如表6–5中磁黄铁矿与低碳钢（Py – MS）发生电偶腐蚀的混合电位为 – 520 mV，腐蚀电流为5.7 μA（蒸馏水中）。阳极氧化的铁离子扩散到作为阴极的磁黄铁矿表面，与阴极反应（氧还原）产生的 OH^- 形成 $Fe(OH)_2$ 沉淀并吸附在磁黄铁矿表面。对其他硫化矿物如黄铁矿、黄铜矿、闪锌矿、方铅矿等的研究表明，磨矿介质氧化产物 $Fe(OH)_3$ 吸附在矿物表面是影响硫化矿物可浮性的重要因素。XPS分析表明铁氢氧化物在硫化矿物表面上的吸附量随硫化矿物的电化学活性增大而减小，即在呈电化学惰性的硫化矿物表面铁氢氧化物吸附量较大。

表6–5　在蒸馏水或 0.05 mol/L NaCl 溶液中
磁黄铁矿 – 金属对的腐蚀电流与混合电位（中性 pH，大气环境）

腐蚀电偶	蒸馏水		0.05 mol/L NaCl	
	E/mV(SCE)	I/μA	E/mV(SCE)	I/μA
磁黄铁矿 – 奥氏体不锈钢	– 50	0.022	– 150	0.023
磁黄铁矿 – 低碳钢	– 520	5.7	– 608	11
磁黄铁矿 – 锌金属	– 708	6.2	– 1046	57

6.5.4 磨矿介质-硫化矿物伽伐尼作用电化学行为

1) 低碳钢和黄铁矿氧化还原行为

低碳钢(Mild Steel)和黄铁矿典型的伏安特性如图6-11和图6-12所示。结果表明:当这两种物质发生电化学接触时,黄铁矿具有更高的静电位,作为阴极;低碳钢磨矿介质的静电位较低作为阳极。从图6-11可以看出,低碳钢和黄铁矿的静电位随着溶解氧浓度的增加都有所增加。图6-12显示了氧化还原行为随着磨矿时间的不同而不同。

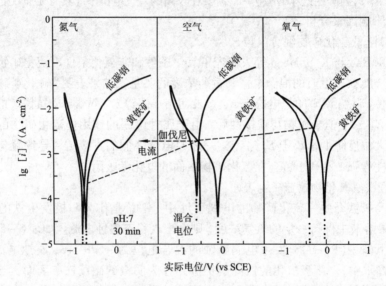

图6-11 在pH 7.0和不含铜离子条件下,不同充气气氛下低碳钢和黄铁矿的极化曲线

伽伐尼作用由于能够导致表面产生一个净电流,因此伽伐尼作用显著影响阳极的氧化以及阴极的还原行为。当阳极低碳钢与阴极黄铁矿接触时,就会产生混合电位和伽伐尼电流(见图6-11)。低碳钢和黄铁矿的伽伐尼作用会加快阳极低碳钢的溶解和可被EDTA提取铁的形成,伽伐尼作用还会通过阴极反应增加黄铁矿表面电子的消耗,如氧、铁离子或铜离子的还原等。图6-11和图6-12的结果表明,低碳钢和黄铁矿伽伐尼电流随着溶解氧含量和磨矿时间的增加而增加。

2) 低碳钢和黄铁矿作用的伽伐尼电流

虽然图6-13建立了含有动力学参数的伽伐尼作用数学模型,但这个数学模型仅适用于电流只由一个反应贡献的单电极反应,对于同时发生多个反应的伽伐尼作用不适用。下面直接通过极化曲线来计算伽伐尼电流。

图6-13描述了低碳钢(MS)和黄铁矿(Py)之间伽伐尼电流的关系。在没有

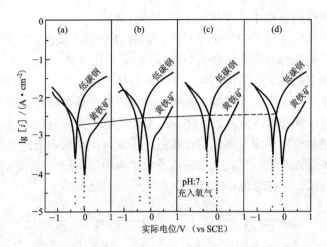

图 6 – 12　在 pH 7.0 不含铜离子和充氧条件下, 不同磨矿时间低碳钢和黄铁矿的极化曲线

测量时间:（a）—5 min;（b）—10 min;（c）—20 min;（d）—30 min

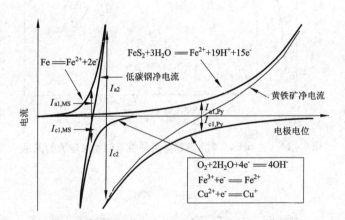

图 6 – 13　低碳刚和黄铁矿伽伐尼作用的电化学原理

伽伐尼电偶时, 低碳钢和黄铁矿的静电流都为零, 并且阳极电流与阴极电流的绝对值在腐蚀电位时相等, 即 $I_{a1,MS} = |I_{c1,MS}|$ 和 $I_{a1,Py} = |I_{c1,Py}|$。当它们相互接触后, 低碳钢表面净电流为 I_{a2}, 黄铁矿表面净电流为 I_{c2}, 都不为零。净电流大小等于表面积 (A) 和表面电流密度 (i) 的乘积, 因此伽伐尼电流 (I_g) 可以表示为:

$$I_g = A_{MS} \times i_{MS} = -A_{Py} \times i_{Py} \tag{6-15}$$

由式（6 – 15）可见, 伽伐尼电流等于在面积为 1 cm² 的低碳钢或黄铁矿的电流密度。因此发生伽伐尼作用时, 相互接触的两相的面积越大, 伽伐尼电流越大, 影响越显著。

3）磨矿和浮选过程中的伽伐尼电流之间的联系

伽伐尼电流(I_g)是一个与可浮性相关的重要参数。虽然矿浆电位(E_h)已经被广泛用来研究和解释硫化矿物的可浮性，但是硫化矿物在磨矿介质中的氧化行为仍需要特别考虑磨矿介质的影响。在大多数情况下，伽伐尼电流代表了氧、铁离子和铜离子等的还原速率和磨矿介质的氧化速率。很多研究表明，氧的还原速率对硫化矿物浮选起着决定性的作用，因为氧被还原成为氢氧根离子，而氢氧根离子与矿物表面金属形成金属氢氧化物阻止了黄药在矿物表面的吸附。黄铁矿的可浮性与低碳钢以及黄铁矿在含有铜离子的矿浆中作用的伽伐尼电流之间的关系如图6-14所示，它们的交互作用模型如图6-15所示。

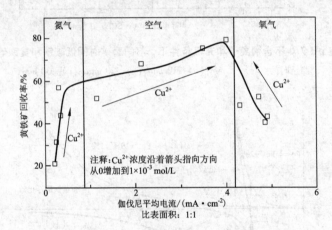

图6-14　在 pH=7 时，黄铁矿可浮性与伽伐尼电流的关系

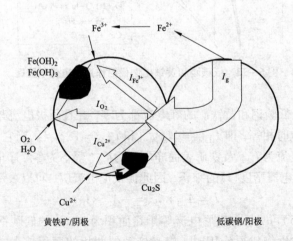

图6-15　低碳钢与黄铁矿在铜离子溶液中发生伽伐尼作用的模型

伽伐尼电流等于所有氧化性物质总的还原速率，氧化性物质如氧、铁离子和铜离子等，其表达式如下：

$$I_g = I_{O_2} + I_{Fe^{3+}} + I_{Cu^{2+}} + \cdots \tag{6-16}$$

氧和铁离子在黄铁矿表面的还原都会导致黄铁矿浮选的抑制，但是铜离子的还原却对黄铁矿浮选产生活化作用。因此，黄铁矿的可浮性取决于这些电流的大小。图 6-14 结果表明黄铁矿浮选回收率可以作为磨矿过程中伽伐尼电流的函数。在低伽伐尼电流区域（充氮气区域），黄铁矿可浮性随着伽伐尼电流的增加而增大，这可能是由于铜离子在黄铁矿上的还原速率增加的缘故。硫化矿物在磨矿过程中与磨矿介质产生伽伐尼交互作用，当磨矿过程中充入空气时，由于氧和铁离子还原速率增大，磨矿伽伐尼电流也较大，然而黄铁矿的回收率在铜离子存在条件下随伽伐尼电流的增加而增加，其可能的原因是在磨矿过程中充入空气提高了矿浆电位，有利于黄药的吸附。当在磨矿中充入氧气继续提高溶解氧的浓度时，强烈氧化环境导致了伽伐尼电流达到最大值，导致了黄铁矿表面大量氢氧化铁的出现，同时黄铁矿表面的硫化铜薄膜被氧化（铜活化产物），从而降低了黄铁矿浮选回收率。由此可见，可以通过测量磨矿过程中的伽伐尼电流来优化黄铁矿的浮选。

6.6　电偶腐蚀的能带理论

硫化矿物浮选过程中发生的电偶腐蚀主要有两类：一是发生在不同硫化矿物间的接触腐蚀；二是磨矿过程的介质和硫化矿物之间的接触腐蚀。电偶腐蚀发生的前提是在不同固相之间有接触并有电子转移，而电子在不同固体间的转移由电子的能带结构控制。大家都知道，大多数硫化矿物都是半导体，而磨矿介质则是金属，因此在不同硫化矿物之间接触的电子转移和钢球与硫化矿物之间接触的电子转移受控于半导体（或金属）的能带结构。本节主要从半导体（金属）能带理论来分析硫化矿物电偶腐蚀的电子转移机制。

6.6.1　金属和硫化矿物半导体的接触

在磨矿过程中，磨矿介质和硫化矿物之间发生的电偶腐蚀可以看作是电子在金属和半导体之间的传递，因此可以采用固体能带理论和模型来讨论它们之间的电子转移机制。

1）功函数

在绝对零度时，金属中的电子填满了费米能级 E_F 以下的所有能级，而高于 E_F 的能级则全部是空着的。在一定温度下，只有 E_F 附近的少数电子受到热而激发，由低于 E_F 的能级跃迁到高于 E_F 的能级上去，但是绝大部分电子仍不能脱离金属而逸出体外。这说明金属中的电子虽然能在金属中自由运动，但绝大多数所处的能级都低于体外能级。要使电子从金属中逸出，必须有外界给它以足够的能量。所以，金属内部的电子是在一个势阱中运动。用 E_0 表示真空中静止电子的能量，金属中的电子势阱如图 6-16 所示。

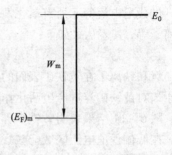

图 6-16 金属中的电子势阱

金属功函数的定义是 E_0 与 E_F 能量之差，用 W_m 表示，如式（6-17）。它表示一个起始能量等于费米能级的电子由金属内部逸出到真空中需要的最小能量。功函数的大小标志着电子在金属中束缚的强弱，E_m 越大，电子越不容易离开金属。

$$W_m = E_0 - (E_F)_m \tag{6-17}$$

金属的功函数约为几个电子伏特，如钛的功函数为 4.33 eV、铝的功函数为 4.28 eV、不锈钢的功函数为 4.51 eV。功函数的值与表面状况有关。表 6-6 给出了目前已知元素的功函数。对于合金的功函数可以采用其算数平均或几何平均来估算。

表 6-6　常见元素的功函数

I A	II A	IIIB	IVB	VB	VIB	VIIB		VIII		I B	II B	IIIA	IVA	V A	VIA	VIIA
3	4											5	6			
Li	Be											B	C			
2.9	4.98											4.45	5.0			
11	12											13	14	15	16	
Na	Mg											Al	Si	P	S	
2.75	3.66											4.28	4.85	…	…	
19	20	21	22	23	24	25	26	27	28	29	30	31	32	33	34	
K	Ca	Sc	Ti	V	Cr	Mn	Fe	Co	Ni	Cu	Zn	Ga	Ge	As	Se	Br
2.30	2.87	3.5	4.33	4.3	4.5	4.1	4.5	5.0	5.15	4.65	4.33	4.2	5.0	3.75	5.9	
37	38	39	40	41	42	43	44	45	46	47	48	49	50	51	52	
Rb	Sr	Y	Zr	Nb	Mo	Tc	Ru	Rh	Pd	Ag	Cd	In	Sn	Sb	Te	I
2.16	2.59	3.1	4.05	4.3	4.6	…	4.71	4.98	5.12	4.26	4.22	4.12	4.42	4.55	4.95	
55	56	57	72	73	74	75	76	77	78	79	80	81	82	83	84	

续表 6 - 6

I A	II A	III B	IV B	V B	VI B	VII B	VIII			I B	II B	III A	IV A	V A	VI A	VII A
Cs	Ba	La	Hf	Ta	W	Re	Os	Ir	Pt	Au	Hg	Tl	Pb	Bi	Po	At
2.14	2.7	3.5	3.9	4.25	4.55	4.96	4.83	5.27	5.65	5.1	4.49	3.84	4.25	4.22	…	
87	88	89	90	91	92											
Fr	Ra	Ac	Th	Pa	U											
…	…	…	3.4	…	3.63											
			58	59	60	61	62	63	64	65	66	67	68	69	70	71
			Ce	Pr	Nd	Pm	Sm	Eu	Gd	Tb	Dy	Ho	Er	Tm	Yb	Lu
			2.9	…	3.2	…	2.7	2.5	3.1	3.0	…	…	…	…	…	3.3
			90	91	92	93										
			Th	Pa	U	Np										
			3.4		3.63											

在半导体中，导带底 E_c 和价带顶 E_V 一般都比 E_0 低几个电子伏特。要使电子从半导体逸出，也必须给它以相应的能量。和金属类似，也把 E_0 与费米能级之差称为半导体的功函数，用 W_S 表示，如式(6-18)所示：

$$W_S = E_0 - (E_F)_S \qquad (6-18)$$

半导体的费米能级随杂质浓度变化，因而 W_S 也与杂质浓度有关。n 型

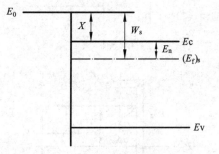

图 6-17 半导体的功函数和电子亲和能

半导体的功函数如图 6-18 所示。图中还给出了从 E_c 到 E_0 的能量间隔 X，即

$$X = E_0 - E_C \qquad (6-19)$$

X 称为电子亲合能，它表示要使半导体导带底的电子逸出体外所需的最小能量。利用亲合能，半导体的功函数又可以表示：

$$W_S = X + [E_C - (E_F)_S] = X + E_n \qquad (6-20)$$

式中

$$E_n = E_C - (E_F)_S \qquad (6-21)$$

2）接触电势差

假定金属(M)的功函数大于硫化矿物半导体(MS)的功函数，即 $W_M > W_{MS}$。它们接触前，尚未达到平衡的能级图如图 6-18(a)所示。当硫化矿物和金属接

触时，由于原来$(E_F)_{MS}$高于$(E_F)_M$，硫化矿物半导体中电子将向金属流动，使金属表面带负电，硫化矿物半导体表面带正电，结果降低了金属的电势，提高了硫化矿物半导体的电势。当它们的电势发生变化时，其内部的所有电子能级及表面处的电子能级都随同发生相应的变化，最后达到平衡状态，金属和硫化矿物半导体的费米能级在同一水平上，这时不再有电子的净电流动。它们之间的电势差完全补偿了原来费米能级的不同，即相对于金属的费米能级，硫化矿物半导体的费米能级下降了$W_M - W_{MS}$，如图6-18(b)所示。由图中明显地看出：

$$q(V_{MS} - V_M) = W_M - W_{MS} \tag{6-22}$$

这个由于接触而产生的电势差称为接触电势差，其中V_M和V_{MS}分别是金属和硫化矿物半导体的电势。

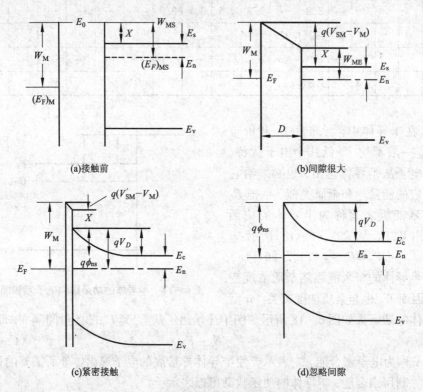

(a)接触前   (b)间隙很大

(c)紧密接触   (d)忽略间隙

图6-18 金属和硫化矿物半导体接触的能带图

矿物和金属的接触电势与其接触距离有密切关系，式(6-22)讨论的是金属和硫化矿物半导体之间的距离D远大于原子间距时的情形，随着D的减小，靠近硫化矿物半导体一侧的金属表面负电荷密度增加，同时，靠近金属一侧的硫化矿物半导体表面的正电荷也随之增加。由于硫化矿物半导体中自由电荷密度的限制，这些正电荷分布在半导体表面相当厚的一层表面层内，即空间电荷区。这时在空间电荷区内便存在一定的电场，造成能带弯曲，使硫化矿物半导体表面和内部之间存在电势差 V_s，即表面势。这时接触电势差一部分降落在空间电荷区，另一部分降落在金属和硫化矿物半导体表面之间 V_{M-MS}。于是有：

$$\frac{W_{MS} - W_M}{q} = V_{M-MS} + V_s \qquad (6-23)$$

若 D 小到可以与原子间距相比较，电子就可自由穿过间隙，这时 V_{M-MS} 很小，接触电势差绝大部分降落在空间电荷区。这种紧密接触的情形如图 6-18(c) 所示。

图 6-18(d) 表示忽略间隙中的电势差时的极限情形，即 $V_{M-MS} = 0$，这时 $(W_{MS} - W_M)/q = V_s$。半导体一边的势垒高度为：

$$qV_D = -qV_s = W_M - W_{MS} \qquad (6-24)$$

这里 $V_s < 0$。金属一边的势垒高度是

$$q\varphi_{ns} = qV_D + E_n = -qV_s + E_n = W_M - W_{MS} + E_n = W_M - X \qquad (6-25)$$

在硫化矿物浮选过程中，钢球介质和硫化矿物的接触可以认为是(d)类接触，即忽略间隙接触，而在外控电位中的金属电极和硫化矿物的接触主要是(b)类接触，即间隙很大的接触，而(c)类接触，即紧密接触则主要发生在连生体和包裹体之间，在硫化矿物浮选过程中很少发生(d)类接触。

6.6.2 硫化矿物半导体间的接触

1）接触能带结构的变化

图 6-19(a) 表示两种硫化矿物的能带图，图中 E_{F1} 和 E_{F2} 分别表示两种硫化矿物 M_1S 和 M_2S 半导体的费米能级。当 M_1S 和 M_2S 接触时，按照费米能级的意义，电子将从费米能级高的 M_1S 流向费米能级低的 M_2S，空穴则从 M_2S 流向 M_1S，因而 E_{F1} 不断下移，且 E_{F2} 不断上移，直至 $E_{F1} = E_{F2}$。这时有统一的费米能级 E_F，处于平衡状态，其能带如图 6-19(b) 所示。事实上，E_{F1} 是随着 M_1S 能带一起下移，E_{F2} 则随着 M_2S 能带一起上移的。能带相对位移的原因是两种硫化矿物接触空间电荷区中电场重建的结果。随着从 M_1S 指向 M_2S 的内建电场的不断增加，空间电荷区内电势 $V(x)$ 由 M_1S 向 M_2S 不断降低，而电子的电势能 $-qV(x)$ 则由 M_1S 向 M_2S 不断升高，所以，M_2S 的能带相对 M_1S 上移，而 M_1S 的能带相对 M_2S 下移，直至费米能级处处相等，表明每一种载流子的扩散电流和漂移电流相互抵消，接触达到平衡。

2）接触电势差

两种硫化矿物半导体平衡的空间电荷区两端间的电势差 V_D 称为接触电势差，相应的电子电势能之差，即能带的弯曲量 qV_D 称为接触的势垒高度。从图 6-19(b) 可知，势垒高度正好补偿了 M_1S 和 M_2S 费米能级之差，使接触平衡后的费米

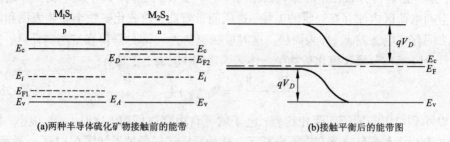

(a)两种半导体硫化矿物接触前的能带   (b)接触平衡后的能带图

图 6 - 19　硫化矿物半导体接触平衡的能带图

能级处处相等, 因此

$$qV_D = E_{F1} - E_{F2} \tag{6-26}$$

令 n_1^0、n_2^0 分别表示 M_1S 和 M_2S 的平衡电子浓度, 则对非简并半导体可得

$$n_1^0 = n_i \exp\left(\frac{E_{F1} - E_i}{k_0 T}\right) \tag{6-27}$$

$$n_2^0 = n_i \exp\left(\frac{E_{F2} - E_i}{k_0 T}\right) \tag{6-28}$$

两式相除取对数得：

$$\ln \frac{n_1^0}{n_2^0} = \frac{1}{k_0 T}(E_{F1} - E_{F2}) \tag{6-29}$$

则接触电势差可写为：

$$V_D = \frac{1}{q}(E_{F1} - E_{F2}) = \frac{k_0 T}{q}\left(\ln \frac{n_1^0}{n_2^0}\right) = \frac{k_0 T}{q}\left(\ln \frac{N_D N_A}{n_i^2}\right) \tag{6-30}$$

$$n_i = (N_V N_c)^{1/2} \exp\left(-\frac{E_g}{2k_0 T}\right) \tag{6-31}$$

其中 N_D、N_A 分别是半导体受主和施主的浓度, N_V、N_c 分别为价带和导带的有效态密度。由式(6 - 30)可见, 不同硫化矿物之间的接触电势差与硫化矿物的费米能级、禁带宽度、杂质含量、温度等有关。

第 7 章　硫化矿物浮选分离矿浆电化学

经过半个世纪的发展，根据硫化矿物浮选体系的氧化还原性质(用矿浆电位 E_h 表示)，把矿浆电位与硫化矿物的浮选行为联系起来进行硫化矿物浮选研究，已成为现代硫化矿物浮选理论研究及应用基础研究的趋势，从而也构成了选矿理论与工艺研究的一个新领域，即硫化矿物浮选矿浆电化学。尽管这一领域的研究还处于试验室研究阶段，但它是从硫化矿物浮选的电化学本质来考虑硫化矿物的浮选和分离，因此这一新工艺为解决复杂难选硫化矿物的选矿问题提供了新思路和新方法。

7.1　硫化矿物浮选矿浆电化学

7.1.1　基本概念

1)矿浆电化学

硫化矿物与硫氢捕收剂作用的电化学机理已为人们接受，电化学研究方法也已经在硫化矿物浮选研究中广泛应用。硫化矿物浮选电化学理论建立以后，才使人们对硫化矿物浮选的实质有了较清楚的认识。

矿浆电化学就是在上述基础上发展起来的，其基本特点是：以硫化矿物浮选电化学理论为依据，把浮选体系的电化学性质作为调整和控制硫化矿物浮选与分离的一个重要参数，即把浮选体系的矿浆电位与硫化矿物浮选行为联系起来，研究硫化矿物电化学浮选分离的基础理论和工艺，解决硫化矿物的浮选分离问题。

经过几十年的努力，逐渐建立了硫化矿物浮选的电化学理论。现在，应用矿浆电化学这一理论来指导硫化矿物的浮选实践已经非常普遍。可以说，这是硫化矿物浮选理论和工艺发展过程中的又一个新阶段。

2)矿浆电位(E_h)

硫化矿物浮选矿浆电化学研究的基本内容就是建立浮选体系的电化学性质与硫化矿物浮选行为的关系，无论从热力学，还是从动力学来说，矿浆电位都是矿浆电化学性质最有代表性的特征参数。

(1)矿浆电位的热力学定义

由于在溶液中没有自由电子，因此，每一个氧化反应必然伴随一个还原反

应,那么电子的活性(转移量及速度)将取决于半电池反应类型。对于反应:

$$O + e^- \rightleftharpoons R \qquad (7-1)$$

式中:O 为氧化态物质,R 为还原态物质,在反应达到平衡时:

$$\Delta G^\ominus = -RT\ln K = -2.303RT\lg K \qquad (7-2)$$

式中:$\Delta G^\ominus$ 为反应(7-1)的标准自由能,K 为平衡常数。一般来说,反应(7-1)的自由能可以用下式表示:

$$\Delta G = \Delta G^\ominus + RT\ln Q \qquad (7-3)$$

式中:$Q = \dfrac{a_R}{a_o a_e}$,$K = \left[\dfrac{a_R}{a_o a_e}\right]_{\text{平衡}}$ $\qquad (7-4)$

式(7-4)中的 a 为相应物质的活度。

如果 $\lg K > \lg Q$,反应式(7-1)就自发地向正方向(还原)进行;反之,如果 $\lg K < \lg Q$,则反应式(7-1)将自发地向反方向(氧化)进行。因此,对含有活度 a_o 的氧化物质和活度 a_R 的还原物质的溶液,其 E_h 由下式确定:

$$E_h = -\frac{\Delta G}{nF} \qquad (7-5)$$

式中:n 为氧化还原反应中的电子数,F 为法拉第常数。在平衡时,有:

$$E_h^\ominus = -\frac{\Delta G^\ominus}{nF} \qquad (7-6)$$

非平衡时:

$$E_h = E_h^\ominus - \frac{RT}{nF}\ln Q \qquad (7-7)$$

如果 E_h 大于零(为正值)或小于零(为负值),分别对应于氧化气氛或还原气氛。E_h 的绝对值越大,则相应的氧化或还原性越强。

从式(7-7)可以看出,溶液的 E_h 可由热力学数据计算得到。但是,对于硫化矿物浮选矿浆这种复杂的溶液,它所包括的氧化和还原性物质很多,如硫化矿物、溶解氧、调整剂和捕收剂等,并且这些物质的浓度也无法准确而迅速地测量。因此,热力学计算法很难实现。实际上,硫化矿物浮选矿浆电化学研究中所涉及到的矿浆电位都是通过测定来确定的。

(2)矿浆电位的测定

用铂电极作电位指示电极,配以参比电极(一般为饱和甘汞电极),用电位差计或数值电压表测量这两个电极在矿浆中的电位差,然后将获得的铂电极电位转换为相对于标准氢电极的电位,这一铂电极电位就称为矿浆电位,用 E_h 表示。

(3)矿浆电位与可逆电位之间的关系

如果溶液体系中只有一个氧化-还原对,或者有多个氧化-还原对,但其中一个氧化-还原对的物质浓度明显地高出其他氧化-还原对的物质浓度(一般为几个数量级),那么,由铂电极测得的铂电极电位就是这个氧化-还原对的可逆平衡电位，如图 7 - 1 所示。

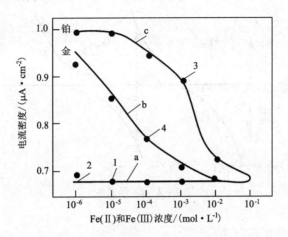

图 7 - 1　电极电位与浓度的关系

由 1 mol/L H_2SO_4 和 0.1 mol/L $FeSO_4$ + 0.05 mol/L $Fe_2(SO_4)_3$ 配成溶液［Fe(Ⅱ) 和 Fe(Ⅲ) 浓度相等］

1—无氧时铂电极；2—无氧时金电极；3—有氧时铂电极；4—有氧时金电极

a—$E_{Fe^{3+}/Fe^{2+}}$；b、c 分别为用金电极、铂电极测定值

矿浆电位与可逆电位的关系可由式（7 - 8）表示：

$$E_h = E_r = E^{\ominus} + \frac{RT}{nF}\ln\frac{\sum[O]}{\sum[R]} \qquad (7-8)$$

式中：O 为氧化态物质，R 为还原态物质。但是，当溶液体系中有两个或两个以上浓度相当的氧化 - 还原对时，例如，有两个氧化 - 还原对 R_1/O_1 和 R_2/O_2，因为：

$$E^{OR}_{R_1/O_1} + \frac{RT}{n_1F}\ln\frac{[O_1]}{[R_1]} \neq E^{OR}_{R_2/O_2} + \frac{RT}{n_2F}\ln\frac{[O_2]}{[R_2]} \qquad (7-9)$$

这两个氧化 - 还原对的可逆平衡电位不相同。因此，溶液体系的氧化还原特征就不能用任一氧化 - 还原对的可逆平衡电位表示。当铂电极插入溶液时，在电极表面上有两个独立的氧化还原对进行电子交换，由这两个氧化 - 还原对分别提供阳极反应和阴极反应，最后在铂电极上建立一个平衡电位，其电位值不同于任一氧化 - 还原对的可逆平衡电位，而是介于两个可逆平衡电位之间，如图 7 - 2 所示。在硫化矿物浮选体系中，氧化 - 还原对肯定不只一个，如硫化矿物氧化、硫化矿物与捕收剂和调整剂的作用、氧气还原等。因此，矿浆电位将是选浮体系中这些氧化 - 还原对作用的总结果，可以代表矿浆的氧化还原性质。

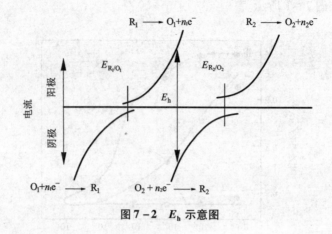

图 7 - 2 E_h 示意图

(4)E_h 测定的影响因素。

研究表明,氧化、还原物质在电极表面的反应速度以及电极的表示性质影响 E_h 的测定过程及测定值。

7.1.2 矿浆电化学研究的基础

1) 理论基础

硫化矿物浮选的电化学理论是开展矿浆电化学研究的理论依据,同样,硫化矿物浮选体系的电化学性质也是开展这一研究的基础。

(1)热力学

从热力学上来说,硫化矿物可以被氧化,硫化矿物的常用捕收剂如黄药、黑药以及 SN—9 号可以被氧化为二聚物,并且各自的标准氧化还原电位不同。硫化矿物的抑制剂,如 Na_2S、Na_2SO_3 和 SO_2 等具有氧化还原性,存在于矿浆中时,可以产生一个较强的还原环境,它们对硫化矿物的抑制作用部分或全部是以电化学方式来实现的。此外,硫化矿物与捕收剂的作用是一个电化学过程,其反应产物可以依据混合电位模型来判断,即硫化矿物 – 捕收剂 – 氧 – 水体系的静电位大小,可以决定硫化矿物与捕收剂的作用产物(即 $E_h > E_r$ 时为二聚物,$E_h < E_r$ 时为捕收剂金属盐,其中 E_r 为捕收剂氧化为相应二聚物的可逆平衡电位)。也就是说不同的矿物与捕收剂,将生成不同的疏水物质,典型矿物如方铅矿和黄铁矿,前者为黄原酸铅(PbX_2),后者为双黄药(X_2)。

因此,下面仅对硫化矿物与捕收剂作用这一问题进行讨论。从热力学来看,在一定 pH 下,只要控制浮选矿浆电位,就可以实现捕收剂选择性地与某一矿物作用。如图 7 – 3 所示,方铅矿大约在 0.05 V 由于生成黄原酸铅(PbX_2)而强烈疏水,但在此电位下,双黄药(X_2)不形成(该黄药浓度下的 E_{X_2/X^-} 为 0.1 V,大于矿浆电位）。因此，如果方铅矿与黄铁矿共存时，只要把电位控制在小于 E_{X_2/X^-} 而大于 $E_{PbX_2/PbS+X^-}$ 的范围内，就可以实现浮铅抑硫。

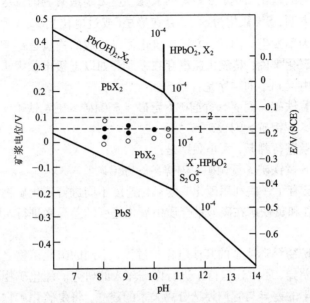

图7-3　方铅矿-黄药-氧体系的电位-pH图以及气泡接触电位的关系

X—乙黄药；PbS/PbX$_2$包括有 S$_2$O$_3^{2-}$ 生成；

1—生成 PbX$_2$+S；2—生成 X$_2$。●—强接触；○——弱接触

　　从硫化矿物氧化来看，在强氧化时，一般会生成亲水性物质，使硫化矿物失去可浮性。但是不同的硫化矿物开始氧化所需的条件不同，在整个 pH 范围内，黄铁矿开始氧化的电位都较小。也就是说，可以把矿浆电位控制在适当的数值，使黄铁矿氧化而方铅矿不氧化，从而达到选择性分离的目的，现在已经采用的氧化法抑制黄铁矿、毒砂就是依据这一原理进行的。

　　以上表明，从热力学观点，可以把矿浆电位作为一个控制硫化矿物浮选分离的操作参数。

　　（2）动力学

　　浮选所涉及的是固-液界面的性质。矿物（固体）表面与液相物质（如捕收剂、调整剂、溶解氧等）发生作用，使固-液界面性质发生变化，如果在固体表面有疏水物质生成，则矿物可以浮选，反之，如果生成亲水物质或界面性质不发生变化，则矿物仍然亲水不浮。由于浮选反应产物的量只在分子层这样的数量级上，因此开展动力学研究存在许多困难，这方面的研究也较少。对于硫化矿物浮选，硫化矿物与捕收剂的作用属于有机界面电化学范畴，开展动力学研究的困难

更多。然而，一些研究表明，动力学因素是决定反应类型、最终反应产物的种类以及生成量的重要因素。

以硫化矿物的氧化为例，方铅矿的氧化，热力学最有利的反应产物是 SO_4^{2-}，但动力学研究表明，S^{2-} 氧化为 SO_4^{2-} 存在势垒（或过电位），反应速度极小，在动力学上可以认为不发生。因此，方铅矿氧化可以生成的物质是 S^0 和 $S_2O_3^{2-}$。对不同硫化矿物的氧化来说，其氧化速率存在差别，如以电极电位大小来判断，硫化矿物氧化速度由大到小的顺序是：

白铁矿 > 黄铁矿 > 铜蓝 > 黄铜矿 > 毒砂 > 斑铜矿 > 磁黄铁矿 > 方铅矿 > 镍黄铁矿 > 砷钴矿 > 辉钼矿 > 闪锌矿

如以耗氧量进行判断，大小顺序是：

磁黄铁矿 > 黄铁矿 > 黄铜矿 > 闪锌矿 > 方铅矿

实际上，已有了一些利用硫化矿物氧化速度不同进行硫化矿物浮选分离的例子，如利用毒砂和黄铁矿在碳酸钠介质中氧化速度的差异来进行黄铁矿和毒砂的浮选分离。

对于硫化矿物浮选体系的其他电化学过程，不同的硫化矿物之间也必然存在动力学方面的差异，不过还有待于进行详细深入的研究。硫化矿物浮选体系的电化学反应动力学的差异与它们浮选分离关系的建立，将是硫化矿物浮选矿浆电化学研究最重要的组成部分之一。

2）工业实践

从 20 世纪 70 年代开始，澳大利亚的选矿科学工作者在一些硫化矿物浮选厂测定浮选流程中各阶段的溶解氧浓度、矿浆 pH、矿浆电位等参数，发现矿浆电位变化显著，与硫化矿物浮选分离行为密切相关。

在硫化矿物磨矿过程中，磨损下来的铁可以造成较强的还原环境，一般磨矿矿浆电位为 $-300 \sim -200$ mV。在调浆槽及浮选过程中，由于不断地充入空气，氧气的进入使矿浆的氧化性提高，到粗选结束时，矿浆电位可达到 $100 \sim 200$ mV。

据 N. W. Johnson 等人在澳大利亚的 Mount Isa Pb – Zn – S 选矿厂的

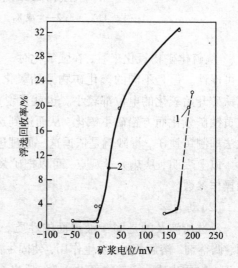

图 7 - 4　在半工业试验厂粗选第 1 槽中方铅矿浮选回收率与矿浆电位的关系

1—亚硫酸钠；2—联氨

实际测定发现，粗选作业前 4 槽的矿浆电位约为 100 mV，粗选 9~14 槽的矿浆电位为 175 mV，方铅矿在前 4 槽的浮选速率和回收率明显地低于 9~14 槽。在半工业试验工厂用化学药剂如亚硫酸钠、联氨作调整剂，得到了方铅矿在第 1 槽的浮选回收率与矿浆电位的关系，如图 7-4 所示。

由图可见，方铅矿的浮选回收率完全取决于矿浆电位，在一定的电位下方铅矿才可浮。对方铅矿如此，那么其他硫化矿物的浮选行为与矿浆电位的关系又将如何呢？这一问题引起了世界各国选矿工作者的极大兴趣。

在实际硫化矿物浮选厂发现了矿浆电位与硫化矿物浮选行为的密切关系，从理论上来说，硫化矿物浮选的电化学理论也只有通过指导硫化矿物浮选实践，才能体现出它的正确性与生命力。此外，硫化矿物浮选体系的热力学性质和动力学行为表明，从矿浆电化学角度研究硫化矿物浮选分离是可行的。这样，硫化矿物浮选矿浆电化学就成了现代浮选研究中的一个最引人注目的新领域。

7.2　矿浆电化学研究方法

硫化矿物浮选矿浆电化学研究的目的是建立矿浆电位与硫化矿物浮选行为之间的关系，即矿浆电位是这一研究的主要控制参数。现在，在实验室调节和控制矿浆电位的方法有两种：一是外控电位法；二是用化学药剂调节电位法（化学法）。从实际应用的角度来看，可能的电化学工艺是控制电位浮选和控制电位调浆。

7.2.1　外控电位法

1）试验装置

外控电位法的试验装置一般是在 Hallimod 单泡管的基础上改进的，装上了辅助电极和参比电极，工作电极为铂丝网，铂丝网与矿粒接触，当用恒电位仪向铂丝网施加电位时，矿粒层也获得了电位。电化学测试表明，这一矿粒层电极的电化学特性与块状矿物电极完全一样。

2）试验方法

在一定的条件下（如 pH、捕收剂浓度、调整剂浓度等），由恒电位仪向矿粒层施加一个电位，并在此电位下使之极化一段时间，使硫化矿物表面发生变化（如氧化、以及与捕收剂和调整剂作用），然后通入气体进行浮选，得到精矿和尾矿。改变电位，同样进行试验，就可以得到一组电位-浮选回收率的数据，依据这些数据，可以作出电位-浮选回收率的关系曲线。

这一方法的优点是排除了化学因素对硫化矿物浮选的影响，可以得出硫化矿物浮选行为与电位的单一依赖关系。

7.2.2　化学法

1）矿浆的氧化还原性

前面已经提到，在硫化矿物浮选矿浆中存在许多具有氧化还原性的物质，即使不加入氧化还原剂，硫化矿物浮选矿浆也具有氧化还原性，有一个固有的矿浆电位值。因此，在用化学法调整矿浆电位时，必须考虑到硫化矿物浮选矿浆的氧化还原性。主要的氧化还原性物质有下面三种。

（1）氧气

矿浆中的溶解氧，其浓度取决于矿浆的充气情况，氧气的还原反应决定它对 E_h 的影响。氧气还原反应的热力学反应式如下

$$O_2 + 4H^+ + 4e^- \Longrightarrow 2H_2O \tag{7-10}$$

$$E_h = 0.0147 \lg p_{O_2} - 0.059 pH + 1.229(V) \tag{7-11}$$

从式（7-11）可以看出，氧气对 E_h 的影响并不大，因为当氧气的分压发生 4 个数量级的变化时，才会使 E_h 变化 59 mV。

（2）Fe^{2+}/Fe^{3+}

一般选矿厂用的球磨机，以铁球为磨矿介质，磨矿过程中可以产生亚铁离子进入矿浆，而使矿浆具有还原性。

$$Fe^{3+} + e^- \Longrightarrow Fe^{2+} \tag{7-12}$$

$$E_h = 0.059 \lg[Fe^{3+}] - 0.059 \lg[Fe^{2+}] + 0.77(V) \tag{7-13}$$

矿浆中的 Fe^{3+} 和 Fe^{2+} 除了由磨矿过程产生外，含铁矿物的氧化也可以产生大量的 Fe^{3+} 和 Fe^{2+}，如黄铁矿。

$$FeS_2 \Longrightarrow Fe^{2+} + 2S^0 + 2e^- \tag{7-14}$$

或 　　　　　$$FeS_2 + 8H_2O \Longrightarrow Fe^{3+} + 2SO_4^{2-} + 16H^+ + 15e^- \tag{7-15}$$

根据上述反应，以及 Fe^{3+} 和 Fe^{2+} 形成氢氧化物的反应，可以计算出矿浆中 Fe^{3+} 和 Fe^{2+} 的浓度，从而计算出由 Fe^{3+}/Fe^{2+} 产生的 E_h 值。

（3）硫化矿物

硫化矿物在矿浆中可以氧化，氧化时将消耗矿浆中的氧气及其他氧化剂，从而增大了矿浆的还原性。图 7-5 表示了在典型硫化矿物浮选流程中各阶段氧气浓度的变化，可以发现在整个流程中，黄铁矿矿浆中的氧浓度总是最低的。

2）化学药剂的氧化还原能力。

向浮选矿浆中加入一些氧化还原剂，可以引起矿浆中各组分价态的变化。因此，任何可以发生价态变化的物质都可以作为矿浆电位的调整剂，物质的氧化还原能力取决于它的原始价态和最终价态以及相应的自由能，通常用氧化态图表示各物质的相对氧化或还原能力。氧化态图表示了物质的伏特当量与价态的关系

（伏特当量定义为物质价态，包括正负号，与在标准态时测定的相对于其元素的还原电位之乘积）。如图 7 - 6 所示。

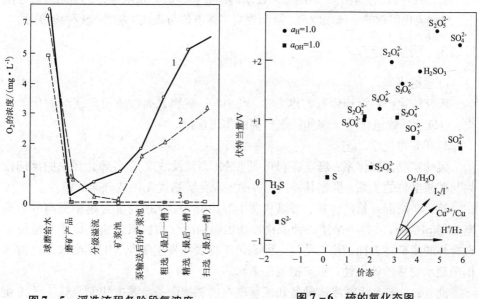

图 7 - 5　浮选流程各阶段氧浓度

1—方铅矿；2—黄铜矿；3—黄铁矿

图 7 - 6　硫的氧化态图

在这种氧化态图中，连接两点直线的斜率就是由两点所表示的物质组成的氧化 - 还原对的氧化还原电位。例如，在 $a_{OH^-} = 1.0$ 时，连接 S^{2-}/S^0，以及 S^{2-}/SO_4^{2-} 两直线的斜率分别为 0.35 和 0.16，则 S^{2-}/S^0 这一氧化 - 还原对比 S^{2-}/SO_4^{2-} 的氧化性强，因为前者的斜率较大。

3）调节 E_h 的氧化还原剂

常用于调节矿浆电位的还原剂有连二亚硫酸钠（$Na_2S_2O_4$）、硫酸亚铁（$FeSO_4$）以及具有抑制性的还原剂，如硫化钠（Na_2S）、硫氢化钠（$NaHS$）、二氧化硫（SO_2）、亚硫酸及亚硫酸盐（SO_3^{2-}）。氧化剂有过硫酸铵 [$(NH_4)_2S_2O_3$]、双氧水（H_2O_2）、次氯酸钠（$NaClO$）、氧气（O_2）、三氯化铁（$FeCl_3$）等。

实际上，具有氧化还原性的抑制剂已在硫化矿物浮选分离实践中广泛使用，如用亚硫酸类药剂进行铜 - 锌分离，用亚硫酸钠、重铬酸钾抑制方铅矿等。有研究表明，这是因为它们与矿物发生化学反应，生成了亲水性的表面产物如重铬酸铅、亚硫酸铅，而达到选择性抑制目的。在矿浆电化学研究中，并不排除调节 E_h 的氧化还原剂与硫化矿物进行化学反应的作用因素，但其主要目的是借助于这些药剂的氧化还原性来改变浮选矿浆体系的电化学性质，即矿浆电位，使硫化矿物选择性地浮选分离。

3）试验方法

与外控电位法一样，只是用氧化还原剂调节和控制矿浆电位，在不同矿浆电位下，测定硫化矿物的浮选回收率，从而建立矿浆电位与硫化矿物浮选行为的关系。

7.2.3　研究内容

1）理论研究

研究硫化矿物浮选体系的热力学、动力学、矿物表面性质及矿浆溶液化学性质，对硫化矿物电化学浮选和浮选分离的作用规律。

2）矿浆电化学工艺

硫化矿物浮选体系：建立各 pH、捕收剂（类型及浓度）、各硫化矿物的浮选行为与矿浆电位的关系，根据其差异，可确定硫化矿物优先浮选分离的条件。

硫化矿物混合精矿体系：可以从两个方面得到硫化矿物混合精矿分离的矿浆电位与 pH 条件。其一是使一种硫化矿物表面的硫化物在氧化或还原矿浆电位下选择性脱离矿物表面；其二是使一种硫化矿物表面发生氧化，生成亲水氧化物而抵消疏水物质的疏水性，使矿物表面亲水。

此外，发展电化学浮选设备和矿浆电位的调控设备将是电化学浮选工艺工业应用的先决条件。

7.3　电位 – pH 图与硫化矿物浮选分离

硫化矿物浮选矿浆电化学研究的最终目的是通过矿浆电位和 pH 的调节与控制使硫化矿物浮选分离，对硫化矿物浮选体系进行热力学分析，可以确定单一硫化矿物浮选与抑制、硫化矿物相互浮选分离的热力学条件（电位与 pH）。

硫化矿物浮选体系按浮选过程的特点可以分为：没有捕收剂存在的无捕收剂浮选与分离，有捕收剂存在的优先浮选分离和混合精矿浮选分离。因而，硫化矿物浮选矿浆电化学的热力学包括下面三个内容：

①硫化矿物 – 水体系的热力学，研究在没有捕收剂存在时，硫化矿物浮选与分离的可能性及条件；

②硫化矿物 – 捕收剂 – 水体系（浮选体系）的热力学，研究在有捕收剂存在时，硫化矿物优先浮选及分离的条件；

③硫化矿物与捕收剂的反应产物 – 水体系的热力学，研究硫化矿物混合精矿浮选分离的热力学条件。

7.3.1　硫化矿物 – 捕收剂 – 水体系的热力学与硫化矿物优先浮选分离

对于硫化矿物优先浮选分离体系,其特点是硫化矿物原始表面没有与任何药剂发生作用,具有亲水性,加入捕收剂后,在矿物表面形成捕收剂膜而疏水可浮。因而通过热力学数据计算捕收剂膜的生成条件,就可预测硫化矿物浮选与分离的条件(电位与 pH)。在硫化矿物浮选中,最常用的捕收剂是丁基黄药(BX⁻)与乙基黄药(EX⁻),其次是二乙基二硫代氨基甲酸(DDTC⁻,硫氮 9 号)和黑药(DTP⁻)。本节以硫化矿物浮选分离为目的,进行捕收剂选择以及热力学分析,以确定硫化矿物电化学浮选分离的热力学条件。

1)硫化矿物热力学稳定性与浮选分离 pH 选择

图 7 – 7 是黄铁矿、毒砂、方铅矿与黄铜矿四种硫化矿物热力学稳定区域的电位 – pH图。

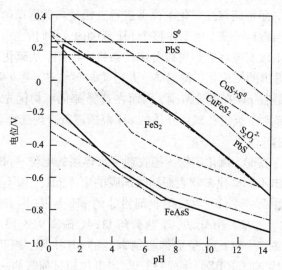

图 7 – 7　方铅矿(– · · –)、黄铜矿(– · –)、黄铁矿(– – –)、毒砂(—)热力学稳定的电位 – pH 图
区域 25℃ , 101325 Pa, 可溶性浓度 1×10^{-4} mol/L

从图 7 – 7 可以看出,在整个 pH(1 ~ 14)范围,毒砂和黄铁矿的热力学稳定电位上限(即开始氧化的电位)几乎相等,其中在碱性介质,黄铁矿发生氧化的电位比毒砂还稍小,但是均小于方铅矿与黄铜矿发生氧化(生成产物中有元素硫)的电位。

从氧化产物来看,在 pH < 8.7,黄铁矿与毒砂分别按式(7 – 16)、(7 – 17)发生氧化,氧化产物可溶于水,会形成亲水氧化物层。

$$FeS_2 + 8H_2O =\!=\!= Fe^{2+} + 2SO_4^{2-} + 16H^+ + 14e^- \tag{7 – 16}$$

$$E^\ominus = 0.355 \text{ V}$$

$$FeAsS + 8H_2O \rightleftharpoons Fe^{2+} + H_2AsO_4^- + SO_4^{2-} + 14H^+ + 13e^- \qquad (7-17)$$
$$E^\ominus = 0.344 \text{ V}$$

而在 pH > 8.7 以后,氧化产物中有 Fe(OH)$_3$ 等存在于矿物表面,反应式为 (7 – 18) 和 (7 – 19):

$$FeAsS + 11H_2O \rightleftharpoons Fe(OH)_3 + HAsO_4^{2-} + SO_4^{2-} + 18H^+ + 14e^- \qquad (7-18)$$
$$E^\ominus = 0.426 \text{ V}$$

$$FeS_2 + 11H_2O \rightleftharpoons Fe(OH)_3 + 2SO_4^{2-} + 19H^+ + 15e^- \qquad (7-19)$$
$$E^\ominus = 0.402 \text{ V}$$

硫化矿物稳定性的热力学分析表明,在碱性介质中,氧化电位有利于方铅矿、黄铜矿与毒砂、黄铁矿的浮选分离。电化学测试表面产物的 XPS 分析也表明黄铁矿、毒砂氧化时,有 Fe(OH)$_3$ 等表面氧化产物存在。

对于方铅矿与黄铜矿分离,如前所述,在碱性介质中氧化时,方铅矿表面由于 Pb(OH)$_2$ 存在,而可能在强氧化电位下进行方铅矿与黄铜矿的无捕收剂浮选分离。对于黄铁矿与毒砂分离,由于在整个 pH 范围内,它们的热力学稳定性相似,因而仅从热力学上没有发现它们可以分离的条件。因此,从硫化矿物的热力学稳定性分析,可以得出的结论是,黄铜矿、方铅矿与黄铁矿、毒砂以及方铅矿与黄铜矿浮选分离的最佳 pH 在碱性范围,因而在选择硫化矿物优先浮选或混合精矿浮选分离的捕收剂时,也应在碱性介质的 pH 范围进行合理选择。

2)捕收剂选择

在有捕收剂存在时,硫化矿物 – 捕收剂 – 水体系的电位 – pH 图如图 7 – 8 所示。从图可以看出不同硫化矿物表面捕收剂膜的生成 pH 上限不同。

方铅矿 如图 7 – 8(a),生成捕收剂铅盐的 pH 上限(即方铅矿浮选的临界 pH)为:黑药 8.4,乙基黄药 10.9,丁基黄药 11.4,硫氮 9 号 13。

黄铜矿 如图 7 – 8(b),生成捕收剂铜盐的 pH 上限:黑药 8.9,硫氮 9 号 14,丁基黄药[如果有 Cu(BX)$_2$ 生成]13.9,当电位超过捕收剂 – 二聚物电对的可逆电位时,有二聚物如(BX)$_2$ 在表面形成。从图中还可看出,在碱性介质中,电位在 E_r 附近,黄铜矿表面还没有 Fe(OH)$_3$ 和 Cu(OH)$_2$ 形成,因而即使在强碱性条件,黄铜矿仍可浮。

黄铁矿与毒砂 如图 7 – 8(c)、(d),在碱性介质中,当 $E > E_r$ 以后,矿物表面才会有捕收剂产物(二聚物)形成,但两矿物发生氧化的电位均小于 E_r,即在捕收剂二聚物生成的同时,两矿物还会发生氧化生成表面亲水物质。毒砂与黄铁矿是否可以浮选,就看捕收剂二聚物是否能够形成,以及表面上捕收剂二聚物产生的疏水性与表面氧化物亲水性的相对大小。也就是说,在碱性介质中,当 $E < E_r$ 时不浮;当 $E > E_r$ 时,这两矿物才有可能浮选。同样,由于它们自身氧化以及生成捕收剂二聚物的电位相似,因而从热力学上来看,这两矿物难以浮选分离。

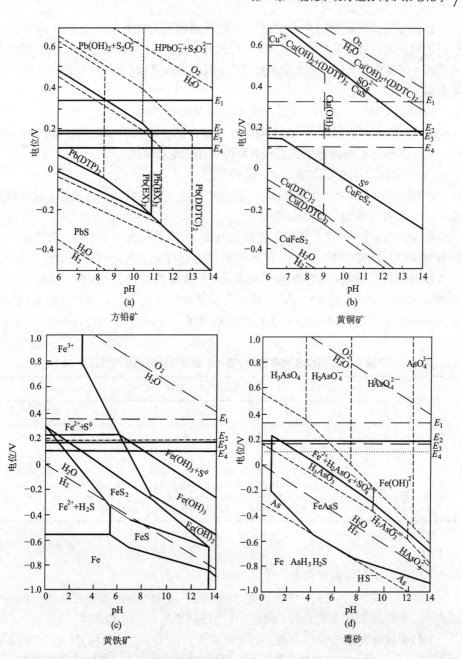

图 7 - 8 硫化矿物 - 捕收剂 - 水体系的电位 - pH 图

(25℃,101325 Pa,可溶物浓度 1×10⁻⁴ mol/L)图中 $E_1 \sim E_4$ 分别为 DTP⁻、EX⁻、DDTC⁻ 和 BX⁻ 氧化为二聚物的可逆电位

（a）方铅矿；（b）黄铜矿；（c）黄铁矿；（d）毒砂

综合考虑硫化矿物的热力学稳定性以及捕收剂产物生成的电位 – pH 范围，得到的结论是：对于硫化矿物优先浮选分离的最佳 pH 为碱性范围，捕收剂以丁基黄药、硫氮 9 号为好，其次是乙基黄药，黑药在碱性 pH 条件下对硫化矿物捕收能力弱。

3）硫化矿物优先浮选分离的热力学条件及途径

表 7 – 1 给出了 pH = 9 和 11 时，以丁基黄药，硫氮 9 号为捕收剂（1×10^{-4} mol/L），各硫化矿物由于生成捕收剂膜而可浮的电位区域。

（1）方铅矿、黄铜矿与黄铁矿、毒砂分离

控制电位：使 $E < E_r$，在方铅矿、黄铜矿表面生成捕收剂金属盐，而毒砂与黄铁矿表面没有捕收剂二聚物生成。

控制电位：使 $E > E_r$，在较强的氧化电位下，尽管在此电位范围，黄铁矿与毒砂表面可以生成捕收剂二聚物，但是它们的表面自身氧化而生成亲水性氧化物，或者使捕收剂二聚物不能吸附在矿物表面，或者是产生的亲水性大于捕收剂二聚物的疏水性。而在氧化电位下，方铅矿与黄铜矿表面或者不发生明显的氧化，或者是能够形成稳定的捕收剂膜（具体电位范围可以由表 7 – 1 进行估算）。

表 7 – 1 有捕收剂存在时，硫化矿物浮选的热力学电位区间

捕收剂	pH	浮选电位区间/V			
		PbS	CuFeS$_2$	FeS$_2$	FeAsS
丁基黄药	9	$-0.17 \sim 0.28$	>0.108	>0.108	>0.108
	11	$-0.255 \sim 0.14$	>0.108	>0.108	>0.108
硫氮 9 号	9	$-0.24 \sim 0.48$	$-0.29 \sim 0.585$	>0.168	>0.168
	11	$-0.326 \sim 0.344$	$-0.42 \sim 0.467$	>0.168	>0.168

注：捕收剂浓度 1×10^{-4} mol/L、可溶物浓度 1×10^{-4} mol/L。

（2）方铅矿与黄铜矿分离

综合考虑这两个硫化矿物的热力学稳定性，氧化产物性质以及捕收剂膜的生成电位，仍然是以强氧化电位，碱性 pH 为较适当的浮选分离条件。

（3）黄铁矿与毒砂浮选分离。由于两矿物的热力学稳定性相似（图 7 – 7），捕收剂疏水产物均为相应的二聚物，因此即使有捕收剂存在，仍然没有发现黄铁矿与毒砂浮选分离的热力学条件。

7.3.2　硫化矿物表面捕收剂膜的热力学稳定性与混合精矿浮选分离的热力学途径

混合精矿体系中，由于硫化矿物表面上有硫化矿物与捕收剂作用的反应产物，因此要使硫化矿物混合精矿浮选分离，必须选择性地使某一硫化矿物表面的捕收剂膜解吸，或者使矿物表面氧化生成亲水氧化物使整个矿物表面具有亲水性。从热力学角度，硫化矿物混合精矿可以从以下几个途径进行浮选分离。

1)控制电位 – 氧化

(1)捕收剂金属盐氧化分解

如方铅矿表面捕收剂膜的氧化分解。以丁基黄药为捕收剂时，方铅矿表面有 $Pb(BX)_2$ 生成，在电位小于 $E_{Pb(BX)_2/(BX)_2}$ 时，方铅矿总是可浮，要使方铅矿不浮，则必须控制电位大于 $E_{Pb(BX)_2/(BX)_2}$。在弱碱性和强碱性 pH 下，$Pb(BX)_2$ 分别按式 (7 – 20)，(7 – 21)氧化分解：

$$Pb(BX)_2 + 2H_2O \rightleftharpoons Pb(OH)_2 + (BX)_2 + 2H^+ + 2e^- \tag{7 – 20}$$
$$E^\ominus = 0.807\ V$$

$$Pb(BX)_2 + 2H_2O \rightleftharpoons HPbO_2^- + (BX)_2 + 3H^+ + 2e^- \tag{7 – 21}$$
$$E^\ominus = 1.232\ V$$

如果假定 $[HPbO_2^-] = 1 \times 10^{-4}$ mo/L，$[BX^-] = 1 \times 10^{-4}$ mo/L，则在 pH < 10.4 时，$Pb(BX)_2$ 按式(7 – 20)分解，可以计算出 $Pb(BX)_2$ 在 pH 为 9、11 时的氧化分解电位分别为 0.28 V 和 0.141 V，即混合精矿中的方铅矿在大于一定值的氧化电位下将不浮。同理，对于用黑药浮选方铅矿时，$Pb(DDTC)_2$ 在 pH 为 9 和 11 时发生相应氧化分解反应的电位为 0.48 V 与 0.34 V。

(2)矿物表面氧化

对于表面捕收剂膜为捕收剂二聚物的硫化矿物，可以通过氧化矿物表面来实现抑制。如以丁基黄药作捕收剂时，黄铁矿与毒砂表面均为双黄药，要使它们失去可浮性，则必须使它们自身氧化，并形成表面亲水氧化产物。因而对于方铅矿、黄铜矿与毒砂、黄铁矿的浮选分离，可控制电位，使黄铜矿、方铅矿表面有疏水物质存在(捕收剂膜或元素硫)，而黄铁矿与毒砂表面形成亲水氧化物而受抑制。

2)控制电位 – 捕收剂膜还原解吸

如果硫化矿物与捕收剂的反应动力学是完全可逆的，就可以根据热力学数据计算出硫化矿物表面捕收剂产物发生还原解吸的电位，即硫化矿物受到抑制的电位。

(1)捕收剂金属盐的还原

如丁基黄原酸铅 $Pb(BX)_2$，发生还原反应：

$$Pb(BX)_2 + S^0 + 2e^- \rightleftharpoons PbS + 2BX^- \tag{7 – 22}$$

$E^{\ominus} = -0.178$ V

当[BX$^-$] $= 1 \times 10^{-4}$ mol/L 时，Pb(BX)$_2$电化学还原的电位为 0.058 V。同样可计算出 Pb(DDTC)$_2$电化学还原的电位为 -0.084 V。

(2)捕收剂二聚物还原

对于黄铁矿、毒砂与 BX$^-$、DDTC$^-$ 的作用产物为捕收剂二聚物。如假定捕收剂浓度为 1×10^{-4} mol/L，则可以计算出(BX)$_2$、(DDTC)$_2$发生电化学还原的电位分别为 0.108 V 与 0.168 V。

$$(BX)_2 + 2e^- \Longrightarrow 2BX^- \tag{7-23}$$

$E^{\ominus} = -0.128$ V

$$(DDTC)_2 + 2e^- \Longrightarrow 2DDTC^- \tag{7-24}$$

$E^{\ominus} = -0.068$ V

控制还原电位可以实现方铅矿与黄铁矿、毒砂混合精矿分离。表 7 - 2 列出了各捕收产物发生电化学还原的热力学电位，可见在还原电位下有可能实现方铅矿与黄铁矿、毒砂混合精矿的浮选分离。

表 7 - 2　硫化矿物表面捕收剂产物的热力学还原电位(捕收剂浓度 1×10^{-4} mol/L)

捕收剂产物	Pb(BX)$_2$	Pb(DDTC)$_2$	(BX)$_2$	(DDTC)$_2$
还原电位/V	0.058	-0.084	0.108	0.168

从这节的热力学分析可以发现，硫化矿物的浮选分离可分为两类：

(1)热力学性质相差较大，则易浮选分离。如黄铜矿、方铅矿与黄铁矿、毒砂的分离，从热力学上看只需控制矿浆电位和 pH，其浮选分离就可实现。

(2)热力学性质相近的硫化矿物难浮选分离。如黄铜矿与方铅矿、黄铁矿与毒砂，几乎不存在浮选分离的热力学条件(电位、pH)。因此要使难选硫化矿物实现浮选分离，必须研究各硫化矿物非热力学性质(表面产物、反应动力学)的差异。

7.4　表面氧化及氧化产物性质与硫化矿物浮选分离

以黄铁矿、毒砂为例，说明矿物表面氧化及氧化产物性质对浮选分离的影响。

7.4.1　电化学研究

1)黄铁矿

图 7 - 9 是黄铁矿电极在 Na$_2$CO$_3$(2.26×10^{-2} mol/L)介质中的循环伏安曲

线。电位扫描从负极限电位(-600 mV)开始,上限电位为 800 mV。当电极静止
(0 r/min)时,阳极极化曲线上出现了两个阳极电流峰(O_I 与 O_{II})。分别对应的
反应为式(7 - 25)、(7 - 26):

$$FeS_2 + 3H_2O = Fe(OH)_3 + S^0 + 3H^+ + 3e^- \tag{7-25}$$

$$E^\ominus = 0.58 \text{ V}$$

$$FeS_2 + 11H_2O = Fe(OH)_3 + 2SO_4^{2-} + 19H^+ + 15e^- \tag{7-26}$$

$$E^\ominus = 0.402 \text{ V}$$

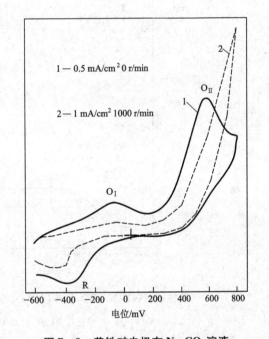

图 7 - 9　黄铁矿电极在 Na_2CO_3 溶液
(2.26×10^{-2} mol/L) 中的循环伏安曲线

1—0 r/min; 2—1000 r/min, 扫描速度 20 mV/s(25℃、
0.5 mol/L KNO_3)

在较高电位(>0.2 V)时,阳极电流随电位急剧增加,即黄铁矿迅速氧化,然后出现阳极电流峰(E_p = 570 mV)。在 $E > E_p$ 以后,电流随电位增加而减小。引起电流减小,或阻止反应式(7 - 26)进一步进行的原因有两点:一是氧化产物 $Fe(OH)_3$ 吸附在电极表面;二是电极反应的可溶产物向溶液扩散速度缓慢,即传质过程的影响。

当电极旋转(1000 r/min),从图 7 - 9 可以看出,直到 800 mV,仍没有出现 O_{II} 的峰电流。这表明,在电极静止(0 r/min)出现电流峰(O_{II})主要是由传质过程缓慢引起的,即可溶反应产物向溶液的扩散引起的浓差极化使黄铁矿电极在750 ~ 800 mV 出现了浓差极化极限电流。

在阴极极化曲线上,在电位为 -500 ~ -500 mV 处出现了阴极电流峰,这对应于阳极产物的还原。即 $Fe(OH)_3$ 还原为 $Fe(OH)_2$ [式(7 - 27)]。

$$Fe(OH)_3 + H^+ + e^- = Fe(OH)_2 + H_2O \tag{7-27}$$

$$E^\ominus = 0.271 \text{ V}$$

不管电极静止还是旋转(1000 r/min)都有这一还原电流峰存在,说明黄铁矿氧化时,有 $Fe(OH)_3$ 存在于表面。

但多次循环伏安曲线研究表明(图 7 - 10),随着循环次数的增加,黄铁矿电极表面 $Fe(OH)_3$ 有所富集,表现为负电位区 R 及 O_{III} 峰值逐次增大[R、O_{III} 对应于

式(7-27)]。但从阳极曲线看，Fe(OH)$_3$存在于电极表面并没有完全阻止阳极过程，第五次循环的阳极电流仅略低于第二次循环，这表明黄铁矿氧化时的三价铁并不全部以 Fe(OH)$_3$ 吸附在表面，而有一部分以羟基络离子如 Fe(OH)$^{2+}$、Fe(OH)$_2^+$、Fe(OH)$_4^-$ 进入溶液。

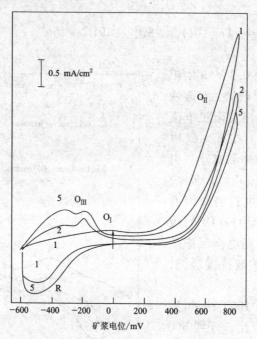

图 7-10　黄铁矿电极在 Na$_2$CO$_3$溶液(2.26×10^{-2} mol/L)中的多次循环伏安曲线

1000 r/min, 扫描速度20 mV/s(25℃、0.5 mol/L KNO$_3$)

图 7-11 是黄铁矿电极(0 r/min)在 Na$_2$CO$_3$浓度分别为 5×10^{-3} mol/L, 2.260×10^{-2} mol/L中的循环伏安曲线。从图中可以看出，随 Na$_2$CO$_3$浓度增大，O$_{II}$的电流峰值增大，而 R 的电流峰值减小，唯一的解释是黄铁矿氧化产物中三价铁离子，在 Na$_2$CO$_3$浓度高时，羟基铁离子比例增大，进入溶液，表面上 Fe(OH)$_3$量减小，即 Na$_2$CO$_3$对羟基铁有增溶作用。

2)毒砂

在 Na$_2$CO$_3$(2.26×10^{-2} mol/L)介质中，毒砂电极的循环伏安曲线如图 7-12 所示。在阳极极化时，当电位大于 100 mV 以后，阳极电流急剧升高，毒砂发生氧化[式(7-28)和式(7-29)]。

$$FeAsS + 11H_2O == Fe(OH)_3 + HAsO_4^{2-} + SO_4^{2-} + 18H^+ + 14e^- \qquad (7-28)$$

$$E^{\ominus} = 0.426 \text{ V}$$

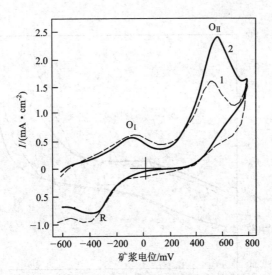

图 7 - 11 在 Na₂CO₃ 介质中黄铁矿电极的循环伏安曲线

Na₂CO₃ 5 × 10⁻³ mol/L; 2.26 × 10⁻² mol/L 扫描速度 20 mV/s(25℃ , 0.5 mol/L KNO₃ , 0 r/min)

$$FeAsS + 10H_2O \Longrightarrow Fe(OH)_3 + H_2AsO_3^- + SO_4^{2-} + 15H^+ + 12e^- \qquad (7-29)$$
$$E^\ominus = 0.395 \text{ V}$$

在 400 mV(E_p)左右出现了电流峰,当电位大于 E_p 后,电流减小,电极旋转只使阳极电流的峰电位向前推移了 40 mV。这表明出现阳极电流峰是由于毒砂氧化时表面形成了氧化物钝化层。

多次循环(1000 r/min, 图 7 - 13)表明,阳极峰电流逐次减小,而负电位区的 R 与 O_Ⅱ 电流峰逐次增加[O_Ⅱ 对应于反应(7 - 27)],即不溶氧化产物累积在毒砂电极表面。

7.4.2 表面氧化产物的光电子能谱(XPS)分析

-75 ~ +38 μm 粒级的黄铁矿与毒砂,先用超声波清除表面氧化产物,然后在 pH 11 缓冲溶液以及 Na₂CO₃(2.26 × 10⁻² mol/L)溶液中,在 300 mV 电位下氧化 5 min,经氧化处理的样品,真空干燥,N₂ 密封送 XPS 检测,对矿物表面的 S、Fe、As 的价态进行了分析,结果列入表 7 - 3、7 - 4。

1)黄铁矿氧化的表面产物

从表 7 - 3 可以看出,黄铁矿氧化后,高价的硫(SO_4^{2-})和铁($Fe(OH)_3$)分别占该元素表面总量的 20% ~ 25%,其中以 Na₂CO₃ 为介质时,氧化态的硫与铁所占的比例还略低于 pH = 11 时的比例,即黄铁矿氧化后,表面上氧化物量只有 20% ~ 25%,75% ~ 80% 的表面仍以 FeS₂ 形式存在。

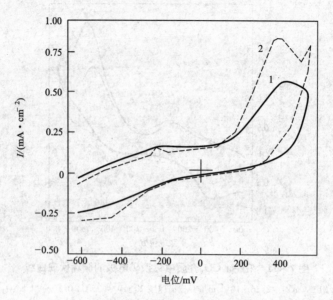

图 7-12 在 Na$_2$CO$_3$(2.26×10^{-2} mol/L)溶液中，毒砂电极的循环伏安曲线

25℃，0.5 mol/L KNO$_3$，扫描速度 20 mV/s，1—0 r/min，2—1000 r/min

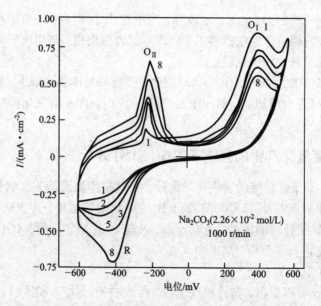

图 7-13 在 Na$_2$CO$_3$(2.26×10^{-2} mol/L)溶液中，毒砂电极的多次循环伏安曲线

25℃，0.5 mol/L KNO$_3$，1000 r/min，扫描速度 20 mV/s

表 7 - 3 黄铁矿表面氧化产物的 XPS 分析结果

元素	结合能/eV	存在形态	所占比例/%	介质
S	162.18	FeS$_2$	38.05	Na$_2$CO$_3$ (2.26 × 10^{-2} mol/L) 300 mV
	163.47		39.59	
	168.80	SO$_4^{2-}$	22.37	
Fe	706.5	FeS$_2$	81.50	
	711.2	Fe(OH)$_3$	18.50	
S	162.21	FeS$_2$	35.27	pH 11 300 mV
	163.30		40.08	
	168.78	SO$_4^{2-}$	24.68	
Fe	706.5	FeS$_2$	75.13	
	711.3	Fe(OH)$_3$	24.87	

2) 毒砂氧化的表面产物

从表 7 - 4 可以看出，毒砂氧化后，氧化态铁[Fe(OH)$_3$]占 66.47%(pH 11) 和 87.61%(Na$_2$CO$_3$)，氧化态的砷(As^{3+} 与 As^{5+} 之和)占 44.29%(pH 11) 和 39.94%(Na$_2$CO$_3$)。可见氧化后的毒砂表面主要被氧化物覆盖，其中以 Na$_2$CO$_3$ 为介质氧化时，表面上氧化物所占的比例更大。

表 7 - 4 毒砂表面氧化产物的 XPS 分析结果

元素	结合能/eV	存在形态	所占比例/%	介质
Fe	710.46	FeAsS	33.53	pH 11 300 mV
	711.98	Fe(OH)$_3$	66.47	
As	41.07	As—Fe	14.92	
	43.97	As—S	40.79	
	45.11	As^{3+}—O	38.87	
	46.30	As^{5+}—O	5.41	
Fe	709.33	FeAsS	12.39	Na$_2$CO$_3$ (2.26 × 10^{-2} mol/L) 300 mV
	711.27	Fe(OH)$_3$	87.61	
As	40.81	As—Fe	27.82	
	43.67	As—S	32.24	
	44.92	As^{3+}—O	35.68	
	46.10	As^{5+}—O	4.26	

XPS 检测结果证实了电化学研究的结论，即在 Na$_2$CO$_3$ 介质中氧化时，毒砂表面易形成氧化物层，而黄铁矿表面上氧化物量较少。

7.4.3 氧化产物对捕收剂膜生成的影响

$Na_2CO_3(2.26 \times 10^{-2} \text{ mol/L})$ 介质中，在 300 mV 电位下对黄铁矿、毒砂电极预先极化一定的时间(0 s, 30 s, 60 s, 120 s)然后在 $-530 \text{ mV} \sim -100 \text{ mV}$ 内电位扫描(从 -100 mV 开始)，得到丁基黄药浓度分别为 0、$1 \times 10^{-2} \text{ mol/L}$ 时的极化曲线[图 7-14(a)—FeAsS，(b)—FeS_2]。

图 7-14(b)表明，氧化对丁基双黄药在黄铁矿表面形成没有影响。不管氧化时间多长，有黄药存在时的阳极电流总是大于黄铁矿氧化的电流，这说明有双黄药在黄铁矿表面形成，即在 Na_2CO_3 介质中氧化后，黄铁矿仍可用丁基黄药浮选。

但是，氧化明显地抑制了双黄药在毒砂表面的形成(图 7-14(a))，预极化时间为 0 s(即毒砂表面没有氧化)，在 0~200 mV 内，有双黄药在毒砂表面形成；但是氧化后(如在 300 mV 极化 120 s)，在 $E < 300 \text{ mV}$ 时没有出现生成$(BX)_2$的阳极电流，丁基黄药为 0、$1 \times 10^{-2} \text{ mol/L}$ 的两极化曲线重叠。这表明，毒砂氧化后，表面氧化产物阻止了捕收剂膜在毒砂表面的生成。

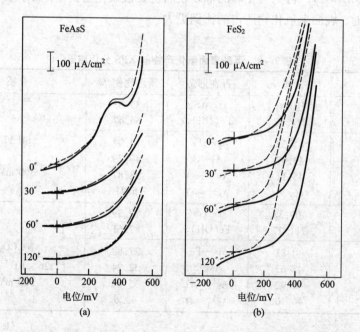

图 7-14 在 $Na_2CO_3(2.26 \times 10^{-2} \text{ mol/L})$ 介质中毒砂(a)、黄铁矿(b)的循环伏安曲线

电极先在 300 mV 极化不同时间(如图示)然后从 -100 mV 开始阳极极化

丁基黄药浓度：—0 mol/L, …, 1×10^{-2} mol/L, 扫描速度 10 mV/s, 1000 r/min

7.4.4　润湿性与电位的关系

在 Na_2CO_3 2.26×10^{-2} mol/L，丁基黄药 5×10^{-4} mol/L 溶液中，控制矿物电极电位，测定了黄铁矿、毒砂的接触角与电位的关系(图 7 − 15)。结果表明，毒砂的接触角较小并且在 250 ~ 300 mV 气泡就不能稳定地吸附，而黄铁矿在 50 ~ 350 mV 电位内接触角达 40°，疏水性明显地比毒砂强。

如果矿物电极在 300 mV 电位下，预先极化一定的时间，然后在丁黄药 (5×10^{-4} mol/L)中测定接触角。发现氧化时间为 2 min 时，气泡就不能在毒砂表面吸附；而黄铁矿，即使氧化时间为 6 min，仍然有一定的接触角(图 7 − 16)。

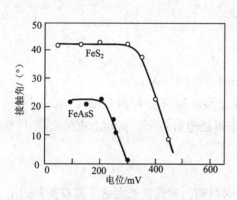

图 7 − 15　电位与接触角的关系

(Na_2CO_3　2.26×10^{-2} mol/L，

丁黄药 5×10^{-4} mol/L)

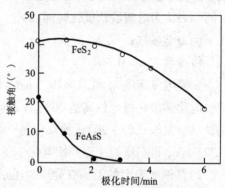

图 7 − 16　在 300 mV 极化，极化时间

t 与接触角的关系

(Na_2CO_3：2.26×10^{-2} mol/L，丁黄药：5×10^{-4} mol/L)

以上结果表明，尽管黄铁矿与毒砂的热力学性质相近，但在碱性介质中(如以 Na_2CO_3 为介质)毒砂的氧化速度快，且氧化后形成氧化产物钝化层，并能够阻止捕收剂膜(双黄药)的生成。因此，可以采用预先电化学氧化法进行毒砂与黄铁矿的浮选分离。

7.5　硫化矿物表面捕收剂产物电化学还原动力学性质与混合精矿浮选分离

7.5.1　电化学还原动力学方程

1)方铅矿表面的丁基黄原酸铅的还原

方铅矿与捕收剂丁基黄药的反应产物是丁基黄原酸铅($Pb(BX)_2$)，丁基黄原酸铅的还原反应为式(7 − 30)，标准可逆电位为 − 0.178 V，当 $[BX^-]=$

2×10^{-3} mol/L时，其可逆平衡电位为 -0.19 V。

$$Pb(BX)_2 + S^0 + 2e^- =\!=\!= PbS + 2BX^- \tag{7-30}$$

$$E^{\ominus} = -0.178 \text{ V}$$

用电流阶跃法研究了方铅矿表面丁基黄原酸铅的电化学还原动力学性质，得到了 $Pb(BX)_2$ 电化学还原的动力学方程(7-31)及动力学参数：传递系数 α 和交换电流 i_0。

$$\eta = 0.308 - 0.062 \lg(1 - \sqrt{\frac{t}{\tau_0}})(\text{V}) \tag{7-31}$$

式中：η 为过电位，反应的可逆电位与实际反应电位的差值的绝对值；τ_0 为过渡时间(s)；t 为电流阶跃极化时间(s)。

动力学参数：

传递系数 $\alpha = 0.467$

交换电流密度 $i_0 = 1.1 \times 10^{-3}$ μA/cm² $= 1.1 \times 10^{-5}$ A/m²

电化学极化过电位高达 308 mV，同时交换电流密度 I_0 的数值极小，表明丁基黄原酸铅按式(7-30)还原反应是一个不可逆电极过程。实际上电位必须小于 -327 mV，$Pb(BX)_2$ 才能开始电化学还原。

2)黄铁矿表面的丁基双黄药的还原

黄铁矿与丁基黄药的反应产物是丁基双黄药。黄铁矿表面的丁基双黄药的电化学还原反应式为式(7-32)，标准可逆平衡电位为 -0.128 V。如 $[BX^-] = 2 \times 10^{-3}$ mol/L，则式(7-32)的可逆平衡电位为 0.031 V，即如果不存在动力学阻力，则当电位小于 0.031 V 时，黄铁矿表面的双黄药不会按式(7-32)还原为丁基黄原酸离子。

$$(BX)_2 + 2e^- =\!=\!= 2BX^- \tag{7-32}$$

$$E^{\ominus} = -0.128 \text{ V}$$

同样，用电流阶跃法求得了黄铁矿表面的丁基双黄药按式(7-32)电化学还原的动力学方程式(7-33)和动力学参数。

$$\eta = 0.151 - 0.073 \lg(1 - \sqrt{\frac{t}{\tau_0}})(\text{V}) \tag{7-33}$$

($\tau_0 = 0.5$ s)

动力学参数：

传递系数：$\alpha = 0.404$

交换电流密度：$i_0 = 1.28$ μA/cm² $= 1.28 \times 10^{-2}$ A/m²

与方铅矿相比，交换电流密度 i_0 较大，表明黄铁矿表面的 $(BX)_2$ 将以较大的速度还原。同时，过电位为 0.151 V，即必须在电位小于 -120 mV 时，黄铁矿表面的丁基双黄药才会按式(7-32)开始电化学还原。

7.5.2　对混合精矿浮选与分离的意义

方铅矿表面的 $Pb(BX)_2$ 与黄铁矿表面的 $(BX)_2$ 的电化学还原动力学行为在两个方面有明显差异，如表 7-5 所示。

表 7-5　$Pb(BX)_2$ 与 $(BX)_2$ 电化学还原的热力学与动力学行为比较

捕收剂产物	电化学还原电位/mV		电化学还原反应的交换电流密度 $i_0/(A \cdot m^{-2})$
	热力学	动力学	
$Pb(BX)_2$	-19	-327	1.1×10^{-5}
$(BX)_2$	31	-120	1.289×10^{-2}

1)还原速度

交换电流密度可以代表硫化矿物表面捕收剂产物的电化学还原速度，黄铁矿的 i_0 几乎是方铅矿的 1000 倍，因此黄铁矿表面 $(BX)_2$ 的电化学还原速度将比方铅矿表面 $Pb(BX)_2$ 的还原速度大得多。

2)还原电位

丁基黄原酸铅 $Pb(BX)_2$ 与丁基双黄药 $(BX)_2$ 电化学还原的热力学电位差仅为 50 mV，如果捕收剂浓度为 2×10^{-3} mol/L，必须精确地把电位控制在 -19 ~ 31 mV 区间才能实现 Pb-S 混合精矿的浮选分离，这在实际浮选中是不可能的。但是两者电化学还原的动力学电位差达到了 207 mV，这就可以很容易地把电位控制在 -327 ~ -120 mV 这一宽广的还原电位区域，使方铅矿-黄铁矿混合精矿的浮选分离成为可能。

图 7-17、图 7-18 的接触再测定结果与上面的电化学还原动力学研究结论十分吻合。不管在 pH=9.18 还是 pH=11，方铅矿都在电位小于 -400 mV 后，表面由于 $Pb(BX)_2$ 按式(7-30)还原解吸而亲水，接触角数值减小为零；而对于黄铁矿和毒砂，在电位小于 0 mV 后，矿物表面的接触角就开始减小至零，在整个还原电位范围都呈现亲水性。

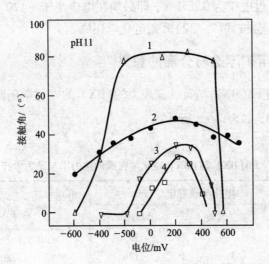

图 7 – 17   pH = 11,丁黄药 5 × 10⁻⁴ mol/L,在 200 mV 极化 3 min,然后测定电位与接触角的关系

1—PbS;2—CuFeS₂;3—FeS₂;4—FeAsS

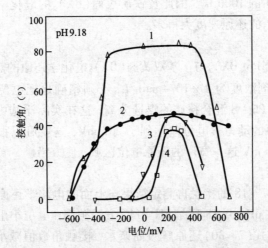

图 7 – 18   pH = 9.18,丁黄药 5 × 10⁻⁴ mol/L,在 200 mV 极化 3 min,然后测定电位与接触角的关系

1—PbS;2—CuFeS₂;3—FeS₂;4—FeAsS

7.6　矿浆电位与硫化矿物浮选行为的关系

7.6.1　浮选体系

1）矿浆电位与可浮性

（1）矿浆电位决定硫化矿物的浮选行为

任何一种硫化矿物，其浮选行为与矿浆电位存在依赖关系，均只在一定的电位范围内具有较好的可浮性，或者说通过调节和控制矿浆电位可以控制硫化矿物的浮选或抑制。典型硫化矿物的浮选回收率与矿浆电位的关系如下。

辉铜矿

图 7-19 是三个研究者得到的辉铜矿浮选回收率与电位的关系曲线。从图可见，在负电位区域三人得到的结果相同，即当电位小于 -0.2 V 时，辉铜矿不浮。当电位大于 -0.2 V 时，辉铜矿在一定的电位区间回收率达到 100%，浮选的电位上限随 pH 增大而减小，例如，pH 为 11.0、8.0、5.0 时辉铜矿浮选电位上限分别约为 150 mV、400 mV、550 mV。

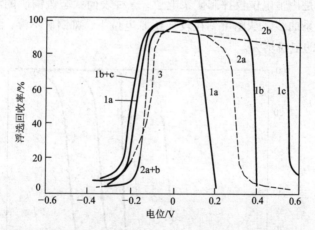

图 7-19　乙黄药为捕收剂时辉铜矿回收率与矿浆电位的关系
曲线 1：pH = 11.0—1a，pH = 8.0—1b，pH = 5.0—1c
曲线 2：pH = 11.0—2a，pH = 8.0—2b　曲线 3：pH = 9.2

黄铜矿

图 7-20 是澳大利亚一家矿山铜矿石浮选回收率与电位的关系曲线，捕收剂为丁基黄药。从图可见在还原电位下黄铜矿不浮，在 200 mV 左右出现黄铜矿浮选回收率峰值，并随捕收剂用量增大浮选回收率提高。

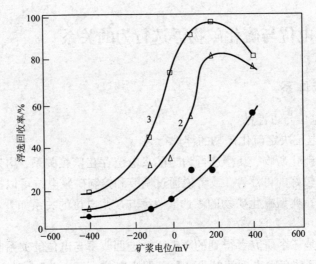

图 7－20　黄铜矿浮选回收率与矿浆电位的关系

丁黄药用量：1—0 kg/t, 2—0.04 kg/t, 3—0.08 kg/t

斑铜矿

图 7－21 是用恒电位仪控制矿浆电位，三种表面状态斑铜矿的浮选回收率与矿浆电位的关系曲线。从图可见在较强还原电位下，斑铜矿不浮，随氧化程度加深，开始浮选的电位增大。

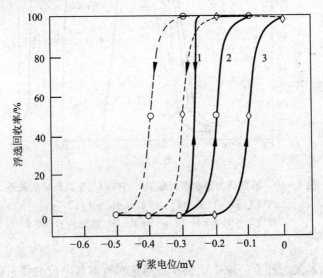

图 7－21　斑铜矿在有 KEX(2×10^{-5} mol/L) 存在时，浮选回收率与电位的关系

1—没有氧化；2—中度氧化；3—强氧化

方铅矿

图 7 - 22 和 7 - 23 分别是方铅矿混合矿(pH = 8、11)和实际矿石(pH = 8.1)在乙基黄药为捕收剂时浮选回收率与电位的关系。可见方铅矿也在一定的氧化电位下可浮,在还原电位或强氧化电位下不浮。

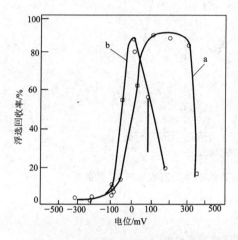

图 7 - 22　pH 对方铅矿浮选回收率 -
电位关系影响

a—pH 8; b—pH·11

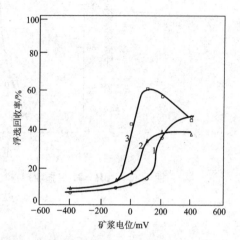

图 7 - 23　澳大利亚 Mount Isa Pb – Zn – S 选厂,
方铅矿浮选回收率与矿浆电位的关系

乙黄药用量:1—0.0 kg/t;
2—0.10 kg/t;1—0.20 kg/t

黄铁矿

图 7 - 24 是黄铁矿浮选回收率与矿浆电位的关系曲线。在回收率曲线上出现了两个峰值。在 – 100 mV 出现的回收率峰值是由于在此电位下黄铁矿表面氧化生成了具有疏水性的元素硫;在 200 mV 出现的浮选回收率峰值是由于双黄药在黄铁矿表面生成;在电位大于 400 mV 以后,由于黄铁矿氧化而不浮。

(2)矿浆电位决定硫化矿物浮选速率

对辉铜矿,测定了浮选速率与矿浆电位的关系。结果列入表 7 - 6,其速率常数 K 是依据一级浮选速率方程确定的,其中 K_f 和 K_S 分别为快速浮选和慢速浮选两个浮选阶段的浮选速率常数,Y_f 和 Y_s 分别为快速浮选与慢速浮选部分的辉铜矿与辉铜矿给矿的比例。与图 7 - 19 相对照,可以发现在辉铜矿浮选回收率高的矿浆电位下,其浮选速率常数 K_f 也大,大部分辉铜矿都可以快速上浮。如在 E_h 位于 – 75 ~ 175 mV 之间,K_f 为 4.0 ~ 6.7,93% 以上的辉铜矿可快速浮出。相应地,在这一 E_h 范围,不管 pH = 8 还是 11,辉铜矿的浮选回收率都在 90% 以上。

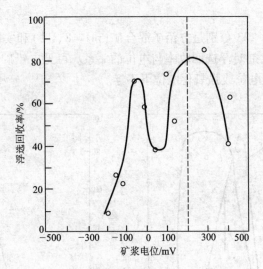

图 7 – 24　pH = 8，有捕收剂存在时黄铁矿浮选回收率与 E_h 的关系

虚竖线为 E_{X_2/X^-}；pH = 3

表 7 – 6　辉铜矿浮选速率参数

E_h /mV	pH	速率参数			
		K_f/min^{-1}	Y_f	K_S/min^{-1}	Y_S
−210	11	1.7	0.02	0.009	0.9
−115	8	5.3	0.94	0.042	0.06
−75	8	6.7	0.98	0.063	0.02
5	11	4.5	0.93	0.017	0.07
175	11	4.0	0.95	0.058	0.05
340	11	2.4	0.30	0.005	0.70

2）矿浆电位的作用原理

（1）控制硫化矿物与捕收剂的反应

如图 7 – 19 所示，在 $E_h <$ − 200 mV 时，辉铜矿不浮，说明在此还原性矿浆电位下辉铜矿不能与黄药发生反应。当 $E_h >$ − 200 mV 以后，辉铜矿的浮选回收率急剧地随 E_h 上升，这是因为在这样的矿浆电位下，黄原酸离子开始在辉铜矿表面上发生电化学吸附，随后在更高的矿浆电位下，辉铜矿与黄药作用，在辉铜矿表面有黄原酸铜生成，如式（7 – 34）所示。黄原酸铜的生成使辉铜矿表面更加疏水，表现出较高的浮选回收率。

$$Cu_2S + 0.07X^- = Cu_{1.93}S + 0.07CuX + 0.07e^- \tag{7-34}$$
$$E^\ominus = -0.35 \text{ V}$$

（2）分解硫化矿物表面的疏水物质

对辉铜矿，在 pH = 11，当 E_h > 250 mV 以后，其浮选回收率就随矿浆电位增大而减小，在 E_h 为 300 mV 时基本上不浮。这是由于辉铜矿表面的疏水物质 CuX 氧化分解了。

$$2CuX + 4H_2O = 2HCuO_2^- + X_2 + 6H^+ + 4e^- \tag{7-35}$$
$$E^\ominus = 1.402 \text{ V}$$
$$2CuX + 4H_2O = 2Cu(OH)_2 + X_2 + 4H^+ + 4e^- \tag{7-36}$$
$$E^\ominus = 0.884 \text{ V}$$

如果假定 $[HCuO_2^-]$ 为 1×10^{-6} mol/L，则可以计算出反应式（7-35）在 pH = 8 和 11 时的电位分别为 0.516 V 和 0.250 V，反应式（7-36）在 pH = 8 和 11 时的电位分别为 0.411 V 和 0.235 V。比较图 7-19 的试验结果，热力学计算数据可以较好地解释在高 pH 下（pH = 11）的浮选现象，即氧化形成了 X_2，这时辉铜矿不浮，说明在此 pH 下，X_2（双黄药）不能浮选辉铜矿。Heyes 和 Trahar，在 pH = 11 时，直接向矿浆中添加双黄药，发现辉铜矿也不浮，从而证实了上面的热力学分析。

（3）改变矿物表面性质

从图 7-25 可以看出赤铜矿（Cu_2O）在矿浆电位为 -300 mV 时，可以用黄药浮选，这是因为在还原条件下，Cu_2O 首先还原为金属铜，见式（7-37）。然后金属铜与黄药作用，可以在较小的电位下生成 CuX[式（7-38）]，如果 $[X^-]$ = 4.6×10^{-5} mol/L，则 CuX 的生成电位为 -0.36 V。

$$Cu_2O + 2H^+ + 2e^- = 2Cu + H_2O \tag{7-37}$$
$$Cu + X^- = CuX + e^- \tag{7-38}$$
$$E^\ominus = -0.619 \text{ V}$$

另外，在强氧化电位下，硫化矿物本身会发生氧化，生成亲水氧化物。如图 7-24，在 E_h > 300 mV 以后黄铁矿不浮，是由于黄铁矿氧化生成了 $Fe(OH)_3$ 之类的亲水物质。

3）矿浆电位-硫化矿物浮选关系的影响因素

（1）磨矿介质

从图 7-26 可以看出，不同磨矿条件的方铅矿，在还原性矿浆电位下的不浮性有极大的差别。还原环境（瓷球磨、硫化钠）磨矿，在 E_h < -100 mV 时方铅矿可浮；而在氧化环境（瓷球磨 E_h = 300 mV）磨矿，即使在 E_h 为 -500 mV 时，方铅矿仍保持很高的可浮性（回收率约为 90%），其原因可从图 4-11 进行说明。在有硫化钠存在时磨矿，方铅矿表面组分不发生变化，因此，在 E_h < -100 mV 时，

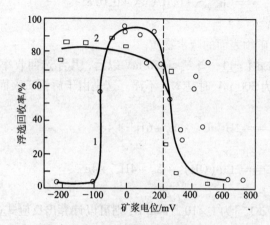

图7-25 有捕收剂存在时,辉铜矿和赤铜矿的浮选回收率与矿浆电位的关系

pH=11;1—辉铜矿;2—赤铜矿

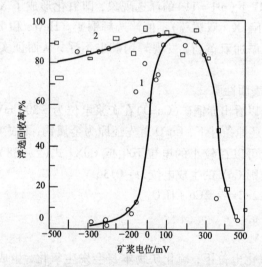

图7-26 有捕收剂存在磨矿环境对方铅矿浮选回收率—电位关系的影响

1—磨矿时加入硫化钠;2—磨矿时未加硫化钠;pH=8

方铅矿不能与黄药作用,相应的阳极电流为零(图4-11,曲线4);在 E_h 为 -100~50 mV时,方铅矿浮选回收率随矿浆电位上升(图4-11,曲线3),对应的是黄药在方铅矿表面上发生电化学吸附;在 E_h 为50~300 mV 时,由于 PbX_2 生成,使方铅矿疏水可浮,如式(7-39)所示:

$$PbS + 2X^- \Longrightarrow PbX_2 + S^0 + 2e^- \tag{7-39}$$

$$E^\ominus = -0.124 \text{ V}$$

没有硫化钠存在时，瓷球磨的矿浆电位为300 mV左右，这时，方铅矿表面会发生氧化，生成的$S_2O_3^{2-}$进入溶液，而PbO残留在方铅矿表面上，如式(7-40)所示：

$$2PbS + 5H_2O \Longrightarrow 2PbO + S_2O_3^{2-} + 10H^+ + 8e^- \tag{7-40}$$
$$E^\ominus = 0.614\ V$$

在还原条件下，PbO还原为金属铅(Pb)，如式(7-41)所示。金属铅与黄药作用，可以在约-0.5 V的电位下生成PbX_2，如式(7-42)所示。在相应条件下的电化学研究得到的伏安曲线(图4-11，曲线2)上出现了PbX_2生成的阳极电流，这样方铅矿在还原条件下就可浮了。

$$PbO + 2H^+ + 2e^- \Longrightarrow Pb + H_2O \tag{7-41}$$
$$E^\ominus = 0.248\ V$$
$$Pb + 2X^- \Longrightarrow PbX_2 + 2e^- \tag{7-42}$$
$$E^\ominus = -0.609\ V$$

(2)矿浆pH

从图7-19和图7-22可以看出，对辉铜矿和方铅矿，在pH较高时，其可浮的矿浆电位上限较小，其中pH对方铅矿的影响更大些。这是由于pH增大时，疏水物质的分解电位减小，如对方铅矿，PbX_2的分解反应为：

$$PbX_2 + 2H_2O \Longrightarrow HPbO_2^- + X_2 + 3H^+ + 2e^- \tag{7-43}$$
$$E^\ominus = 1.225\ V$$

如假定$[HPbO_2^-]$为1×10^{-6}mol/L，则在pH=8和11时，PbX_2按式(7-43)分解的电位是0.34 V和0.073 V，这一电位值与方铅矿浮选的矿浆电位上限相等(图7-22)。

当然，pH除影响疏水物质的分解外，对硫化矿物本身的氧化也存在极大的影响。

(3)矿物表面性质

图7-21是用外控电位法得到的三种表面性质的斑铜矿的浮选回收率与电位的关系。结果表明，表面氧化引起斑铜矿可浮性与电位的关系出现两点差别：

一是氧化程度越大，则开始浮选所需的电位越大。这是因为对没有氧化的斑铜矿，只要黄药离子的电化学吸附就可导致疏水性，而氧化后，斑铜矿表面生成了亲水性的$Fe(OH)_3$，如式(7-44)所示：

$$Cu_5FeS_4 + 3H_2O \longrightarrow Cu_5S_4 + Fe(OH)_3 + 3H^+ + 3e^- \tag{7-44}$$

只有在较高的电位下，生成足够量的CuX和X_2，才能克服由$Fe(OH)_3$引起的亲水性。

二是斑铜矿可浮性与电位关系的可逆性。对没有氧化的斑铜矿(曲线1)，电位向阳极方向增加时，可浮性随之增加；当电位向阴极方向增加时，回收率按原先的关系减小，也就是说，斑铜矿表面上 X⁻ 的电化学吸附与脱附是可逆的。但对氧化了的斑铜矿，其可浮性与电位的关系不可逆，存在一个电位差，即要在较小的电位下斑铜矿表面上的疏水物质（如 CuX、X_2）才能从矿物表面上解离或还原。

以上是三种影响硫化矿物浮选行为与矿浆电位关系曲线的主要因素。尽管它们对各硫化矿物的影响不同，但是，在研究矿浆电位与硫化矿物浮选关系时，特别是对实际矿石，一定要考虑这些因素的影响。

7.6.2 混合精矿浮选分离体系

1）电位与可浮性关系

与硫化矿物浮选体系一样，表面上有捕收剂疏水膜的硫化矿物的浮选行为仍随矿浆电位变化而变化，如图 7-27、图 7-28 所示的电位与接触角的关系曲线。方铅矿和黄铜矿在较大的电位范围内（方铅矿：-350~500 mV，黄铜矿：-400~700 mV），接触角分别为 80°（PbS）和 48°（CuFeS₂）左右；黄铁矿和毒砂只在 300±50 mV 出现一个小的接触峰值。

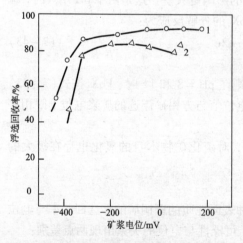

图 7-27 混合精矿体系（丁黄药为捕收剂），方铅矿浮选回收率与矿浆电位的关系

1—pH=9；2—pH=11

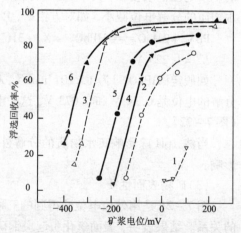

图 7-28 混合精矿体系（丁基黄药为捕收剂），毒砂在有无铜离子存在时，浮选回收率与矿浆电位的关系

$[Cu^{2+}]=0$ mol/L：1—pH=11；2—pH=9；3—pH=6；

$[Cu^{2+}]=6×10^{-5}$ mol/L：4—pH=11；

5—pH=9；6—pH=6

一些典型硫化矿物的浮选回收率与矿浆电位的关系曲线如图 7-27~7-31

所示，这五个图分别是以丁基黄药为捕收剂，预先在矿物表面形成了捕收剂疏水膜的方铅矿、毒砂、黄铁矿、脆硫锑铅矿、铁闪锌矿的浮选回收率与矿浆电位的关系，重点考察了还原性矿浆电位对硫化矿物表面捕收剂膜的影响。从图中的回收率与电位的变化关系可以看出：

方铅矿（图 7 - 27）在 -400 ~ 200 mV 保持高的可浮性，只有在 $E < -400$ mV 的强还原性电位下，方铅矿表面的丁基黄原酸铅才会还原解吸而不浮。

毒砂（图 7 - 28）在负电位区的浮选行为受矿浆 pH 及铜离子的影响较大，随 pH 增大，毒砂在较小的负电位下就失去了可浮性，如 pH = 6 时为 -300 mV，pH = 9 时为 -150 mV。铜离子活化后毒砂的可浮性明显增大，如 pH = 11 时，如果无铜离子活化则毒砂几乎不浮，在铜离子活化后，可浮性增大，并且在电位小于 -100 mV 后可浮性才降低。

黄铁矿（图 7 - 29）与毒砂类似，可浮性受到 pH 及铜离子的影响。随 pH 增大，失去可浮性的负电位值减小，铜离子活化后，使黄铁矿在负电位区的临界负电位值增大。如 pH = 9，有和无铜离子存在的临界电位值分别约为 -100 mV 和 0 mV。

脆硫锑铅矿（图 7 - 30）在 pH = 6 和 9 时不用铜离子活化，pH 11 经铜离子活化后，其浮选行为几乎与方铅矿一样，只有在电位小于 -300 mV 以后，可浮性才降低。

铁闪锌矿（图 6 - 31），经铜离子活化后，低 pH（pH = 6）时，

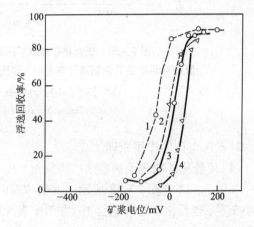

图 7 - 29　混合精矿体系（丁基黄药为捕收剂），
黄铁矿在有无铜离子存在时，浮选回收率与
矿浆电位的关系

$[Cu^{2+}] = 6 \times 10^{-5}$ mol/L：　1—pH = 9；2—pH = 11；$[Cu^{2+}]$ = 0 mol/L：3—pH = 9；4—pH = 11

即使在 -400 mV 强还原电位下仍保持高的可浮性，而在高 pH（pH = 9 和 11）条件下，则当电位小于 -200 mV 以后，闪锌矿的浮选就受到抑制。

比较以上五个回收率与电位的关系图，可以发现在负电位区域，各矿物的可浮性与矿浆电位的关系存在明显的差异。在高 pH（pH > 9）条件下，还原性矿浆电位（$E_h < -100$ mV），不管有无铜离子存在，黄铁矿、毒砂的浮选均受到抑制，而方铅矿、脆硫锑铅矿在负电位下表现出较好的可浮性，只有在强还原电位（$E_h < -400$ mV）下，才不浮。因此，可依据上述差异，通过控制电位在还原性矿浆气氛中可实现 Pb - S、Pb - As 等混合精矿的浮选分离。

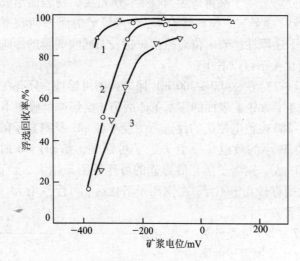

图7-30 混合精矿体系(丁基黄药为捕收剂),
脆硫铅锑矿在有无铜离子存在时,浮选回收率与矿浆电位的关系

$[Cu^{2+}] = 0$ mol/L: 1——pH = 6; 2——pH = 9

$[Cu^{2+}] = 6 \times 10^{-5}$ mol/L: 3——pH = 11;

2)矿浆电位的作用原理

(1)使硫化矿物表面捕收剂产物氧化

如图7-17和图7-18所示。方铅矿在电位大于400 mV以后,接触角急剧减小至零,这是由于在此电位下,方铅矿表面的捕收剂产物氧化分解而脱离矿物表面:

$$Pb(BX)_2 + 2H_2O =\!=\!= Pb(OH)_2 + (BX)_2 + 2H^+ + 2e^- \qquad (7-45)$$

$$E^\ominus = 0.807 \text{ V}$$

如假定$[BX^-]$为1×10^{-4} mol/L,则可计算出pH = 9时,$Pb(BX_2)$按式(7-45)氧化分解的电位为0.28 V。

(2)使矿物氧化形成亲水氧化产物

黄铁矿、毒砂表面的捕收剂反应产物是丁基双黄药$(BX)_2$,不会再进一步氧化分解,而图7-17和图7-18表明这两种矿均只在$200 \sim 300$ mV出现一个小的接触角峰值,随电位增大,接触角减小至零,在强氧化时完全亲水,其原因是矿物氧形成了亲水表面。氧化反应为式(7-18)和(7-19)。从图7-8(c)和(d)上也可发现在碱性pH和200 mV时,黄铁矿、毒砂会发生氧化形成$Fe(OH)_3$。

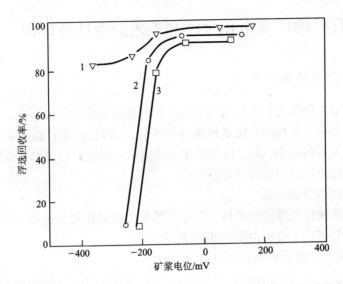

图 7 - 31　混合精矿体系(丁基黄药为捕收剂),铁闪锌矿浮选回收率与矿浆电位的关系

($[CuSO_4]6 \times 10^{-5}$ mol/L)

1—pH = 6; 2—pH = 9; 3—pH = 11;

(3)使矿物表面的捕收剂膜还原分解

硫化矿物表面的捕收剂产物,不管是捕收剂金属盐还是捕收剂的二聚物,都会在一定的电位下还原,而使矿物表面从疏水变为亲水。

例如,方铅矿表面的黄原酸铅的还原是以生成反应的逆反应进行:

$$Pb(BX)_2 + S^0 + 2e^- \longrightarrow PbS + (BX)_2 + 2BX^- \tag{7-46}$$

$$E^\ominus = -0.178 \text{ V}$$

黄铁矿、毒砂表面的丁基黄药将按式(7-47)还原为丁基双黄药离子:

$$(BX_2) + 2e^- \longrightarrow 2BX^- \tag{7-47}$$

$$E^\ominus = -0.128 \text{ V}$$

它们的还原反应过程还受到动力学因素的影响,这一点已在 7.5 节中进行了详细介绍。丁基黄原酸铅按式(7-46)还原的过电位高达 308 mV。双黄药按式(7-47)还原的过电位为 151 mV。如果假定捕收剂浓度$[BX^-]$为 1×10^{-3} mol/L,则式(7-46)和式(7-47)的可逆电位分别为 -19 mV 和 31 mV,加上过电位,则丁基黄原酸铅的实际还原电位为 327 mV,丁基双黄药的实际还原电位为 -120 mV。图 7-27 ~ 7-29 的浮选结果与 7.5 节中的捕收剂产物电化学动力学研究的结论一致。

7.7 硫化矿物矿浆电化学浮选工艺的设计及应用

7.7.1 控制电位浮选工艺

从7.5节中的硫化矿物浮选行为与矿浆电位的关系中可以看出，不管是优先浮选体系还是硫化矿物混合精矿浮选分离体系，都可以依据各硫化矿物浮选行为与矿浆电位关系的差别，通过控制矿浆电位使某一硫化矿物不浮，而另一硫化矿物保持可浮性而达到浮选分离的目的。

1) 优先浮选分离体系

对硫化矿物优先浮选分离体系，可以把电位控制在氧化电位或者还原电位，使硫化矿物分离。下面将给出一些例子。

(1) 几种人工混合矿的浮选分离

表 7-7 控制电位-人工混合矿(1:1)优先浮选分离结果

混合矿	产品名称	上浮产品/%		槽内产品/%		JX /(mol·L^{-1})	pH	E_h /mV
		β	ε	β	ε			
方铅矿 黄铁矿	Pb	76.31	90.01	7.69	9.99	1.5×10^{-5}	10.5	-210
	S	5.26	10.81	39.40	89.19			
方铅矿 毒砂	Pb	78.13	92.54	6.43	7.46	1.5×10^{-5}	10.5	-170
	As	4.50	10.06	41.08	89.94			
黄铜矿 黄铁矿	Cu	28.67	90.31	3.13	9.69	1.5×10^{-5}	11	350
	S	4.61	10.48	40.05	89.52			
黄铜矿 毒砂	Cu	29.4	93.48	2.06	6.32	1.5×10^{-5}	11	280
	As	3.80	8.25	42.42	91.75			

注: pH 用 CaO 调节，用 $Na_2S_2O_4$ 和 $(NH_4)_2S_2O_4$ 分别调节氧化还原电位。

表7-7是四种人工混合矿控制电位-优先浮选分离的结果。从表可见，在 pH=10.5 及还原电位(-200 mV 左右)下，方铅矿可浮，而黄铁矿与毒砂不浮，从而实现铅与硫或砷的优先浮选分离；在 pH=11、电位为 300 mV 左右，黄铜矿可浮，而黄铁矿与毒砂由于表面氧化而不浮，即控制氧化电位可实现黄铜矿与黄铁矿或毒砂的浮选分离。

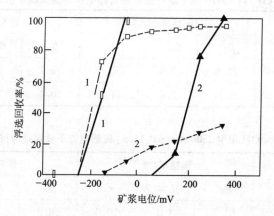

图 7 - 32　辉铜矿和黄铁矿的单矿物、混合矿物浮选回收率与矿浆电位的关系
乙黄药 5×10^{-5} mol/L；1—辉铜矿；2—黄铁矿；实线为单矿物；虚线为混合矿

对于辉铜矿与黄铁矿，其浮选行为与矿浆电位的关系，如图 7 - 32 所示。从图可以看出在 pH = 9.2 时，辉铜矿在强氧化矿浆电位可以很好地浮选，但黄铁矿则在 $E_h < 300$ mV 以后可浮性下降。根据这一差别，进行了辉铜矿与黄铁矿混合矿的电位控制法浮选分离，结果如图 7 - 32 所示，可见在 pH = 9.2 时，具有分离效果的电位区间为 $-100 \sim 300$ mV。

（2）高镍锍电化学浮选分离

高镍锍是铜镍硫化矿物用浮选得到铜镍混合精矿，经熔炼和转炉吹炼后形成的含 Cu_2S、Ni_3S_2 的冶金中间产品，为了降低冶炼成本，必须采用浮选方法进行 $Cu - Ni$ 分离。传统分离方法是高 pH（>12）、在高碱用量（NaOH 2 ~ 5 kg/t）下，抑镍浮铜，缺点是碱耗量大，生产条件差。

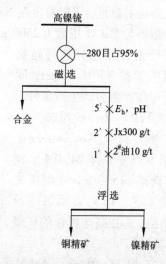

图 7 - 33　高冰镍浮选分离流程

高镍锍试样取自金川，选别流程如图 7 - 33 所示，试样经磨矿（-280 目占 95%）、磁选、电位与 pH 调节、加入捕收剂（丁黄药 300 g/t）、起泡剂 2 油（10 g/t），然后浮选。表 7 - 8 是 NaOH 用量 500 g/t、pH = 11 时，加氧化剂调节矿浆电位（275 mV）和自然电位（245 mV）高镍锍浮选分离结果。

表 7 – 8 pH 11(NaOH 500 g/t)氧化及自然电位下高镍锍浮选分离结果

产品指标条件	铜精矿/%			镍精矿/%		
	β_{Cu}	$\beta_{Cu/Ni}$	ε_{Ni}	β_{Ni}	$\beta_{Ni/Cu}$	ε_{Ni}
加氧化剂 $E_h = 275$ mV	51.6	2.6	70.7	59.2	5.4	85.1
自然电位 $E_h = 245$ mV	50.6	2.4	60.5	56.4	4.1	86.4

表 7 – 9 NaOH 用量 2500 g/t(pH 12.5)自然电位下高镍锍浮选分离结果

产品	铜精矿/%			镍精矿/%		
	β_{Cu}	$\beta_{Cu/Ni}$	ε_{Ni}	β_{Ni}	$\beta_{Ni/Cu}$	ε_{Ni}
结果	54.7	3.0	70.0	58.8	5.4	87.5

从表 7 – 8 中的数据可以看出加入氧化剂，调节矿浆电位后，铜精矿的品位回收率均有提高，同时镍精矿质量也有改善，即通过控制氧化电位，提高了铜镍浮选分离效果。表 7 – 9 是 NaOH 用量 2500 g/t，pH 高达 12.5 时的铜镍分离结果。比较两表的数据，可以看出在 NaOH 用量 500 g/t 时，通过提高矿浆电位，达到的分离结果与 NaOH 用量为 2500 g/t 时铜镍浮选分离的指标相近，这样用控制电位所进行铜镍浮选分离每吨高镍锍可节省 NaOH 2 kg/t，同时还可以改善劳动生产条件。

(3)Pb – Zn – S 浮选

澳大利亚 Woodcutters 矿含铅 9.3%、锌 24.0%、铁（黄铁矿）15.3%，采用优先浮造工艺。研究表明每一浮选阶段，都在高选择性的矿浆电位区域。

方铅矿粗选：NaCN、$ZnSO_4$ 加入球磨机，磨矿细度为 – 200 目 82%，异丁基黄药为捕收剂，用连二亚硫酸钠（$Na_2S_2O_4$）和过氧化氢调控矿

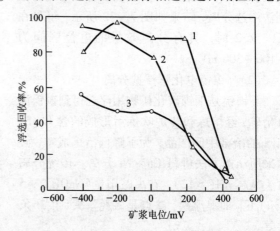

图 7 – 34 方铅矿粗选时，铅、锌、黄铁矿的回收率与电位的关系

pH = 8.5；异丁基黄药：35 g/t；NaCN：100 g/t；$ZnSO_4$：200 g/t；
1—PbS；2—FeS_2；3—ZnS

浆电位。铅粗选时三种矿物的浮选回收率与矿浆电位的关系如图 7 – 34 所示，比较可以发现在 $E_h = 200$ mV 浮选的选择性最好，是较合适的方铅矿粗选的电位条件。

闪锌矿粗选：铅粗选后，加 CuSO$_4$ 600 g/t，异丁基黄药 50 g/t，调节 pH 到 10.5，进行锌粗选。锌粗选时闪锌矿、黄铁矿的浮选回收率与矿浆电位的关系如图 7-35 所示，最佳矿浆电位是 200 mV 左右。

（4）Cu-Pb-Zn-S 浮选

澳大利亚 Cobar 矿石的多金属硫化矿物中含 Cu 1.5%、Pb 0.8%、Zn 4.8%、Cu(FeS$_2$) 15.4%。铜优浮选工艺，在磨机中加入石灰 750 g/t，磨矿细度为 -200 目 83%，铜浮选 pH

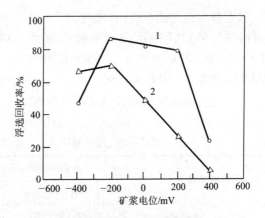

图 7-35 闪锌矿粗选时，闪锌矿、黄铁矿浮选回收率与矿浆电位的关系
pH = 10.5，CuSO$_4$：600 g/t，异丁基黄药：50 g/t
1—ZnS；2—FeS$_2$

为 9.8，异丁基黄药 20 g/t，起泡剂 Aero38 94.6 g/t，Na$_2$SO$_3$ 500 g/t。在铜粗选时，各矿物的浮选回收率与矿浆电位的关系如图 7-36 所示。从图可见最佳的铜粗选电位为 300 mV 左右。

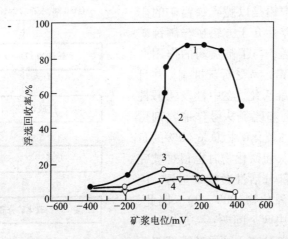

图 7-36 Cobar 矿石铜粗选时，黄铜矿、方铅矿、闪锌矿、黄铁矿的浮选回收率与矿浆电位的关系
CaO：750 g/t，异丁基黄药：20 g/t，Aero38：94.6 g/t，Na$_2$SO$_3$：500 g/t
1—CuFeS$_2$；2—PbS；3—ZnS；4—FeS$_2$

2）硫化矿物混合精矿浮选分离体系
（1）人工混合矿浮选分离

以丁基黄药为捕收剂(在浓度为 2×10^{-3} mol/L)预先作用 5 min,然后去掉残液并清洗一次,就得到表面有捕收剂膜的硫化混合精矿浮选分离试样。在 pH = 9.5~10(石灰调节),用 $Na_2S_2O_4$ 调节 E_h 电位为 -350~-300 mV,进行了方铅矿与黄铁矿、毒砂混合精矿的浮选分离,结果如表 7-10。它表明在还原电位下可以进行硫化矿物混合精矿浮选分离。

表 7-10　混合精矿浮选分离结果(人工混合矿)

混合精矿体系	产品名称	上浮产品/%		槽内产品/%		pH	E_h /mV
		β	ε	β	ε		
方铅矿-黄铁矿 (1:1)	Pb	77.23	90.59	7.91	9.41	9.5~10	-280
	S	4.80	10.76	39.29	89.24		
方铅矿-毒砂 (1:1)	Pb	74.36	92.21	6.95	7.79	9.5~10	-300
	As	6.43	14.86	40.76	85.14		

2)大厂铅、锌、硫浮选分离

用控制电位法进行了大厂长坡矿铅-锌分离研究,其中铅是以脆硫锑铅矿的矿物形式存在,可浮性介于方铅矿与辉锑矿之间,比方铅矿差,与丁基黄药的作用产物为丁基黄原酸铅,易受石灰抑制,并且受石灰抑制后很难活化,在中性及弱碱性 pH 下用丁基黄药和硫氮 9 号作捕收剂可以很好浮选。而占硫化矿物总量 80% 的黄铁矿在加少量石灰和氰化物时也很难被完全抑制,仍然有部分活性黄铁矿上浮,因而现场使用大量氰化物(900 g/t)。因此,这一研究需要解决两个问题:一是铅与硫分离;二是铅与锌分离,目的是降低氰化物用量。

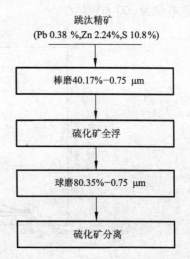

跳汰精矿
(Pb 0.38 %,Zn 2.24%,S 10.8%)

棒磨40.17%-0.75 μm

硫化矿全浮

球磨80.35%-0.75 μm

硫化矿分离

图 7-37　大厂硫化矿物浮选分离原则流程

流程简介:大厂是以锡为主的多金属矿山,为了不使锡石过粉碎,采用如图 7-37 的原则流程,即粗磨(-75 μm 含量 40.17%)全浮—再磨(-75 μm 含量 80.35%)—硫化矿物混合精矿分离的工艺。

对于硫化矿物混合精矿分离,研究了两个流程:

①丁黄药为捕收剂,铅、锌混浮,然后铅锌分离;

②硫氮 9 号为捕收剂,铅、锌优先浮选分离。

不管采用哪一种流程都存在铅与硫分离的问题,为了减少氰化物用量,经多方面比较,选择了用组合抑制剂,分步抑硫的方案,即先用石灰(333.3 g/t) + Na_2CO_3(666.6 g/t) + NaCN(200 g/t)抑制大部分黄铁矿(60%),然后用 $Na_2S_2O_4$ (400 ~ 600 g/t)(E_h: -300 ~ -250 mV)抑制活性黄铁矿。

采用黄药作捕收剂的结果见表 7 - 11,由表可见,这部分活性黄铁矿很难抑制,石灰几乎没有抑制作用,反而抑铅,氧化剂高锰酸钾的抑制作用没有选择性。而还原剂连二亚硫酸钠(400 g/t)能够选择性抑制黄铁矿,铅锌在精矿中的回收率为 90% 以上,绝大部分黄铁矿进入尾矿(尾矿产率 40.5%,黄铁矿回收率约 65%),表明在还原电位 -250 mV 时,黄铁矿表面的捕收剂产物双黄药选择性解吸,证实了 7 - 5 中研究得到的结论。

表 7 - 11 抑制活性黄铁矿试验结果(丁基黄药为捕收剂)

药剂及用量 /(g·t^{-1})	产品 名称	产率 /%	品位/%		回收率/%		pH	E_h /mV	分离效 率/%
			Pb	Zn	Pb	Zn			
石灰 333.3	精矿	65.74	2.36	30.94	54.84	98.30	10.5	50	69.90
	尾矿	34.26	6.85	1.10	45.16	1.70			
高锰酸钾 666.7	精精	26.09	4.49	10.84	36.65	16.51	9.5	370	69.90
	尾矿	73.91	2.75	19.43	63.35	83.49			
连二亚硫 酸钠 400	精矿	59.43	4.25	26.20	90.41	96.39	9.2	-250	83.93
	尾矿	40.57	0.66	1.45	9.59	3.61			

注:表中的产率和回收率是铅锌精选作业的作业指标。

用硫氮 9 号为捕收剂,进行铅 - 锌优先浮选分离,结果如表 7 - 12。仍有部分活性黄铁矿随脆硫锑铅矿上浮,用 $Na_2S_2O_4$ 控制矿浆电位在 -300 ~ -250 mV 之间,可以选择性抑制黄铁矿,达到铅 - 硫混合精矿分离的目的。

表 7 - 12 抑制活性黄铁矿试验结果(硫氮 9 号为捕收剂)

产品 名称	产率 /%	品位/%		回收率/%		pH	E_h /mV	分选效率 /%
		Pb	Zn	Pb	Zn			
精 矿	35.76	21.13	1.2	93.56	38.30	9.5 ~ 10	-250 -300	87.68
尾 矿	64.24	0.81	1.08	6.44	61.70			
合 计	100.00	8.07	1.12	100.00	100.00			

研究了多种组合抑制剂对铅锌混合精矿分离的作用，发现以硫酸亚铁与NaCN配合使用效果最佳。表7-13是以丁基黄药为捕收剂，铅锌混合精矿分离结果与$FeSO_4$的用量、以及相应矿浆电位的关系。表明加入硫酸亚铁使矿浆电位降为负值（$-380 \sim -280$ mV），在还原电位后实现铅锌分离。从表中还可看出，随硫酸亚铁用量增大，电位负值增大，铅回收率降低，这是由于在强还原电位下，脆硫锑铅矿表面的捕收剂产物[Pb(BX)$_2$]也可以还原分解。

表7-13 硫酸亚铁用量与铅锌分离试验结果

硫酸亚铁	产品名称	产率/%	品位/%		回收率/%		E_h/mV
			Pb	Zn	Pb	Zn	
200	铅精矿	19.70	18.89	5.89	98.12	6.19	-280
	锌精矿	80.30	0.11	37.85	1.88	63.81	
300	铅精矿	22.12	18.50	9.59	85.41	4.76	-320
	锌精矿	77.88	0.90	40.96	14.59	95.24	
400	铅精矿	24.62	10.26	26.97	65.34	21.52	-370
	锌精矿	75.38	1.99	33.85	34.66	78.48	

注：①表中产率和回收率是铅锌分离作业指标。②氰化物用量100 g/t。

7.7.2 控制电位调浆

在热力学上不存在浮选分离的电位和 pH 条件，如黄铁矿和毒砂就是典型的难分选硫化矿物。从图7-17和7-18可以看到黄铁矿和毒砂的浮选回收率与矿浆电位的关系几乎一致，要使它们浮选分离必须从非热力学性质寻找途径。从前面的讨论中我们知道，预先氧化可以使两矿物与捕收剂氧化的反应产生显著的差别，氧化后黄铁矿表面仍有双黄药生成，但毒砂表面不能生成双黄药。因此，可依

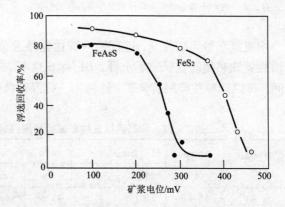

图7-38 浮选回收率与矿浆电位的关系

（Na_2CO_3：2.26×10^{-2} mol/L，BX：1.5×10^{-4} mol/L）

据这一特性设计硫砷电化学浮选分离工艺。

1）矿浆电位及氧化对浮选行为的影响

浮选回收率与电位的关系如图7-38所示，毒砂在<200 mV时有较高的可浮性（$\varepsilon \approx 80\%$），当电位大于300 mV后几乎不浮。黄铁矿在400 mV左右仍然有一定的可浮性。预先氧化（图7-38）对毒砂有明显的抑制效果，但对黄铁矿的影响较小。

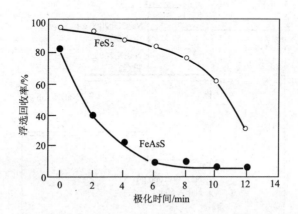

图7-39 在300 mV预先氧化，氧化时间与浮选回收率的关系

（Na_2CO_3：2.26×10^{-2} mol/L，BX：1.5×10^{-4} mol/L）

2）黄铁矿与毒砂分离

如前所述，在Na_2CO_3介质中，毒砂氧化速度比黄铁矿大。表面易形成亲水氧化物层，并能阻止双黄药在毒砂表面形成，因而采用预先电化学氧化工艺对广西大厂长坡的高砷硫精矿进行了硫-砷分离。现场小试流程见图7-40，硫砷分离结果见表7-14。

表7-14 现场小型验证试验结果

产品名称	产率/%	品位/%		回收率/%	
		S	As	S	As
硫精矿	53.01	50.16	1.03	80.57	11.38
尾矿	46.99	18.74	12.05	16.27	38.62
给矿	100.00	33.0	4.80	100.00	100.00

在小试验流程的基础上，增加了砷浮选回收系统，进行了扩大试验。处理量

为 40 kg/h，给料粒度 –0.50 mm，其中 –75 μm 占 75%，扩大试验结果如表 7 – 15。结果表明，硫砷能够选择性分离，从含 As 3.94% 的混合矿中，获得了含 S 51.62%，回收率 80.78% 的硫精矿，硫精矿含砷降至 0.55%，这一结果表明，依据硫化物之间氧化物速度与氧化产物性质差异的预先电化学氧化工艺是硫 – 砷分离的有效方法。

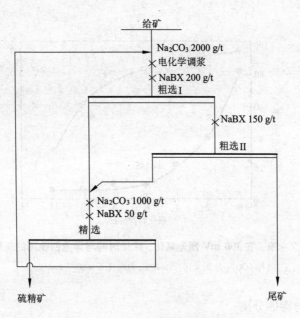

图 7 – 40　现场小型试验闭路流程

表 7 – 15　硫—砷分离扩大试验结果

产品名称	产率 /%	硫/%		砷/%	
		品位	回收率	品位	回收率
硫精矿	61.22	51.62	80.78	0.55	8.54
砷精矿	17.87	32.29	14.75	15.93	72.17
尾矿	20.91	8.37	4.47	3.64	19.29
含计	100	39.21	100	3.94	100

第 8 章　硫化矿物半导体性质及表面吸附的量子理论研究

矿物浮选的本质是药剂与矿物表面的作用，不同的矿物具有不同的晶体结构和物理化学性质，从而导致浮选药剂对矿物的选择性作用。对矿物浮选而言，不同矿物性质的差异是矿物浮选分离的本质原因，同时也是浮选药剂分子设计的基础。矿物的性质由矿物的晶体结构决定，因此研究矿物的晶体结构和微观电子性质，对于加深了解矿物浮选的本质具有重要意义。

量子力学是目前研究微观结构最有效的理论和方法。浮选是一门试验学科，也是一门交叉学科，浮选涉及固 – 液 – 气三相，包含了固体物理（矿物晶体结构和性质）和化学（药剂反应）两大学科。由于矿物性质的研究需要借助固体物理知识，相比浮选药剂而言，无论是研究方法还是研究工具都有一定的难度，目前对浮选中的化学作用已经有较多的研究，形成了如浮选药剂化学、浮选溶液化学、浮选电化学等较完整和成熟的体系，而对于矿物的晶体结构和电子性质则研究较少。浮选中发生的各种化学反应作用和纯化学作用的一个重要区别在于，浮选药剂不是和自由金属离子发生作用，而是和具有周期性势场（晶体的布洛赫函数）的原子发生作用，如闪锌矿（110）表面锌原子为三配位，黄铁矿（100）面上铁原子为五配位，方铅矿（100）面上的铅原子为五配位。矿物表面的金属原子作为矿物表面层结构的一部分，其性质更多的是由矿物表面层的结构和性质决定的。因此仅用药剂与金属离子的作用来研究浮选药剂与矿物表面的作用具有很大的局限性，如黄药能够浮选黄铁矿和方铅矿，但不能浮选赤铁矿和白铅矿。浮选药剂和矿物表面的作用应该更多的考虑矿物表面原子几何空间结构以及相邻原子的影响。本章主要介绍采用基于密度泛函的第一性原理方法来研究矿物晶体表面结构和电子性质，以及药剂分子与矿物表面作用的情况。

8.1　量子力学发展简介

8.1.1　量子化学

1926 年和 1927 年，物理学家海森堡和薛定谔各自发表了物理学史上著名的测不准原理和薛定谔方程，标志着量子力学的诞生。在那之后，展现在物理学家面前的是一个完全不同于经典物理学的新世界，同时也为化学家提供了认识物质化学结构的新理论工具。1927 年物理学家海特勒和伦敦将量子力学处理原子结构的方法应用于氢气分子，成功地阐释了两个中性原子形成化学键的过程，他们的成功标志着量子力学与化学的交叉学科——量子化学的诞生。

在海特勒和伦敦之后，化学家们也开始应用量子力学理论，并且在两位物理学家对氢气分子研究的基础上建立了三套阐释分子结构的理论。鲍林在最早的氢分子模型基础上发展了价键理论，并且因为这一理论获得了 1954 年度的诺贝尔化学奖；1928 年，物理化学家密勒根提出了最早的分子轨道理论；1931 年，休克发展了密勒根的分子轨道理论，并将其应用于对苯分子共轭体系的处理；贝特于 1931 年提出了配位场理论并将其应用于过渡金属元素在配位场中能级分裂状况的理论研究，后来，配位场理论与分子轨道理论相结合发展出了现代配位场理论。价键理论、分子轨道理论以及配位场理论是量子化学描述分子结构的三大基础理论。早期，由于计算手段非常有限，计算量相对较小，且较为直观的价键理论在量子化学研究领域占据着主导地位，20 世纪 50 年代之后，随着计算机的出现和飞速发展，巨量计算已经是可以轻松完成的任务，分子轨道理论的优势在这样的背景下凸现出来，逐渐取代了价键理论的位置，在化学键理论中占主导地位。

1928 年哈特里提出了 Hartree 方程，方程将每一个电子都看成是在其余的电子所提供的平均势场中运动的，通过迭代法算出每一个电子的运动方程。1930 年，哈特里的学生福克(Fock)和斯莱特(Slater)分别提出了考虑泡利原理的自洽场迭代方程，称为 Hartree-Fock 方程，进一步完善了由哈特里发展的 Hartree 方程。为了求解 Hartree-Fock 方程，1951 年罗特汉(Roothaan)进一步提出将方程中的分子轨道用组成分子的原子轨道线性展开，发展出了著名的 RHF 方程，这个方程以及在这个方程基础上进一步发展的方法是现代量子化学处理问题的根本方法。

1952 年日本化学家福井谦一提出了前线轨道理论，1965 年美国有机化学家伍德瓦尔德(Woodward)和量子化学家霍夫曼(Hoffmann)联手提出了有机反应中的分子轨道对称性守恒理论。福井、伍德瓦尔德和霍夫曼的理论使用简单的模型，以简单分子轨道理论为基础，回避那些高深的数学运算而以一种直观的形式将量子化学理论应用于对化学反应的定性处理，通过他们的理论，实验化学家得以直观地窥探分子轨道波函数等抽象概念。福井和霍夫曼凭借他们这一贡献获得了 1981 年度的诺贝尔化学奖。

8.1.2 固体物理

1) 固体能带理论

最先把量子力学应用于固体物理的是海森伯和他的学生布洛赫(Bloch)。海森伯在 1928 年成功地建立了铁磁性的微观理论，布洛赫在同年也开创性地建立了固体能带理论。其后几年世界上许多第一流的物理学家都被卷入到固体物理学的研究领域，如布里渊、朗道、莫特、佩尔斯、威尔逊、赛兹、威格纳、夫伦克尔等，他们所作出的杰出贡献为现代固体物理的发展奠定了牢固的基础。

固体能带理论是固体物理学中最重要的基础理论，它的出现是量子力学、量子统计理论在固体中应用的最直接、最重要的结果。能带理论成功地解决了索末菲半经典电子理论处理金属所遗留下来的问题。

2）X 射线的发现

1912 年，劳厄提出了一个非常卓越的思想：既然晶体的相邻原子间距和 X 射线波长是相同数量级的，那么 X 射线通过晶体就会发生衍射。当时，曾在伦琴实验室内研究过 X 射线的弗里德里希和尼平着手从实验上证实劳厄的思想，他们把一块亚硫酸铜晶体放在一束准直的 X 射线中，而在晶体后面一定距离处放置照相底片。他们发现，当晶轴与 X 射线同向时，底片上出现规则排列的黑点，排列的形式与晶体光栅的几何形状有关。他们的实验初步证实了把晶体结构看成是空间点阵的正确性。对于晶体 X 射线衍射现象的解释，应当主要归功于布拉格父子的工作。按照他们的看法，X 射线在晶体中被某些平面所反射，这些平面可以是晶体自然形成的表面，也可以是点阵中原子规则排列形成的任何面。这些"原子平面"互相平行，平面间距决定了一定波长的 X 射线发生衍射的角度。分析晶体衍射图样，就可以确定晶体内部原子的排列情况。

劳厄与布拉格父子开创性的工作已成为晶体结构分析的基础，是固体物理学发展史中一个重要的里程碑。它证实了布拉菲提出的晶体空间点阵学说，使人们建立了正确的晶体微观几何模型，为正确认识晶体的微观结构与宏观性质的关系提供了基础。后来又发展了多种 X 射线结构分析技术，电子衍射、离子衍射、中子衍射等技术，使人们对固体的结构很快就取得了详细的认识。人们常常把这项重要工作看成是近代固体物理学的一个开端。

固体物理学在 20 世纪 30 年代奠定的基础上进一步发展，结出了丰硕果实——发明了晶体管，又由于晶体管的研制推动了半导体物理和半导体技术的迅猛发展。

8.1.3　密度泛函理论

1）分子轨道的困境

虽然量子力学以及量子化学的基本理论早在 19 世纪 30 年代就已经基本成形，但是所涉及的多体薛定谔方程形式非常复杂，至今仍然没有精确解法，而即便近似解，所需要的计算量也是惊人的，例如：一个拥有 100 个电子的小分子体系，在求解 RHF 方程的过程中仅双电子积分一项就有 1 亿个之巨。这样的计算显然是人力所不能完成的，因而在此后的数十年中，量子化学进展缓慢，甚至为从事实验的化学家所排斥。

密度泛函理论是一种研究多电子体系电子结构的量子力学方法。密度泛函理论的主要目标就是用电子密度取代波函数作为研究的基本量,因为多电子波函数有 $3N$ 个变量(N 为电子数,每个电子包含三个空间变量),而电子密度仅是三个变量的函数,极大的简化了计算。这一方法在早期通过与金属电子论、周期性边界条件及能带论的结合,在金属、半导体等固体材料的模拟中取得了较大的成功,后来被推广到其他若干领域,特别是用来研究分子和凝聚态的性质,是凝聚态物理和计算化学领域最常用的方法之一。约翰波普与沃尔特科恩分别因为发展首个普及的量子力学化学软件(Gaussian)和提出密度泛函理论(Density Functional Theory)而获得 1998 年诺贝尔化学奖。

2)密度泛函理论

密度泛函理论(Density Functional Theory,DFT),是基于量子力学和玻恩-奥本海默绝热近似的从头算方法中的一类解法,与量子化学中基于分子轨道理论发展而来的众多通过构造多电子体系波函数的方法(如 Hartree-Fock 类方法)不同,这个方法以电子密度函数为基础,通过 KS-SCF 自洽迭代求解单电子多体薛定谔方程来获得电子密度分布,这一操作减少了自由变量的数量,减小了体系物理量振荡程度,并提高了收敛速度。

Hohenberg 和 Sham 在 1964 年提出了一个重要的计算思想,证明了电子能量由电子密度决定。因而可以通过电子密度得到所有电子结构的信息而无需处理复杂的多体电子波函数,只用三个空间变量就可描述电子结构,该方法称为电子密度泛函理论。按照该理论,粒子的 Hamilton 量由局域的电子密度决定,由此导出局域密度近似方法。多年来,该方法是计算固体结构和电子性质的主要方法,将基于该方法的自洽计算称为第一性原理方法

自 1970 年以来,密度泛函理论在固体物理学的计算中得到广泛应用。在多数情况下,与其他解决量子力学多体问题的方法相比,采用局域密度近似的密度泛函理论给出了非常令人满意的结果,同时固态计算比实验的费用要少。尽管如此,人们普遍认为量子化学计算不能给出足够精确的结果,直到 20 世纪 90 年代,理论中所采用的近似被重新提炼成更好的交换相关作用模型。密度泛函理论是目前多种领域中电子结构计算的领先方法。

密度泛函理论最普遍的应用是通过 Kohn-Sham 方法实现的。在 Kohn-Sham DFT 的框架中,最难处理的多体问题(由于处在一个外部静电势中的电子相互作用而产生的)被简化成了一个没有相互作用的电子在有效势场中运动的问题。这个有效势场包括了外部势场以及电子间库仑相互作用的影响,例如,交换和相关作用。处理交换相关作用是 KS DFT 中的难点。目前并没有精确求解交换相关能 EXC 的方法。最简单的近似求解方法为局域密度近似(LDA)。LDA 近似使用均

匀电子气来计算体系的交换能(均匀电子气的交换能是可以精确求解的),而相关能部分则采用对自由电子气进行拟合的方法来处理。尽管密度泛函理论得到了改进,但是用它来恰当地描述分子间相互作用,特别是范德华力,或者计算半导体的能隙还是有一定困难的。在后面的计算中,读者可以看到密度泛函理论对硫化矿物能隙处理的偏差,但需要指出的是这种偏差仅由于交换相关能处理不足造成的,不影响电子结构的计算和分析。

8.2　矿物的能带结构

8.2.1　固体能带的形成

固态化合物按照 Pauling 不相容原理,相同的、重叠的电子轨道的能级是不相等的,分析表明,组成晶体的所有原子的分裂能级在轨道重叠时都加宽了。在能级图上,每一组中的能级彼此靠得很近,组成一定宽度的带。由能级组成的带叫能带。被价电子占据的能带称为固体的价带,未被价电子占据的能带称为固体的导带。在填满的价带和空的导带之间是禁带。图 8 - 1 显示了晶体中能带的形成过程。

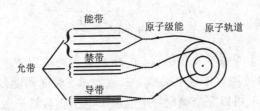

图 8 - 1　原子能级分裂为能带的示意图

如采用基于密度泛函理论的 CASTEP 软件对闪锌矿能带结构进行第一性原理的平面波赝势计算,得到闪锌矿的能带结构如图 8 - 2 所示。从图上可以看出闪锌矿导带最低点和价带最高点都位于 Gamma 点,表明闪锌矿是直接带隙半导体,计算得到的带隙为 2.18 eV,比实际值 3.72 eV 要小,这正是前面提高的密度泛函理论的不足造成的。位于 -11.70 eV 附近的态密度峰主要是由硫原子 3s 和部分锌原子 4s 轨道组成;位于 -5.90 eV 附近的态密度峰来源于锌原子 3d 轨道和部分硫原子 3p 轨道;价带的其余部分由硫原子 3p 和锌原子 4s 轨道构成;导带主要是由硫原子 3p 和锌原子 4s 轨道构成。

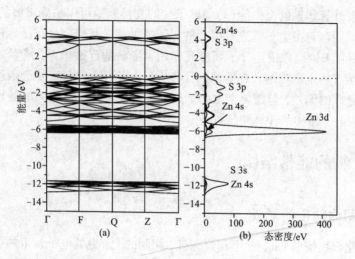

图 8 - 2　理想闪锌矿的能带结构和态密度

8.2.2　Fermi 能级

　　根据量子统计理论,对于能量为 E 的一个量子态被一个电子占据的概率 $f(E)$ 为:

$$f(E) = \frac{1}{1 + \exp(\frac{E - E_f}{k_0 T})}\qquad(8-1)$$

式中:$f(E)$ 称为电子的费米分布函数;E_f 称为费米能级或费米能量;k_0 为玻尔兹曼常数。费米能级与半导体导电类型、杂质含量、温度和能量零点选取等有关。只要知道 E_f 的值,就可以完全确定一定温度下电子在各量子态上的统计分布。当热力学温度为 0K 时,能量小于费米能级的量子态被电子占据的概率为 100%,即处于全充满状态;而能量大于费米能级的量子态被电子占据的概率为 0,即处于全空状态;当温度高于热力学温度 0K 时,如果量子态的能量比费米能级低,则该量子态被电子占据的概率大于 50%;若量子态的能量比费米能级高,则该量子态被电子占据的概率小于 50%。

　　由此可见费米能级是量子态基本被电子占据或基本空的标志,费米能级位置越高,表示能量较高的量子态上占有电子的概率越大。硫化矿物与黄药发生相互作用时,当硫化矿物的费米能级高于黄药时,黄药电子不能向硫化矿物表面传递,黄药在矿物表面生成黄原酸盐,而当硫化矿物的费米能级高于黄药时,黄药电子可以向硫化矿物表面传递,黄药在矿物表面生成双黄药。

　　采用密度泛函理论计算黄铁矿、方铅矿、黄铜矿、辉铜矿、斑铜矿以及黄药的费米能级如表 8 - 1 所示:

表 8 - 1　常见硫化矿物的费米能量

矿物	黄铁矿	黄铜矿	方铅矿	辉铜矿	斑铜矿
费米能量/eV	- 5.916	- 5.433	- 4.243	- 4.601	- 4.615
作用产物	双黄药	双黄药	黄原酸盐	黄原酸盐	黄原酸盐

注：黄药费米能量 - 5.200 eV。

从表 8 - 1 可以看出黄铁矿和黄铜矿的费米能级低于黄药，黄药电子可以传递到这两种矿物，黄药在矿物表面氧化为双黄药，而方铅矿、辉铜矿和斑铜矿的费米能级均高于黄药，电子不能向这三种矿物传递，因此黄药只能在矿物表面生成金属黄原酸盐。

8.2.3　禁带宽度

根据禁带宽度 E_g 的大小可以将硫化矿物分为导体、绝缘体和半导体三类。当 $E_g = 0$ 时，该矿物为导体；当 $0 < E_g < 2$ 时，该矿物为半导体；当 $E_g > 0$ 时，则该矿物为绝缘体。半导体矿物载流子浓度乘积 $n_0 p_0$ 如式(8 - 2)所示：

$$n_0 p_0 = N_C N_V \exp\left(\frac{-E_g}{k_0 T}\right) \qquad (8 - 2)$$

式中：$n_0 p_0$ 只取决于温度和禁带宽度，因此禁带宽度的大小就成了不同矿物载流子浓度大小的决定因素，矿物的 E_g 越大，$n_0 p_0$ 就变得越小，反之矿物的 E_g 越小，$n_0 p_0$ 就变得越大，载流子浓度越大，矿物的电化学活性越强。如黄铜矿($E_g = 0.5$ eV)和方铅矿($E_g = 0.41$ eV)都属于窄带半导体，具有较强的无捕收剂自诱导浮选活性，而黄铁矿($E_g = 0.9$ eV)禁带较宽，其自诱导浮选性能很差，只有经过硫化钠诱导后其无捕收剂浮选活性才变好。同样对于禁带宽度较大的理想闪锌矿，其禁带宽度达到 3.72 eV，载流子浓度非常小，几乎没有什么浮选电化学活性，研究结果证实理想闪锌矿不能与氧作用，只有经过活化或者含有杂质的闪锌矿才能与氧发生作用。

我们可以定义半导体矿物载流子浓度对禁带宽度变化的敏感性指数 i：

$$i = \frac{\partial(n_0 p_0)}{\partial E_g} = -\frac{N_C N_V}{k_0 T} \exp\left(\frac{-E_g}{k_0 T}\right) \qquad (8 - 3)$$

从式(8 - 3)可以看出 E_g 越大，i 值越小，换句话讲，宽禁带半导体矿物对外界作用力(如光照、辐射、摩擦、杂质)比窄带半导体更加敏感。如窄带半导体方铅矿，其带宽只有 0.41 eV，因此很难通过改变外界作用力来大幅度改变其载流子浓度。而对于宽禁带半导体矿物，如闪锌矿，其禁带宽度达到 3.72 eV，通过外力作用可以显著降低其禁带宽度，从而显著提高其载流子浓度，增强其电化学活性，在实践中闪锌矿掺杂对其导电性和浮选行为的影响就比其他矿物要显著得多，含铁闪锌矿的禁带宽度变窄，导电性变好（如图8-3所示），当闪锌矿中混有镉、铜等杂质，就促进了闪锌矿对氧和黄药的吸附。

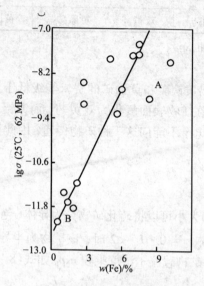

图 8-3 闪锌矿中铁含量对其导电性的影响

8.2.4 有效质量

在半导体中的电子在外力作用下，描述电子运动规律的方程中出现的是电子有效质量 m_n^*，而不是电子的惯性质量 m_0。对于半导体来说，起作用的常常是接近导带底部电子和价带顶部空穴，其中 m_n^* 可以由式（8-4）求出：

$$\frac{1}{h^2}\frac{d^2E}{dk^2}K = \frac{1}{m_n^*} \tag{8-4}$$

在能带底部附近，$d^2E/dK^2 > 0$，电子有效质量是正值；在能带顶部附近 $d^2E/dK^2 < 0$，电子有效质量是负值。有效质量是一个量子概念，所以有效质量不同于惯性质量，它反映了晶体周期性势场的作用（并大于或小于惯性质量）。有效质量的大小与电子所处的状态 K 有关，也与能带结构有关。半导体中除了导带上电子导电外，价带中还有空穴具有导电作用，且一般都出现在价带顶部附近，而价带顶部附近电子有效质量是负值，因此引入 m_p^* 表示空穴有效质量。

电子的有效质量越大，其局域性越强，电子活性也就越小，电子有效质量越小，其离域性越强，电子活性也就越大，理想方铅矿的导带底电子的有效质量和价带顶空穴的有效质量分别为 $0.24m_0$ 和 $-0.23m_0$。从表8-2结果可知，采用密度泛函理论计算含有硫空位缺陷的方铅矿的空穴有效质量最大,而电子的有效质量很小,而含有铅空位缺陷的方铅矿和理想方铅矿的空穴有效质量较小,主要由空穴导电,表现出 p 型半导体的特征。另外轨道电子(空穴)的有效质量越小,轨道的局域性越小,轨道活性越强,越容易参与成键,含铅空位方铅矿的有效质量比硫空位小,说明铅空位的存在能够增强方铅矿电化学反应活性。

表 8 - 2　含有空位缺陷的方铅矿的有效质量

	m_n^*/m_0	m_p^*/m_0
理想晶体	0.24	-0.23
铅空位	0.25	-0.24
硫空位	0.26	-0.25

8.2.5　晶格缺陷的影响

现实矿物的晶体原子排列,并不像理想的那样完美无缺,而是存在各种各样对周期性排列的偏离,这种对理想周期结构的偏离被称为晶格缺陷,它们的存在破坏了晶体本身的对称性和周期性。由于成矿条件和环境因素的不同,矿物中不可避免存在各种各样的晶格缺陷,由于杂质金属离子或矿物晶格缺陷、表面缺陷的存在,使其导电性大大增加。如纯的闪锌矿,其 E_g 值为 3.72 eV,为绝缘体,当闪锌矿晶格中的锌被铁置换后,形成铁闪锌矿;在铁含量为 12.4% 时,E_g 值为 0.49 eV,是导电性良好的半导体。晶格缺陷的存在不仅能使矿物导电性增强,还会改变矿物的半导体类型,如硫空位方铅矿使方铅矿成为 n 型半导体。另外同种硫化矿物由于晶格缺陷种类的不同,也会导致浮选行为差异很大,如含有各种不同杂质的闪锌矿具有不同的颜色,从浅绿色、棕褐色和深棕色直至钢灰色,各种颜色的闪锌矿可浮性差别比较大,含镉的闪锌矿可浮性比较好,而含铁的闪锌矿可浮性较差。不同产地的方铅矿,其可浮性也不同,当方铅矿中含有银、铋或铜时,其可浮性升高;而方铅矿中含有锌、锰或锑时,其可浮性下降。不同产地的黄铜矿由于矿物晶格中铁含量不同,其可浮性也不完全相同,当黄铜矿中含铁较高时,矿物容易被石灰抑制。

拉克辛、萨费耶夫等人研究了不同产地的方铅矿和黄铁矿的浮选行为,见表 8 - 3。不同的产地它们的半导体性质和浮选回收率也不同,这主要是由于不同产地矿物含有的晶格缺陷及杂质存在差异。

表 8-3 不同产地硫化矿物半导体性质与其可浮性的关系

不同产地硫化矿物		半导体类型	载流子浓度/(个·cm^{-2})		n_e/n_p	回收率/%	吸附作用（相对单位）
			$n_e \times 10^{14}$	$n_p \times 10^{14}$			
方铅矿	1	n	4.96	3.82	1.3	60.5	20
	2	p	2.32	3.96	0.611	70	50
	3	p	3.22	6.16	0.523	80.4	100
黄铁矿	1	p	—		0.66	75	100
	2	p	—		0.69	72	25
	3	p	—		0.72	80	20
	4	p	—		0.83	65	9.3

8.3 硫化铜矿物晶体电子结构及可浮性

硫化铜矿物主要有黄铜矿（chalcopyrite），辉铜矿（chalcocite），铜蓝（covellite）和斑铜矿（bornite），其中与黄药作用最强的为辉铜矿，其次为铜蓝，然后为斑铜矿，最差的是黄铜矿。由于一种硫化铜矿石中常常含有几种不同的硫化铜矿物，而各种硫化铜矿物浮选所需的药剂种类、用量、pH 等浮选条件也各不相同，有时甚至矛盾。另外，不同硫化铜矿物氧化的难易程度也存在差异，其中辉铜矿最容易氧化，当铜矿石中含有辉铜矿时，氧化会造成矿浆中含有大量铜离子，给铜锌、铜硫分离造成极大的困难。

矿物的浮选行为取决于矿物的性质，而矿物的性质取决于矿物的电子结构。不同的硫化铜矿物具有不同的化学组成、晶体结构和电化学性质，如辉铜矿含铜最高，达到 79.86%，而黄铜矿含铜最低，仅有 34.56%；另外常见的黄铜矿属于四方晶系，辉铜矿属于六方晶系，而铜蓝具有复杂的层状构造；从导电性方面来讲，黄铜矿属于半导体，而辉铜矿和铜蓝则为导体。本节从硫化铜矿物的电子结构来探讨不同硫化铜矿物可浮选性的差异。

8.3.1 硫化铜矿物晶体结构

8.3.2 费米能级分析

费米能级（E_f）也称为费米能量，如果将半导体中大量电子的集合体看成一个热力学系统，由统计理论证明，费米能级 E_f 就是系统电子的化学势，即

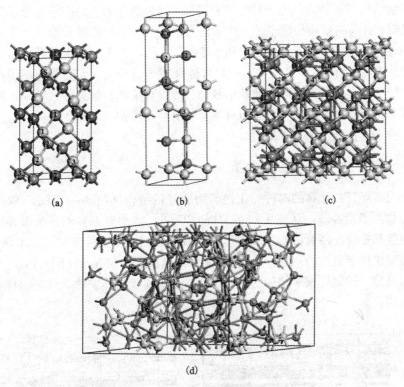

(a)　　　　(b)　　　　(c)

(d)

图 8 - 4　铜矿物晶体结硫化构

(a)黄铜矿；(b)铜蓝；(c)斑铜矿；(d)辉铜矿

$$E_f = \mu = \left(\frac{\partial F}{\partial N}\right)_T \qquad (8-5)$$

μ 代表系统的化学势，F 是系统的自由能，处于热平衡状态的系统有统一的化学势，所以处于热平衡状态的电子系统有统一的费米能级，电子从费米能级高的地方向低的地方转移。费米能级是量子态基本上被电子占据或基本上是空的一个标志，通过费米能级的位置能够比较直观地标志电子占据量子态的情况，或者说费米能级标志了电子填充能级的水平。表 8 - 4 是采用 $Dmol^3$ 计算出的四种硫化铜矿物及正丁基黄药的费米能级。

表 8 - 4　硫化铜矿物和黄药的费米能级

矿物（黄药）	黄铜矿	辉铜矿	铜蓝	斑铜矿	正丁基黄药
费米能级/eV	- 5.433	- 4.601	- 2.862	- 4.615	- 5.200

根据黄药与矿物之间电子转移关系可知：当黄药费米能级高于硫化矿物的费米能级时，黄药向矿物传递电子，被氧化为双黄药；当黄药费米能级低于矿物费米能级时，黄药电子不能向矿物传递，黄药离子和矿物表面阳离子形成金属黄原酸盐。从表8-4的结果可知黄药的费米能级高于黄铜矿，因此黄药电子可以向黄铜矿转移，从而在黄铜矿表面发生氧化，形成双黄药；而其他三种铜矿物的费米能级高于黄药，黄药电子不能向辉铜矿、铜蓝和斑铜矿转移，黄药在这三种硫化铜矿物表面主要形成黄原酸盐。

8.3.3　能带结构及态密度分析

采用 CASTEP 计算的四种硫化铜矿物的能带结构如图 8-5 所示，取费米能级(E_f)作为能量零点。从图 8-5(a)中可以看出，理想黄铜矿的价带极大值和导带极小值都是位于高对称 Gamma 点，因此黄铜矿是一个直接带隙 p 型半导体，计算的黄铜矿禁带宽度为 0.99 eV，符合文献报道值。从图 8-5(b)、(c)、(d)可以看出其他三种硫化铜矿物的导带和价带相交，属于导体矿物，与它们具有良好导电性相符。

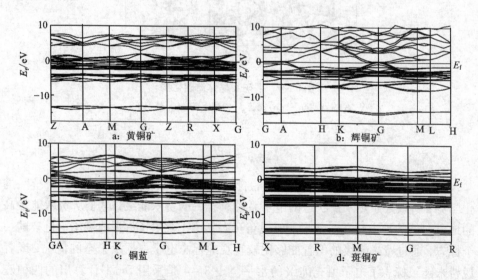

图8-5　四种铜矿物的能带结构

黄铜矿态密度如图8-6所示。从图8-6可以看出，黄铜矿的导带能级由 Cu 原子的 4s 轨道和 Fe 原子的 4s 轨道组成。而价带则由两部分组成，其中 -14.5 eV 到 -12.5 eV 之间的深部价带主要由硫原子的 3s 轨道贡献，-6.5 eV 到2.4 eV之间的顶部价带由 Cu 原子 3d，Fe 原子 3d 和 S 原子 3p 轨道组成，其中 Cu 原子 3d 轨道的成分最多。

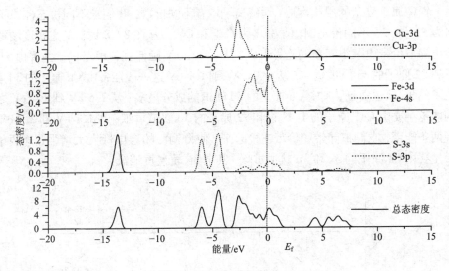

图 8-6　黄铜矿态密度

图 8-7 为辉铜矿态密度。从辉铜矿晶体结构中可知辉铜矿晶胞中铜存在两种形态，分别命名为 Cu1 和 Cu2。从图 8-7 可以看出，从 -15.4 eV 到 -12.9 eV 之间的能带主要由硫原子的 3s 轨道贡献，-8.7 eV 到 0 eV 这一段能带由 Cu1 原子的 3d，Cu2 原子的 3d 和 S 原子的 3p 轨道杂化组成，其中 Cu2 原子的 3d 轨道的成分最多，导带能级由 Cu 原子的 4s 轨道和 S 原子的 3p 轨道组成。

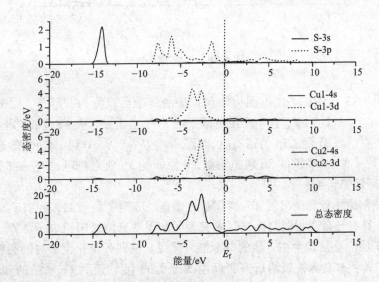

图 8-7　辉铜矿态密度

　　铜蓝属于复杂的层状构造，铜硫离子均有不同价数，我们把不同价态硫原子命名为 S1 和 S2，不同价态铜原子命名为 Cu1 和 Cu2。从图 8-8 铜蓝的态密度图可以看出深部价带由三组间断的能带组成，从 -16.3 eV 延伸到 -10.7 eV，主要由 S1 原子和 S2 原子的 3s 轨道贡献；从 -7.6 eV 到 1.1 eV 这一段能带由 Cu 原子的 3d 和 S 原子的 3p 轨道贡献，其中 Cu 原子的 3d 轨道的成分最多；从 2.6 eV 到 7.4 eV 之间的能带主要由 Cu1 原子的 4s 轨道和 S2 原子的 3p 轨道贡献；在 1.1 eV 到 2.7 eV 出现两条能带，它们把导带和价带连接起来，使得铜蓝的导电性大大增强，这两条能带主要由 S2 原子的 3s 和 3p 轨道贡献，其中 3p 轨道贡献最大。

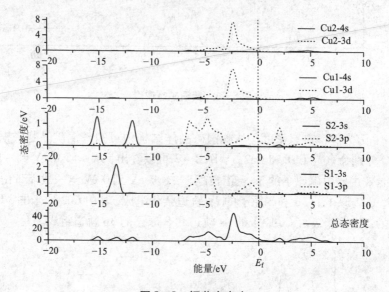

图 8-8　铜蓝态密度

　　从图 8-9 斑铜矿态密度图可知斑铜矿的能带可以分为四部分，深部价带从 -16.7 eV 到 -11.9 eV，它主要由硫原子的 3s 轨道贡献；从 -8.7 eV 到 -3.9 eV 的价带主要由 S 原子的 3p 轨道贡献；第三部分从 -3.9 eV 到 1.8 eV 的态密度主要是 Cu 原子的 3d 和铁的 3d 轨道贡献，S 原子的 3p 轨道贡献也有一部分；导带从 1.8 eV 延伸到 4.5 eV。

　　从能带结构计算结果可知：辉铜矿、铜蓝、斑铜矿为金属，黄铜矿属于窄带半导体，具有与金属相似的性质。研究表明金属费米能级附近电子活跃，重要的物理化学反应总是发生在金属的费米能级附近。从四种硫化铜矿物的态密度图可以看出：黄铜矿费米能级附近态密度由 S 原子的 4p 轨道和 Fe 原子的 3d 轨道贡献；辉铜矿费米能级附近态密度由 Cu 原子的 4s 和 S 原子的 3p 轨道构成，其中 Cu 原子的 4s 轨道贡献最大；铜蓝费米能级附近态密度由 Cu 原子的 3d 和 S 原子

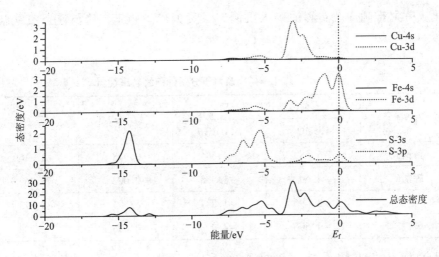

图 8 – 9　斑铜矿态密度

的 3p 轨道构成，其中 S 原子的 3p 轨道贡献最大；斑铜矿费米能级附近态密度由
Cu 原子的 3d 和 S 原子的 3p 轨道构成。因此，黄铜矿中 Fe 原子和 S 原子的活性
较强，辉铜矿中 Cu 原子活性最强，铜蓝中 S 原子活性最强，斑铜矿中 Cu 和 S 活
性较强。黄铜矿、辉铜矿、铜蓝发生的氧化反应如下所示：

$$CuFeS_2 + 3H_2O \Longrightarrow CuS + Fe(OH)_3 + S^0 + 3H^+ + 3e^- \qquad (8-6)$$

$$Cu_2S + 2H_2O \Longrightarrow Cu(OH)_2 + CuS + 2H^+ + 2e^- \qquad (8-7)$$

$$CuS + 2H_2O \Longrightarrow Cu(OH)_2 + S^0 + 2H^+ + 2e^- \qquad (8-8)$$

从以上反应可以看出：黄铜矿的氧化反应发生在 Fe 原子和 S 原子；辉铜矿的
氧化发生在 Cu 原子，而硫原子则没有参与反应；铜蓝的氧化发生在 S 原子，这与
态密度分析结果一致。

8.3.4　前线轨道分析

20 世纪 50 年代，福井谦一提出前线轨道理论，他认为分子的许多性质主要
由分子中的前线轨道决定，即最高占据分子轨道（HOMO）和最低空轨道（LUMO）
决定。一个反应物的最高占据分子轨道（HOMO）与另一个反应物最低空轨道
（LUMO）的能量之间的差值的绝对值（ΔE）越小越利于分子之间发生相互作用。

采用 Dmol³ 计算得到矿物及氧气的前线轨道能量见表 8 – 5。从表可以看出，
硫化铜矿物 HOMO 轨道与氧气 LUMO 轨道作用的能量差值绝对值（ΔE_1）都小于
硫化铜矿物 LUMO 轨道与氧气 HOMO 轨道的能量差值绝对值（ΔE_2），说明是硫化
铜矿物的 HOMO 轨道和氧气的 LUMO 轨道发生作用。由 ΔE_1 数据可知，辉铜矿与
氧的相互作用最强，斑铜矿次之，铜蓝与氧的相互作用最弱，四种硫化铜矿物的

氧化从易到难顺序为：辉铜矿 > 斑铜矿 > 黄铜矿 > 铜蓝，这与浮选实践结果一致。

表 8 – 5   硫化铜矿物及氧气分子的前线轨道能量

矿物	前线轨道能量/eV		ΔE_1/eV	ΔE_2/eV
	HOMO	LUMO		
黄铜矿	– 5.588	– 4.684	0.978	2.216
辉铜矿	– 4.602	– 1.538	0.002	5.362
铜蓝	– 3.096	– 1.887	1.504	5.013
斑铜矿	– 4.696	– 4.098	0.096	2.802

注：$E_{HOMO_{O_2}} = -6.900$，$E_{LUMO_{O_2}} = -4.61$；$\Delta E_1 = |E_{HOMO_{Mineral}} - E_{LUMO_{O_2}}|$；$\Delta E_2 = |E_{HOMO_{O_2}} - E_{LUMO_{Mineral}}|$。

8.4   硫铁矿物晶体电子结构及其可浮性

自然界中常见的硫铁矿有三种：黄铁矿、白铁矿和磁黄铁矿，它们经常与其他有用金属硫化矿物（如铜、铅和锌硫化矿物）共同存在，也经常存在于煤中，因此，在浮选实践当中经常遇到硫铁矿与其他矿物的分离。虽然它们都由铁原子和硫原子组成，但是晶体结构和性质却大不相同，从而导致它们在浮选过程中表现出不同的浮选行为。在硫化矿物浮选实践中发现，白铁矿的可浮性与黄铁矿相似，但比黄铁矿好，这三种硫铁矿用黄药捕收的可浮性顺序是：白铁矿 > 黄铁矿 > 磁黄铁矿。另外，这三种硫铁矿氧化的难易程度也存在着差异，其中磁黄铁矿最容易氧化，其次为白铁矿，黄铁矿最差。已经查明黄药在黄铁矿、白铁矿和磁黄铁矿上的反应是一个电化学过程，产物均为双黄药，矿物的电化学性质取决于矿物的半导体性质和电子结构。因此，研究硫铁矿的电子结构对于揭示不同硫铁矿可浮性的差异具有重要的意义。本节采用密度泛函理论的第一性原理研究了黄铁矿、白铁矿和磁黄铁矿的电子结构，并采用前线轨道理论讨论了这三种硫铁矿与氧气的作用及用黄药捕收的可浮性顺序。

8.4.1   三种硫铁矿物晶体结构

黄铁矿具有立方晶体结构，空间对称结构为 $Pa\bar{3}(T_h^6)$，分子式为 FeS_2，属于等轴晶系，铁原子位于单胞的六个面心及八个顶角上，每个铁原子与六个相邻的硫配位，而每个硫原子与三个铁原子和一个硫原子配位，两个硫原子之间形成哑铃状结构，以硫二聚体（S_2^{2-}）形式存在，且沿着 < 111 > 方向排列。白铁矿的空间对称结构为 Pnnm，分子式为 FeS_2，属于斜方晶系，铁原子位于单胞的体心及八个顶角，每个铁原子与 6 个相邻的硫配位，而每个硫原子与 3 个铁原子和一个硫原子配位，哑铃状对硫离子之轴向与 c 轴相斜交，而它的二端位于铁离子 2 个三角形的中点。磁黄铁矿有两种晶体结构：单斜和六方晶系，其中单斜磁黄铁矿最为常见。单斜磁黄铁矿晶体中的铁原子有三种配位方式：铁原子与六个相邻的硫原子配位；铁原子与六个相邻硫原子和另外一个铁原子配位；铁原子与六个相邻的硫原子和另外两个铁原子配位。单斜磁黄铁矿中的硫只有一种配位方式，即硫原子和相邻的六个铁原子配位。黄铁矿、白铁矿和磁黄铁矿的单胞模型如图 8-10 所示。

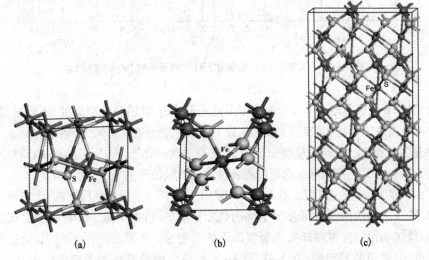

图 8-10　黄铁矿(a)、白铁矿(b)和磁黄铁矿(c)的单胞模型

8.4.2　能带结构及态密度分析

黄铁矿、白铁矿和磁黄铁矿的能带结构如图 8-11 所示，取费米能级(E_f)作为能量零点。计算结果表明，黄铁矿为间接带隙型半导体，计算所得的带隙值为 0.58 eV，低于实验值 0.95 eV；白铁矿也为间接带隙半导体，间接带隙理论计算值为 0.98 eV，高于实验值 0.40 eV（带隙值高于或低于实验值主要是由于 GGA 近似下的 DFT，对电子与电子之间的交换关联作用处理不足引起的）；磁黄铁矿的导带和价带相交，属于导体。

黄铁矿的总态密度如图 8-12 所示。从图中可以看出，黄铁矿的能带在 -17 eV 至 5 eV 范围内分为五部分，在 -17 eV 至 -10 eV 之间的两组价带几乎全部由硫原子的 3s 轨道组成，仅有少部分硫原子的 3p 轨道贡献；价带顶以下 -7.5 eV 至 -1.5 eV 范围内的价带由硫原子的 3p 轨道和铁原子的 3d 轨道共同组成，主要由

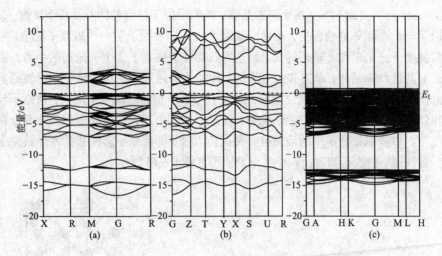

图 8 – 11   黄铁矿(a)、白铁矿(b)和磁黄铁矿(c)能带结构

硫原子的 3p 轨道贡献；顶部价带主要由硫原子的 3p 轨道和铁原子的 3d 轨道组成，且大部分由铁原子的 3d 轨道来贡献；导带能级主要由硫原子的 3p 轨道和铁原子的 3d 轨道共同组成，仅有少量硫原子的 3s 轨道贡献。此外，铁原子的 4s 轨道对态密度的贡献非常少。费米能级附近的态密度主要由铁原子的 3d 轨道构成。

　　白铁矿的总态密度如图 8 – 13 所示。从图上可以看出，在 – 17 eV 至 – 11.5 eV 之间的两组价带几乎全部由硫原子的 3s 轨道贡献，仅有极少量硫原子的 3p 轨道贡献；价带顶即费米能级以下的态密度，主要由硫原子的 3p 轨道和铁原子的 3d 轨道共同组成；0.5 eV 至 4 eV 范围内的导带主要由硫原子的 3p 轨道和铁的 3d 轨道共同组成，还有少部分硫原子的 3s 轨道贡献；5 eV 至 11 eV 之间的导带由铁原子的 4s 轨道和铁的 3p 轨道共同组成，还有少部分硫原子的 3p 轨道贡献。费米能级附近的态密度主要由铁原子的 3d 轨道构成。

　　图 8 – 14 是磁黄铁矿的总态密度图。从图上可以看出，磁黄铁矿的能带由两部分构成，位于 – 15 eV 至 12 eV 范围内的价带几乎全部由硫原子的 3s 轨道贡献；从 – 7.5 eV 至 2.5 eV 之间的能带大部分由硫原子的 3p 轨道和铁原子的 3d 轨道来贡献，还有极少量铁原子的 4s 轨道和铁的 3p 轨道贡献。费米能级附近的态密度主要由铁原子的 3d 轨道构成，还有少量硫原子的 3p 轨道构成。

　　黄铁矿、白铁矿和磁黄铁矿的自旋态密度分别如图 8 – 15(a)、(b)、(c)所示。由图上可以看出，黄铁矿和白铁矿为低自旋态，而磁黄铁矿为自旋 – 极化态，费米能级附近的自旋态密度主要由铁原子的 3d 轨道贡献。与低自旋态的黄铁矿和白铁矿相比，自旋 – 极化态的磁黄铁矿将更容易与磁性类物质如氧气发生反应，因此，磁黄铁矿容易被氧化，这与自然界中磁黄铁容易被氧化的实际相符。

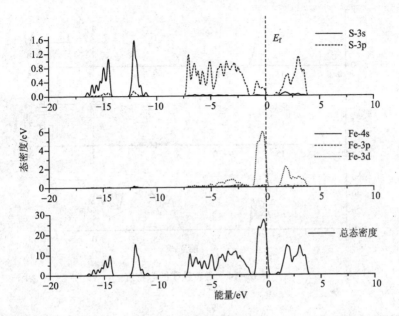

图 8 - 12 黄铁矿的态密度

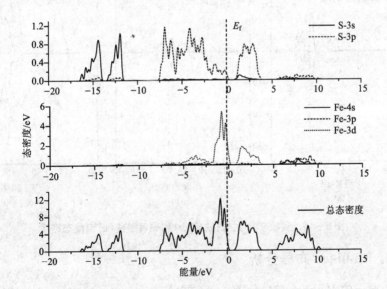

图 8 - 13 白铁矿的态密度

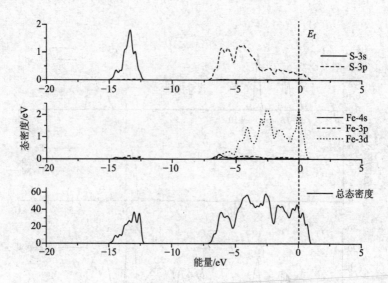

图 8 – 14 磁黄铁矿的态密度

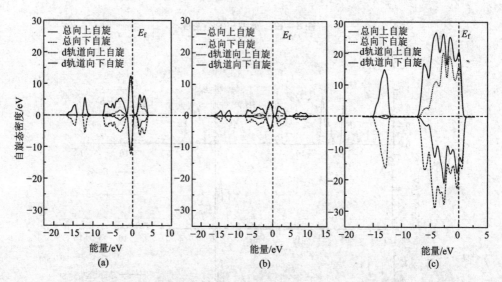

图 8 – 15 黄铁矿(a)、白铁矿(b)和磁黄铁矿(c)自旋态密度

8.4.3 Mulliken 布居分析

1）原子的 Mulliken 布居分析

黄铁矿、白铁矿和磁黄铁矿的 S 原子、Fe 原子在优化前的价电子构型为，S3 $s^2 3p^4$、Fe $3d^6 4s^2$，优化后原子的 Milliken 布居值如表 8 – 6 所示。从表 8 – 6 中可知，黄铁矿优化后的价电子构型为 S $3s^{1.80} 3p^{4.12}$、Fe $3p^{0.64} 3d^{7.17} 4s^{0.35}$，S 原子为

电子供体，主要是 S 原子的 3s 轨道失去电子，定域在 S 原子的电子数为 5.92 e，失去了 0.08 e，S 原子所带电荷为 +0.08 e；Fe 原子为电子受体，主要是 Fe 原子的 3d 轨道得到电子，定域在 Fe 原子的电子数为 8.16 e，得到了 0.16 e，Fe 原子所带电荷为 −0.16 e。

白铁矿优化后的构型为 S $3s^{1.81}3p^{4.14}$、Fe $3p^{0.60}3d^{7.14}4s^{0.36}$，定域在 S 原子的电子数为 5.95 e，失去了 0.05 e，S 原子所带电荷为 +0.05 e，为电子供体，主要是 S 原子的 3s 轨道失去电子；定域在 Fe 原子的电子数为 8.10 e，得到了 0.10 e，Fe 原子所带电荷为 −0.10 e，为电子受体，主要是 Fe 原子的 3d 轨道得到电子。

磁黄铁矿优化后的构型为 S $3s^{1.82}3p^{4.39}$、Fe $3p^{0.65}3d^{6.69}4s^{0.42}$，S 原子为电子受体，主要是 S 原子的 3p 轨道得到电子，定域在 S 原子的电子数为 6.21 e，得到了 0.21 e，S 原子所带电荷为 −0.21 e；Fe 原子为电子供体，主要是 Fe 原子的 3s 轨道失去电子，定域在 Fe 原子的电子数为 7.76 e，失去了 0.24 e，Fe 原子所带电荷为 +0.24 e。

表 8 − 6　黄铁矿、白铁矿和磁黄铁矿原子的 Mulliken 布居分析

矿物名称	原子	轨道电子数			总电子数/e	电荷/e
		s	p	d		
黄铁矿	S	1.80	4.12	0.00	5.92	+0.08
	Fe	0.35	0.64	7.17	8.16	−0.16
白铁矿	S	1.81	4.14	0.00	5.95	+0.05
	Fe	0.36	0.60	7.14	8.10	−0.10
磁黄铁矿	S	1.82	4.39	0.00	6.21	−0.21
	Fe	0.42	0.65	6.69	7.76	+0.24

2）键的 Mulliken 布居分析

键的 Milliken 布居值能体现出键的离子性和共价性的强弱，布居值大表明键为共价性，反之则表明原子间为离子键。黄铁矿、白铁矿和磁黄铁矿键的 Mulliken 布居值列于表 8 −7 中，由表中数据分析可知，黄铁矿 Fe—S 键的共价性大于 S—S 键，Fe—S 键的键长略小于 S—S 键长。白铁矿 Fe—S 键的布居值为 0.28 和 0.66 大于 S—S 键的布居值 0.08，说明 Fe—S 键的共价性大于 S—S 键，Fe—S 键长和 S—S 键长比较接近。而对于磁黄铁矿键的布居比较复杂，Fe—S 键的布居值为 0.11 ~ 0.44，Fe—Fe 键的布居值为 −0.11 ~ −0.20，Fe—S 键的共价性大于 Fe—Fe 键，Fe—S 键的键长为 0.2271 ~ 0.2905 nm，Fe—Fe 键的键长为

$0.2812 \sim 0.2972$ nm。

表 8 – 7　黄铁矿、白铁矿和磁黄铁矿键的 Mulliken 布居分析

矿物名称	键	重叠布居	键长/nm
黄铁矿	Fe—S	0.34	0.2191
	S—S	0.22	0.2258
白铁矿	Fe—S	0.28, 0.66	0.2231, 0.2247
	S—S	0.08	0.2279
磁黄铁矿	Fe—Fe	$-0.11 \sim -0.20$	$0.2812 \sim 0.2972$
	Fe—S	$0.11 \sim 0.44$	$0.2271 \sim 0.2905$

8.4.4　前线轨道分析

根据前线轨道理论，一个反应物的 HOMO 与另一个反应物的 LUMO 的能量值之差的绝对值($|\Delta E|$)越小，两分子之间的相互作用就越强。对于硫铁矿而言，参与反应的是黄药的 HOMO 轨道和硫铁矿的 LUMO 轨道，以及氧气的 LUMO 轨道和硫铁矿的 HOMO 轨道。

表 8 – 8　三种硫铁矿物与氧分子和黄药分子作用的前线轨道能量

矿物	前线轨道能量/eV		$|\Delta E_1|$/eV	$|\Delta E_2|$/eV
	HOMO	LUMO		
黄铁矿	-6.295	-5.923	1.685	0.708
白铁矿	-5.664	-4.795	1.054	0.420
磁黄铁矿	-5.027	-4.987	0.417	0.228
氧分子	-6.908	-4.610	—	—
黄药	-5.215	-2.620	—	—

注：$|\Delta E_1| = |E_{LUMO\,oxygen} - E_{HOMO(Mineral)}|$；$|\Delta E_2| = |E_{HOMO(Xanthate)} - E_{LUMO(Mineral)}|$。

三种硫铁矿及药剂的前线轨道能量列于表 8 – 8。由表 8 – 8 可知，磁黄铁矿与氧气作用的前线轨道能量$|\Delta E_1|$最小(0.417 eV)，其次为白铁矿(1.054 eV)，黄铁矿与氧气作用的$|\Delta E_1|$最大(1.685 eV)，说明磁黄铁矿与氧分子的作用最强，白铁矿次之，黄铁矿与氧分子的作用最弱，三种硫铁矿的氧化难易顺序为：磁黄铁矿 >

白铁矿 > 黄铁矿，这与文献报道和实践结果相一致。从氧气的分子轨道分析可知，氧气分子中有 2 个孤对电子分别排布在 2 个反键 π 轨道上，所以氧气分子具有顺磁性，而计算表明这三种硫铁矿中只有磁黄铁矿具有磁性，白铁矿和黄铁矿则没有磁性，因此，氧气分子极易和具有磁性的磁黄铁矿发生作用。当矿石中有磁黄铁矿时，由于氧气会优先与磁黄铁矿反应，消耗了矿浆中大量的氧，导致其他硫化矿物不浮，只有充分搅拌充气后，矿浆中有剩余氧时，才能浮选其他矿物。

黄药在白铁矿、黄铁矿和磁黄铁矿这三种矿物表面的产物都是双黄药，浮选实践表明黄药捕收这三种硫铁矿的可浮性顺序是：白铁矿 > 黄铁矿 > 磁黄铁矿。从表 8 - 9 可见，黄铁矿与黄药作用的前线轨道能量 $|\Delta E_2|$ 最大（0.708 eV），其次为白铁矿（0.420 eV），磁黄铁矿与黄药作用的 $|\Delta E_2|$ 最小（0.228 eV），说明黄药与白铁矿的作用大于黄铁矿，因此，白铁矿的可浮性大于黄铁矿；而对于磁黄铁矿，虽然其与黄药的作用最强，但是在含有氧气的浮选体系中，正如前面所述，由于磁黄铁矿极易与氧气发生作用，导致磁黄铁矿过度氧化，在其表面生成可溶性薄膜，不利于双黄药的吸附，因此，在含氧浮选体系中磁黄铁矿的可浮性比白铁矿和黄铁矿要差。

8.5　黄铁矿（100）表面结构及性质

黄铁矿广泛存在于各种矿床中，经常与有色金属（如铜、铅、锌、锑和钼等）硫化矿物共存，在采用泡沫浮选法回收这些金属矿物时，都会碰到与黄铁矿浮选分离的问题。另外在煤矿中也经常存在黄铁矿，造成煤中含硫超标，在煤的选矿中通常采用浮选法脱除黄铁矿。矿物的浮选主要是通过表面与药剂发生相互作用，因此研究黄铁矿表面的性质对于了解黄铁矿的浮选行为和药剂作用机理具有非常重要的意义。自然界中最常见的黄铁矿为立方晶体，（100）面是其最主要的解理面，解理过程中可能会有 S—S 键断裂，Fe—S 键断裂，或者两者都断裂，留下不同的表面类型。

8.5.1　表面结构的弛豫

在黄铁矿晶体沿铁—硫键断裂的理想（100）表面上，铁原子与五个硫原子配位，而最外层硫原子与两个铁原子及一个硫原子配位。表 8 - 9 和表 8 - 10 分别列出了不同原子层数及不同真空层厚度对黄铁矿（100）面表面能影响的结果。从表 8 - 9 可以看出，黄铁矿表面层含有 15 层原子后，表面能的变化已经很小；从表 8 - 10 的结果可看出，真空层厚度为 1.0 nm 的黄铁矿表面能最低。因此，15 层原子及 1 nm 的真空层厚度的表面结构能够给出较满意的收敛结果。黄铁矿单胞及（100）表面单胞模型显示在图 8 - 16 中。

表 8 - 9 不同原子层数的表面能

原子层	表面能/$(J \cdot m^{-2})$
9	1.1139
12	1.1069
15	1.1007
18	1.0987

表 8 - 10 真空层厚度对黄铁矿表面能的影响

真空层厚/nm	表面能/$(J \cdot m^{-2})$
0.8	1.1024
1.0	1.1007
1.2	1.1189
1.5	1.1085

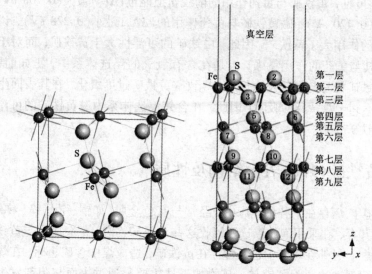

图 8 - 16 体相黄铁矿单胞(a)及黄铁矿(100)表面单胞(b)

表 8 - 11 黄铁矿表面原子配位及位移

原子层数	原子标号	配位数	原子位移/nm		
			Δx	Δy	Δz
第一层	S1	3	0.0060	-0.0062	-0.0035
第三层	S3	4	0.0021	0.0032	0.0093
第四层	S5	4	0.0008	0.0004	0.0003
第六层	S7	4	0.0003	-0.0008	0.0003
第七层	S9	4	-0.0002	0.0000	0.0004
第九层	S11	4	-0.0002	0.0002	-0.0003
第二层	Fe3	5	0.0065	0.0065	-0.0090
第五层	Fe7	6	0.0005	-0.0010	0.0014
第八层	Fe12	6	0	0.0001	0

　　黄铁矿(100)表面结构和离子位移矢量
显示在图 8 - 16 中, 表 8 - 11 列出了弛豫后
表面几层原子的配位数及位移。体相黄铁
矿的硫的配位数为 4, 铁的配位数为 6, 理
想的黄铁矿(100)表面分布有 3 重配位的硫
和 5 重配位数的铁。黄铁矿表面解离造成
表面原子配位数降低, 表面原子缺少周围原
子的束缚因而产生了不同程度的弛豫。结
合图 8 - 16 和表 8 - 11 可知, 表面第一层 S
原子向表面内部弛豫; 最明显的弛豫是第二
层的表面 Fe 原子, 向内部弛豫了大约 0.01
nm; 第三层中的 S 原子向表面弛豫。黄铁
矿理想(100)面经历的弛豫非常小, 没有产
生明显的表面重构作用。原子仅在顶部三

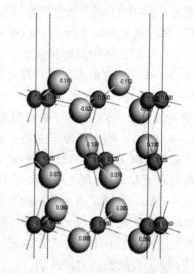

图 8 - 17　黄铁矿(100)表面原子电荷

层产生了明显的弛豫, 第四至第六层原子经历了微小的位移, 第 7 至第 9 层原子
的弛豫可以忽略不计, 因此可以把表面 1 ~ 3 层看作表面层, 4 ~ 6 层原子为近体
相层, 而 7 ~ 9 层原子已经完全具有了体相性质, 为体相层。

8.5.2　Mulliken 布居分析

表 8 - 12　黄铁矿表面(110)原子的 Mulliken 电荷布居

原子层数	原子标号	轨道电子数			总电荷/e	净电荷 /e	自旋
		s	p	d			
第一层	S1	1.86	4.25	0	6.11	- 0.11	0
第三层	S4	1.82	4.20	0	6.02	- 0.02	0
第四层	S5	1.80	4.10	0	5.90	+ 0.10	0
第六层	S7	1.81	4.12	0	5.93	+ 0.07	0
第七层	S9	1.81	4.11	0	5.92	+ 0.08	0
第二层	Fe3	0.34	0.43	7.15	7.92	+ 0.08	0
第五层	Fe7	0.35	0.61	7.16	8.12	- 0.12	0
第八层	Fe12	0.35	0.64	7.17	8.16	- 0.16	0

　　图 8 - 17 显示了计算后的黄铁矿(100)表面 9 层原子的电荷分布, 表 8 - 12
列出了表面原子的 Mulliken 电荷布居。由图 8 - 17 可看出, 第一层的硫原子带负

电荷较大(-0.11 e), 由表面至体相, 硫原子所带的电荷经历了一个由负到正的过程, 体相硫原子带电荷为 +0.08 e(S9)。表面铁原子带正电荷(+0.08 e), 而表面层以下的近体相及体相铁原子带负电荷, 且体相铁原子(Fe12)带最大负电荷(-0.16 e)。由表 8 - 13 列出的轨道布居可知, 表面硫原子(S1)主要由 p 轨道得到电子, S 轨道得到少量电子, 而 S4 原子主要由 p 轨道得到电子, 且得到的电子比 S1 原子少, 因而 S1 原子拥有最多的负电荷(-0.11 e), 而 S4 原子带少量负电荷(-0.02 e)。表面铁原子主要由 p 轨道失去电子而带正电荷, d 轨道仅有少量电子失去。由硫原子和铁原子的电子得失情况可知, 在黄铁矿(100)表面上, 电荷在铁原子和硫原子之间发生了转移, 从铁原子上转移到了硫原子上, 这与 Nesbitt 等针对黄铁矿表面提出的观点一致, 即在有硫—硫键断裂的表面上, 会发生铁原子失去电子被氧化而硫原子获得电子被还原的反应, 而 von Oertzen 等采用 XPS 方法对黄铁矿(100)表面的研究也表明表面电荷从铁原子到硫原子的迁移。此外, 原子自旋值表明黄铁矿(100)面上的 5 配位铁原子及体相中的铁原子都是自旋中性的。

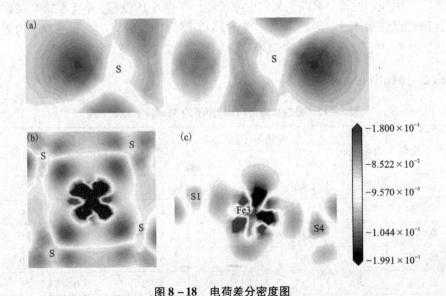

图 8 - 18 电荷差分密度图

(a)两配位硫原子; (b)被四个硫配位的体相铁原子; (c)被二个硫配位的表面铁原子

从原子的 Mulliken 电荷布居分析可知, 黄铁矿体相中的铁硫原子所带的电荷与实际现象相反, 而表面原子却与实际相符, 通过对电子差分密度的分析, 可以进一步了解存在这种差异的可能原因。由前面对黄铁矿结构的介绍可以知道, 在黄铁矿体相中, 硫原子与硫原子之间成键, 以对硫基团((S_2^{2-}))形式存在, 这与大多金属硫化物中硫原子只与金属原子成键的现象不同，正是这种差异，可能造成了体相中铁和硫原子电荷分布的反常。图 8－18 分别显示了体相 Fe—S、S—S 键之间以及表面 Fe—S 键之间的电荷差分密度。图中蓝色区域表明电子缺失，红色区域表明电子富集，白色表明电子密度几乎没有发生变化的区域。从图 8－18(a) 可以看出，电子云在对硫原子之间富集，正是由于两个硫原子之间电子富集，导致强烈的电子排斥作用，并偏向与其配位的铁原子，因此造成硫原子周围的电子缺失，硫原子带正电荷。图 8－18(b) 清晰地显示了体相铁原子周围被电子云覆盖。图 8－18(c) 显示了表面铁—硫原子之间的电子分布状况。表面 Fe3 原子靠近真空层一侧由于缺少了一个配位硫原子，电子在这一侧是缺失的，铁原子带正电荷。另外，从图 8－18(c) 可以明显地看到，在表面 S1 上部有明显的电子云富集，并且这些电子云由 Fe3 原子扩散而来，表明电子从表面铁原子向硫原子转移，导致 S1 原子带负电荷。可以看出，表面的计算结果是与实际结构相符的，同时这也与黄铁矿浮选实践一致，如黄药在黄铁矿表面阳离子的化学吸附作用，以及氢氧根和氰化物与黄铁矿表面铁离子的作用等；另外，对于黄铁矿的电化学无捕收剂浮选，只有表面硫原子带负电荷，才能合理解释黄铁矿表面的硫从负价氧化成零价的元素硫。

表 8－13　黄铁矿(100)表面及体相原子的 Mulliken 键的布居

	键	重叠布居	键长/nm
(110)表面	S1—Fe3	0.37	0.2163
	S2—Fe3	0.43	0.2218
	S3—Fe3	0.27	0.2245
	S4—Fe3	0.27	0.2263
	S5—Fe3	0.48	0.2142
体相	S9—Fe12	0.31	0.2258
	S10—Fe12	0.33	0.2261
	S11—Fe12	0.33	0.2260
	S12—Fe12	0.31	0.2262
	S13—Fe12	0.50	0.2266

表 8－13 列出了相对应的表面和体相原子的键的布居和键长(S1、S2、S3、S4 和 S5 分别与 S9、S10、S11、S12 和 S13 的位置相对应)。表面层的键的布居值与体相中的键的布居值存在明显差异，键长也不同。由表 8－13 可知，表面 Fe3 原

子与第一层 S1 和 S2 原子之间的键的布居值大于体相 Fe12 原子与 S9 和 S10 原子
之间键的布居值，表明表面顶部铁—硫原子之间的共价性增强；表面 Fe3 原子与
第三层 S3 和 S4 原子之间的布居值小于体相 Fe12 原子与 S11 和 S12 之间的键的
布居值，表明它们之间的共价性减弱，而离子性增强；S5—Fe3 键之间的布居值
与 S13—Fe12 接近，这层的铁－硫原子之间的共价性强弱变化不大。此外，除
S4—Fe3 与 S12—Fe12 之间的键长接近外，表面层铁－硫原子之间的键长都小于
体相中相应原子之间的键长，这表明，表面上的铁—硫原子之间的相互作用比体
相中的更强。

8.5.3　表面电子结构

表面上的原子因所处的环境与体相中的原子不同，所以通过比较它们与近体
相及体相原子的态密度，可以清楚地了解表面电子结构的变化。图 8 - 19 和图
8 - 20 分别显示了不同原子层的铁原子和硫原子的态密度。由图 8 - 19 可知（Fe
4s 轨道的贡献非常小因此不在图中显示），与体相（Fe12）比较，表面铁原子
（Fe3）的 3d 态在 - 2 eV 处的态密度峰强明显增强，而图 8 - 20 的硫原子态密度也
显示，与体相硫原子相比，表面 S1 原子的 3p 态对 - 2.5 ~ 0 eV 之间的能带的贡
献明显增强，且 - 2 eV 处的态密度峰强明显增强，铁—硫原子的态密度在这里的
重叠增大，表明铁—硫之间的相互作用增强。表面铁—硫原子在 0.8 eV 处的相
互作用也增强了。S5、S7 与 S9 原子的态密度较为相似。

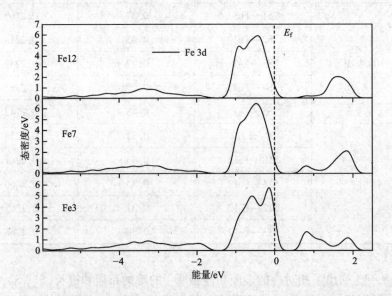

图 8 - 19　黄铁矿表面最外层的铁（Fe3）、次表面铁原子（Fe7）、体相铁原子（Fe12）的态密度

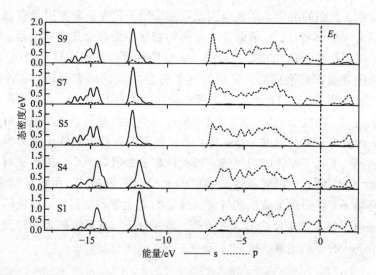

图 8 - 20　黄铁矿表面及体相硫原子态密度

S1 为最外层硫原子, S4 - S7 为次表面层硫原子, S9 为体相硫原子

在浮选实践中,黄铁矿是最容易受到抑制的硫化矿物,特别是在碱性介质中,黄铁矿可浮性最差,这与黄铁矿表面铁原子的活性有关。从图 8 - 19 铁的态密度图可见,黄铁矿表面最外层的铁(Fe3)3d 态主要在费米能级附近,这表明黄铁矿表面最外层的铁原子的活性很大,电子给予体容易与表面铁原子发生吸附,因此在碱性介质中黄铁矿容易和氢氧根离子(电子给予体)发生作用,在表面形成氢氧化铁,从而产生抑制作用。

另一方面,从图 8 - 19 和图 8 - 20 可以看出,与体相比较,表面铁原子(Fe3)和硫原子(S1)的能隙降低了,并且原子态密度明显穿过费米能级(其他的原子的态密度稍微穿过费米能级,是因为 smearing 宽度取值的原因),因此黄铁矿(100)表面具有一些类似金属的特征,这与黄铁矿样品具有光学反射表面的物理外观相一致。

8.5.5　黄铁矿表面结构与可浮性关系

黄铁矿是一种半导体矿物,它的浮选过程涉及电化学反应。传统的电化学理论根据黄铁矿静电位来解释黄药在黄铁矿表面的氧化,即在黄药氧化成双黄药的平衡电位小于黄铁矿的静电位的时候,表面产物为双黄药,反之则不能氧化成双黄药。静电位理论不能描述出电子在黄铁矿表面的转移情况,同时也不能阐述氧在黄铁矿表面的作用,而电子在黄铁矿表面的转移和氧的作用是黄铁矿浮选电化学过程的重要因素。前面的计算结果表明当黄铁矿表面解理后,黄铁矿表面层的导电性增强，表面的电化学活性也因此更强。由于黄铁矿表面层具有金属特征而体相层具有半导体特征，一般而言半导体的费米能级比金属矿物要低，因此电子有从黄铁矿表面层向体相转移的趋势，从而导致黄铁矿表面具有吸电子的能力。当黄药吸附在黄铁矿表面后，黄药的电子将会向黄铁矿表面转移，并向体相传递，氧化成双黄药，这与黄铁矿有电催化能力的实际相符合。当黄铁矿表面只存在黄药的时候，在电子从表面向体相转移过程中会形成肖特基势垒，阻止电子的传递，从而阻碍了黄药的进一步氧化，因此在无氧条件下黄铁矿表面难以形成较多的双黄药，不利于黄铁矿的浮选。当黄铁矿表面吸附氧后，由于氧对电子的亲和能力远大于黄铁矿，因此黄铁矿表面的电子会向氧转移，而不是向体相转移，在这种环境下，就形成了黄铁矿与黄药反应的电化学共轭过程，即黄药在黄铁矿表面失去电子发生阳极反应形成双黄药，而氧分子则从黄铁矿表面得到电子发生阴极反应，从而有利于黄铁矿的浮选。

8.6 硫化矿物表面氧分子吸附作用研究

有色金属硫化矿物浮选是一个电化学过程，矿物表面的氧化对其浮选行为具有决定性的影响，硫化矿物的浮选行为与表面氧化之间存在密切的关系。已经证实捕收剂黄药在硫化矿物表面的吸附是一个电化学反应过程，即：

阳极氧化：$\quad MS + 2X^- + 4H_2O \longrightarrow MX_2 + SO_4^{2-} + 8H^+ + 8e^- \quad\quad$ (8-9)

或 $\quad\quad\quad\quad\quad\quad\quad\quad 2X^- \longrightarrow X_2 + 2e^- \quad\quad\quad\quad\quad\quad\quad$ (8-10)

阴极还原：$\quad\quad\quad\quad\quad O_2 + 2H_2O + 4e^- \longrightarrow 4OH^- \quad\quad\quad\quad$ (8-11)

反应式(8-9)和式(8-10)表明，黄药在硫化矿物表面发生阳极氧化生成金属黄原酸盐或双黄药，反应式(8-11)则表明氧分子在矿物表面发生阴极还原。黄药的阳极氧化与氧分子的阴极还原过程为一对共轭反应，在矿物表面总是同时存在，相互依存。因此，氧分子在硫化矿物表面吸附成为黄药捕收作用的必要条件。另外硫化矿物无捕收剂浮选主要是通过氧化来控制矿物表面产物形成疏水元素硫和亲水硫酸盐，实现矿物的浮选和抑制。因而氧分子在硫化矿物浮选中的作用成为硫化矿物浮选研究中最重要的理论问题之一。

黄铁矿和方铅矿是浮选电化学过程中最具代表性的两种硫化矿物，捕收剂黄药分别在黄铁矿表面和方铅矿表面形成疏水的双黄药和金属黄原酸盐，代表硫化矿物捕收作用的两种典型电化学机制，另一方面，方铅矿具有良好的无捕收剂浮选行为，而黄铁矿则较差。不论是黄药捕收剂浮选还是无捕收剂浮选，都与氧分子在这两种矿物表面的还原密不可分。

8.6.1　黄铁矿和方铅矿表面结构

黄铁矿晶体常呈立方体，晶体的空间对称结构为 $Pa\bar{3}(T_h^6)$，分子式为 FeS_2，属于等轴晶系，每个单胞包含四个 FeS_2 分子，铁原子分布在立方晶胞的 6 个面心及 8 个顶角上，每个铁原子与 6 个相邻的硫原子配位，形成八面体构造，而每个硫原子与 3 个铁原子和一个硫原子配位，形成四面体构造，另外两个硫原子之间形成哑铃状结构，以硫二聚体 (S_2^{2-}) 形式存在，且沿着 <111> 方向排列。常见的解理面为沿铁—硫键断裂的 (100) 面，表面上的铁原子与五个硫原子配位，而最外层硫原子与两个铁原子及一个硫原子配位。方铅矿晶体也常呈立方体，立方面心格子，空间对称结构为 $Fm3m$，分子式为 PbS，属等轴晶系，每个单胞包含四个 PbS 分子，每个硫原子分别与 6 个相邻的铅原子配位而每个铅原子也分别与 6 个相邻的硫原子配位，形成八面体构造。常见的解理面为沿铅—硫键断裂的 (100) 面，表面上的硫原子分别与 5 个铅原子配位，铅原子分别与 5 个硫原子配位。(2×2) 黄铁矿和 (4×2) 方铅矿 (100) 表面层晶模型显示在图 8-21 中。

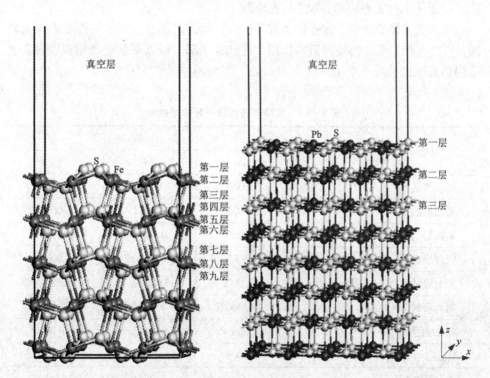

图 8-21　(2×2) 黄铁矿 (100) 表面层晶模型 (a) 和 (4×2) 方铅矿 (100) 表面层晶模型 (b)

8.6.2 黄铁矿和方铅矿表面结构弛豫

计算得到黄铁矿和方铅矿的晶格常数分别为 0.5421 nm 和 0.6018 nm, 分别与实验值 0.5417 nm 和 0.5936 nm 非常接近, 优化后的氧分子中氧—氧键长为 0.1241 nm, 也与实验值 0.1209 nm 非常接近, 表明计算是可靠的。矿物表面解离造成表面原子配位数降低, 表面原子缺少周围原子的束缚因而产生了不同程度的弛豫。表 8-14 和表 8-15 分别列出了表面几层原子的弛豫, 其中负号表明原子沿轴的负方向弛豫, 反之则沿轴正方向弛豫。在黄铁矿表面上, 表面第一层 S 原子向表面内部弛豫; 最明显的弛豫是第二层的表面 Fe 原子, 向内部弛豫了大约 0.01 nm; 第三层中的 S 原子则向表面弛豫。原子仅在顶部三层产生了明显的弛豫, 第四至第六层原子经历了微小的位移, 第七至第九层原子的弛豫可以忽略不计。这与 Rosso 等及 Chaturvedi 等的实验测试结果一致, 也与 Hung 等的计算结果一致。对于方铅矿表面, 第一层的硫原子和铅原子向表面内部弛豫, 而第二层的原子都沿 z 轴方向向表面外部弛豫, 且这一层的硫原子和铅原子弛豫最为明显, 第三层原子都向表面内部弛豫, 且弛豫较小。

表面弛豫计算表明, 黄铁矿和方铅矿表面解理后都发生了不同程度的表面弛豫, 但没有产生明显的表面重构作用, 且仅有顶部三层原子的弛豫略微明显, 更低层的原子的弛豫非常小。

表 8-14 黄铁矿表面原子配位及位移

原子	配位	原子位移/nm		
		Δx	Δy	Δz
第一层的 S	3	0.0060	-0.0062	-0.0035
第三层的 S	4	0.0021	0.0032	0.0093
第四层的 S	4	0.0008	0.0004	0.0003
第六层的 S	4	0.0003	-0.0008	0.0003
第七层的 S	4	-0.0002	0.0000	0.0004
第九层的 S	4	-0.0002	0.0002	-0.0003
第二层的 Fe	5	0.0065	0.0065	-0.0090
第五层的 Fe	6	0.0005	-0.0010	0.0014
第八层的 Fe	6	0	0.0001	0

表 8 – 15　方铅矿表面原子配位及位移

原子	配位	原子位移/nm		
		Δx	Δy	Δz
第一层的 Pb	5	– 0.0001	– 0.0001	– 0.0082
第一层的 S	5	0	0	– 0.0101
第二层的 Pb	6	0	0	0.0102
第二层的 S	6	0.0001	– 0.0003	0.0128
第三层的 Pb	6	– 0.0001	– 0.0001	– 0.0040
第三层的 S	6	0	0	– 0.0060

8.6.3　氧分子在黄铁矿和方铅矿表面的吸附

氧分子在黄铁矿和方铅矿表面的吸附方式见图 8 – 22 和图 8 – 23，各位置的吸附能结果列在表 8 – 16 和表 8 – 17 中。吸附能结果表明，在黄铁矿表面上，氧分子在硫位顶部(top S site)、平行于硫—硫键、垂直于穴位[分别见图 8 – 22(a)、(d)和(e)]吸附时的吸附能较大，而在铁位顶部、平行于铁—硫键和平躺在穴位[分别见图 8 – 22(b)、(c)、(f)和(g)]吸附时的吸附能较低，且以平躺在穴位上以一个氧原子对着顶部硫原子、另一个氧原子对着表面铁原子[见图 8 – 22(g)]时的吸附能最低，表明这种吸附方式最为稳定；在方铅矿表面，除氧分子以平躺于穴位且两个氧原子分别对着两个硫原子[见图 8 – 23(f)]吸附在表面时的吸附能最低，吸附最稳定，而其他吸附方式：硫位顶部、铅位顶部、平行于硫—铅键、平躺在穴位(处于铅原子之间)以及垂直于穴位[分别见图 8 – 23(a)、(b)、(c)、(d)和(e)]，氧分子吸附能较大。

在黄铁矿和方铅矿表面吸附后的氧分子都发生了解离，并分别与表面的原子成键，矿物表面与氧分子发生了反应。从氧分子在两种矿物表面上的最稳定吸附方式可以知道，在黄铁矿表面上，氧原子分别与硫和铁原子键合，而在方铅矿表面上，氧原子只与硫原子键合而未与铅原子键合。氧分子在黄铁矿和方铅矿表面的吸附能分别为 – 2.522 eV[图 8 – 22(g)]和 – 1.191 eV[图 8 – 23(f)]，前者明显低于后者，表明其与黄铁矿表面的相互作用更强，在黄铁矿表面的反应活性更大，这也体现在不同表面吸附后的氧—氧键长和氧—硫键长的区别中。在黄铁矿和方铅矿表面上，氧—氧键长分别为 0.2842 nm 和 0.2698 nm，前者大于后者，表明氧分子在黄铁矿表面的解离更彻底；氧—硫键长分别为 0.1496 nm 和 0.1644 nm，前者明显小于后者，表明氧原子与黄铁矿表面的硫原子之间的键合更为紧密。从以上的分析可以知道，当氧分子吸附后，黄铁矿表面上的硫原子被氧化得更为彻底，即所带正价将更高，这与实际情况相符，即黄铁矿的阳极氧化产物主要硫组分为硫酸盐（SO_4^{2-}），而方铅矿的阳极氧化产物主要硫组分为元素硫（S^0）。这也表明黄铁矿具有较差的无捕收剂浮选特性，而方铅矿具有较好的无捕收剂浮选行为。

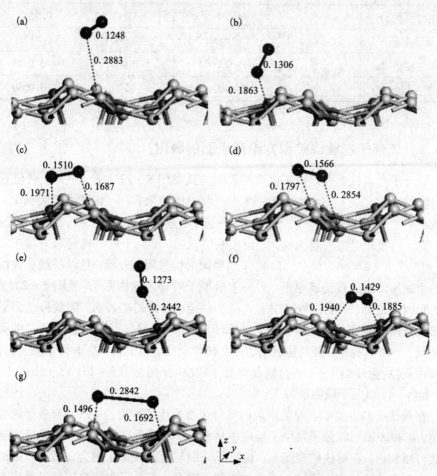

图 8-22　氧分子在黄铁矿（100）面不同位置的平衡吸附构型

(a) 顶位 S；(b) 顶位 Fe；(c) 平行于 Fe—S 键；(d) 平行于 S—S 键；(e) 垂直于穴位；
(f) 平行于两个 Fe 原子之间的穴位以及；(g) 平行于 Fe 与 S 原子之间的穴位

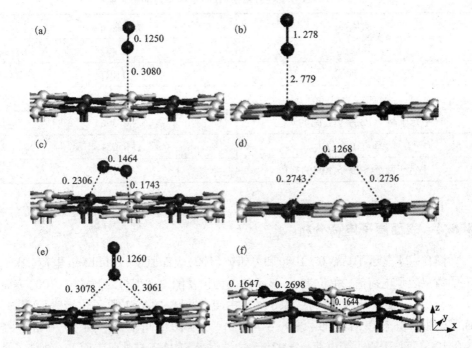

图 8 - 23　氧分子在方铅矿(100)面不同位置的平衡吸附构型

(a)S 顶位；(b)Pb 顶位；(c)平行于 Fe—S 键；

(d)平行于两个 Pb 之间的穴位；(e)垂直于穴位；(f)平行于两个 S 原子之间的穴位

表 8 - 16　氧分子在黄铁矿(100)面的吸附能

吸附位	吸附能/eV
S 顶位	0.311
Fe 顶位	- 1.040
平行于 Fe—S 键	- 0.861
平行于 S—S 键	0.006
垂直于穴位	- 0.469
平行于两个 Fe 原子之间的穴位	- 1.219
平行于 Fe 和 S 原子之间的穴位	- 2.522

表 8 - 17 氧分子在方铅矿(100)面吸附时的吸附能

吸附位	吸附能/eV
S 顶位	-0.407
Pb 顶位	-0.107
平行于 Pb—S 键	0.067
平行于两个 Pb 原子之间的穴位	-0.306
垂直于穴位	-0.084
平行于两个 S 原子之间的穴位	-1.191

8.6.4 表面原子电荷分析

图 8 - 24 显示了黄铁矿(100)和方铅矿(100)表面原子的 Mulliken 电荷,原子上的数字表示电荷值,单位为 e,显示的图为顶视图。在理想的黄铁矿(100)表面上存在硫二聚体和五配位的铁原子,其中硫二聚体中的 S1 原子位于表面顶部,而 S2 原子位于表面底部(图 8 - 24(a))。从图中可看出,S1 原子带电荷 -0.10 e,而 S2 原子带电荷 -0.02 e,这是由于 S1 处于最外层表面上,缺少了一个铁原子与之配位,而 S2 原子是满配位的,不同的环境造成了所带电荷不一样。另外,与铁原子配位的不同方向上的硫原子所带电荷不同,处于表面底部的硫原子(S2 和 S3)所带负电荷少于表面顶部的硫原子(S4 和 S5)。表面铁原子带正电荷 0.08 e。从氧分子吸附后的表面原子电荷[图 8 - 24(b)]可以看出,与氧成键的 S1 和 Fe1 原子失去了较多的电荷给氧原子而分别带正电荷 0.74 e 和 0.36 e,而与 S1 成键的 O1 原子所带负电荷(-0.76 e)远多于与 Fe1 原子成键的 O_2 原子(-0.44 e),表明氧原子从表面硫原子上获得的电荷多于从铁原子上获得的电荷。另外,除与表面顶部 S1 原子配位的硫原子和其余铁原子(除 Fe1)得到少量电荷外,氧分子周围的其余硫原子则失去少量电荷。氧分子吸附对更远处的表面原子的电荷影响较小。

在理想的方铅矿(100)表面上,铅原子带正电荷 0.61 e,而硫原子带负电荷 -0.68 e[图 8 - 24(c)],氧分子吸附后对其周围原子的电荷影响较为明显。分别与氧原子成键的 S1 和 S2 原子所带电荷已从原来的负电荷到吸附氧后略带正电荷(0.07),氧对距离稍远的硫原子电荷影响很小,靠近氧原子的铅原子(Pb1 和 Pb2)失去电荷,而离氧较远的铅原子(Pb3 和 Pb4)则得到极少量的电荷,由原来的 0.61 e 变为 0.58 e。另外,氧分子吸附对表面硫原子的构型产生了较为明显的影响,与氧成键的 S1 和 S2 原子沿着 x 轴被排斥开来。

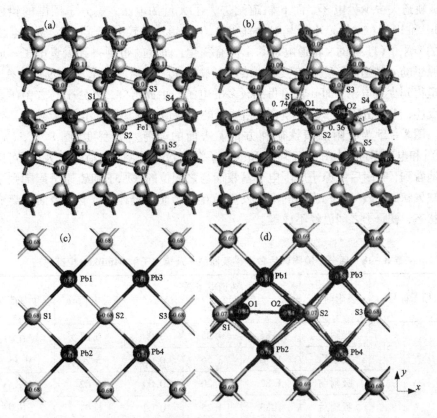

图 8 – 24   氧分子吸附前后氧原子及矿物表面原子的 Mulliken 电荷

(a) O_2 吸附前的黄铁矿表面; (b) O_2 吸附后的黄铁矿表面
(c) O_2 吸附前的方铅矿表面; (d) O_2 吸附后的方铅矿表面

从更详细的原子电荷布居分析可以清楚地知道原子之间的电荷转移情况,
表 8 – 18 和表 8 – 19 分别列出了氧分子在黄铁矿和方铅矿表面吸附前和吸附后的
表面原子及氧原子的电荷布居值。由表 8 – 18 可以知道,氧分子在黄铁矿表面吸
附后,与氧原子成键的 S1 原子(顶部硫)的 s 轨道失去少量电子而 p 轨道却失去
较多电子,离氧稍远处的 S2 和 S3 原子的 s 轨道电子基本没有变化但 p 轨道失去
非常少量的电子;铁原子(Fe1)的 s 轨道电子不变,p 轨道得到非常少量的电子,
而 d 轨道则失去了较多电子;氧原子的 s 轨道电子没有产生变化,与 S1 成键的
O1 原子的 p 轨道比与 Fe1 原子成键的 O2 原子的 p 轨道得到了更多的电子。由此
可知,氧分子与黄铁矿表面的反应,主要由硫原子的 p 轨道、铁原子的 d 轨道和
氧原子的 p 轨道参与。

由表 8 – 19 可以看出,氧分子在方铅矿表面吸附后,与氧成键的硫原子(S2)

的 s 轨道失去少量电子，而 p 轨道则失去了大量的电子；氧分子周围的铅原子（Pb1 和 Pb2）的 s 轨道电子基本没有变化，p 轨道失去较多电子；离氧吸附位置稍远的铅原子（Pb3）的 s 轨道电子基本没有变化，而 p 轨道则得到少量电子。此外铅原子的 d 轨道电子数没有变化，表明 d 轨道电子没有参与氧气的反应。氧的 s 轨道得到少量电子，而 p 轨道得到较多的电子。由此可知，氧分子与方铅矿表面的反应，主要由硫原子的 p 轨道、铅原子的 p 轨道和氧原子的 p 轨道参与。

图 8 - 25 为吸附后黄铁矿和方铅矿表面的电荷差分密度［图 8 - 25（a）和（b）］和电荷密度图［图 8 - 25（c）和（d）］，深背景部分表示电荷密度为 0。可以清楚地看到，吸附后氧原子周围电子富集而与之配位的铁原子和硫原子周围则呈电子缺失状态，氧与矿物表面的原子发生相互作用而成键，而由于在表面解离成单氧状态，氧原子之间已经不成键。

表 8 - 18　氧分子吸附前后黄铁矿表面原子及氧原子的 Mulliken 电荷布居

原子标号		吸附前后	轨道电子数			总电荷/e	净电荷/e
			s	p	d		
黄铁矿	S1	吸附前	1.86	4.25	0.00	6.01	- 0.01
		吸附后	1.70	3.56	0.00	5.26	0.74
	S2	吸附前	1.82	4.20	0.00	6.02	- 0.02
		吸附后	1.83	4.25	0.00	6.07	- 0.07
	S3	吸附前	1.82	4.20	0.00	6.01	- 0.01
		吸附后	1.82	4.16	0.00	5.99	0.01
	Fe1	吸附前	0.34	0.43	7.15	7.92	0.08
		吸附后	0.34	0.48	6.81	7.64	0.36
氧分子	O1	吸附前	1.88	4.12	0.00	6.00	0.00
		吸附后	1.93	4.83	0.00	6.76	- 0.76
	O2	吸附前	1.88	4.12	0.00	6.00	0.00
		吸附后	1.93	4.51	0.00	6.44	- 0.44

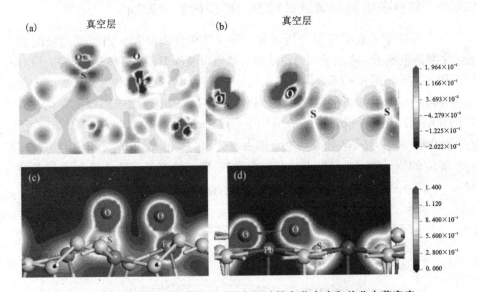

图 8 - 25　氧分子吸附后黄铁矿和方铅矿的电荷密度和差分电荷密度

（a）黄铁矿的差分电荷密度；（b）方铅矿的差分电荷密度；（c）黄铁矿的电荷密度；（d）方铅矿的电荷密度

表 8 - 19　氧分子吸附前后方铅矿表面原子及氧原子的 Mulliken 电荷布居

原子标号		吸附前后	轨道电子数			总电荷/e	净电荷/e
			s	p	d		
黄铁矿	S1	吸附前	1.92	4.76	0.00	6.68	-0.68
		吸附后	1.84	4.09	0.00	5.93	0.07
	Pb1	吸附前	1.99	1.40	10.00	13.39	0.61
		吸附后	2.00	1.19	10.00	13.19	0.81
	Pb2	吸附前	1.99	1.40	10.00	13.39	0.61
		吸附后	2.00	1.22	10.00	13.22	0.78
	Pb3	吸附前	1.99	1.40	10.00	13.39	0.61
		吸附后	1.98	1.44	10.00	13.42	0.58
氧分子	O1	吸附前	1.88	4.12	0.00	6.00	0.00
		吸附后	1.92	4.92	0.00	6.84	-0.84
	O2	吸附前	1.88	4.12	0.00	6	0.00
		吸附后	1.92	4.92	0.00	6.84	-0.84

8.6.5 氧分子吸附对黄铁矿和方铅矿表面态的影响

从前面的原子电荷布居分析可知，氧分子在黄铁矿和方铅矿表面吸附的时候，主要是氧原子、硫原子和铅原子的 p 轨道以及铁原子的 d 轨道参与相互作用，因此图 8-26 和图 8-27 分别给出了氧分子吸附前后黄铁矿和方铅矿表面及表面主要参与反应原子的态密度，并考察主要参与反应的电子轨道态密度变化。氧的外层 p 电子组态为：$(\sigma_{2p_z})^2 (\pi_{2p_x})^2 (\pi_{2p_y})^2 (\pi_{2p_x}^*)^1 (\pi_{2p_y}^*)^1 (\sigma_{2p_z}^*)^0$。如图所示，在 -6.0 eV 和 -4.5 eV 处有一个分别由成键 σ_{2p_z} 态和 $\pi_{2p_x}(\pi_{2p_y})$ 组成的态密度峰（p_x 和 p_y 的原子轨道态密度曲线是重合的）；费米能级处的态密度则由半满的反键 $\pi_{2p_x}^*(\pi_{2p_y}^*)$ 态组成；最后，在约 1.8 eV 处存在一个空反键 $\sigma_{2p_z}^*$ 态。

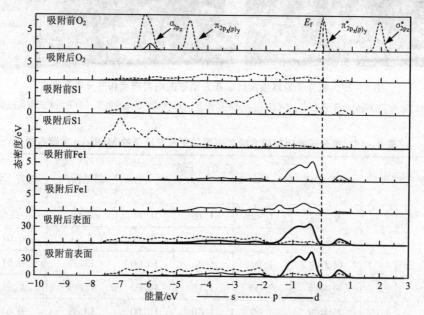

图 8-26 氧分子吸附前后黄铁矿表面原子和氧气态密度

在黄铁矿表面上，与氧成键的硫原子和铁原子的态密度发生了极为明显的变化，而氧气分子本身的态密度也发生了变化，说明氧吸附对矿物表面态产生了明显的影响。费米能级以下 -8~0 eV 能量范围内吸附氧的 p 轨道电子态密度呈连续分布状态，电子非局域性增强；吸附氧后的 S1 原子在费米能级以下 -8~1.50 eV 范围内的 p 电子态密度峰向低能方向移动，而 -1.5~0 eV 的 p 电子态密度明显降低；Fe1 原子的 d 轨道电子对态密度的贡献占主要作用，吸附氧后在 -6~0 eV 范围内形成连续分布，并且 -1.5~0 eV 范围内的 d 电子态密度明显降低。氧吸附对方铅矿表面也产生了明显影响。在费米能级以下 –6 ~ 0 eV 范围内吸附后的氧 p 轨道电子态密度呈连续分布状态，且主要集中在 –5.5 ~ 3.5eV 能量范围内；S2 原子由于吸附氧导致原来处于 –4 ~ 0 eV 范围的连续 p 电子态在 –6 ~ 0 eV 能量范围内形成两个集中态，即集中在 –5 ~ 4 eV 和 –1 ~ 0 eV 能量范围内；Pb1 原子的整体态密度向低能方向移动了较小距离且 p 电子态密度明显降低(d 轨道电子能量非常低，在氧吸附过程中没有参与反应)，–3 ~ 1 eV 能量范围内的 p 电子态由于氧吸附而几乎消失。

　　由态密度图可以看出，在黄铁矿表面上，氧与硫成键的时候，电子主要由硫的 p 轨道向氧的 p 轨道转移，而与铁成键的时候，则主要由铁的 d 轨道电子向氧的 p 轨道转移，形成 d→p 反馈键；在方铅矿表面上，电子主要由硫和铅的 p 轨道向氧的 p 轨道转移，而铅的 d 轨道由于没有参与反应，未能与氧的 p 轨道形成 d→p 反馈键。因氧与铁之间 d→p 反馈键的形成，氧分子在黄铁矿表面的吸附将更为稳定，黄铁矿表面将被氧化得更为彻底，这与吸附能和键长的计算结果一致。

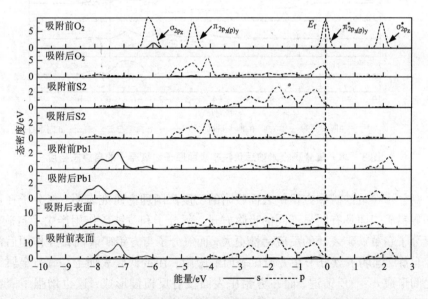

图 8 – 27　氧分子吸附前后方铅矿表面原子和氧气态密度

　　由于铁原子和氧分子都具有磁性，因此需要考虑表面原子的自旋情况。图 8 – 28 和图 8 – 29 分别为氧分子吸附前后的黄铁矿和方铅矿表面原子自旋态密度，图中仅显示了主要参与反应的轨道电子自旋，即 S p、O p、Fe d 和 Pb p 轨道电子，主要考察其在费米能级(E_f)附近的变化。由图 8 – 28 可以看出，氧分子吸附前的铁原子(Fe1)为低自旋态，吸附后产生了自旋，而与铁原子成键的氧原子(O2)也产生了自旋；吸附前后的硫原子(S1)都是低自旋态的，与硫原子成键的氧原子(O1)也为低自旋态。由图8-29可以看出，吸附前后的氧、硫和铅原子都是低自旋态的，没有产生自旋现象。从电子自旋分析可以看出，在黄铁矿表面上的氧和铁原子由于发生相互作用而产生了自旋现象，而在方铅矿表面的氧则没有发生自旋现象，具有磁性的物质之间更容易产生相互吸引，因此氧分子在黄铁矿表面的反应活性将比在方铅矿表面大。

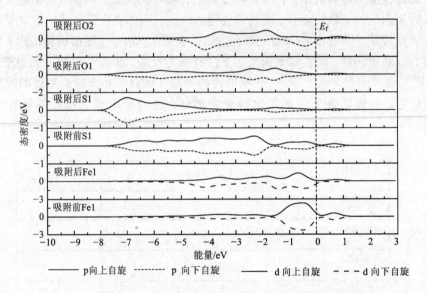

图8-28　氧分子吸附前后黄铁矿表面原子和氧原子的自旋态密度

氧分子在黄铁矿和方铅矿表面吸附的密度泛函理论研究表明，氧分子在黄铁矿和方铅矿表面具有明显不同的吸附方式。氧分子和黄铁矿作用产生了自旋，导致氧分子在黄铁矿表面的反应活性更大，而氧分子与方铅矿表面相互作用后没有产生自旋，削弱了氧分子在方铅矿表面的吸附；在黄铁矿表面上，氧与金属铁原子之间形成d→p反馈键，而在方铅矿表面没有反馈键形成，这也增强了氧在黄铁矿表面的吸附；黄铁矿表面氧化倾向于生成高价硫，氧化更为彻底，而方铅矿表面氧化后倾向于形成低价硫，这与实际检测结果一致，从理论上解释了黄铁矿和方铅矿无捕收剂浮选差异的本质原因。

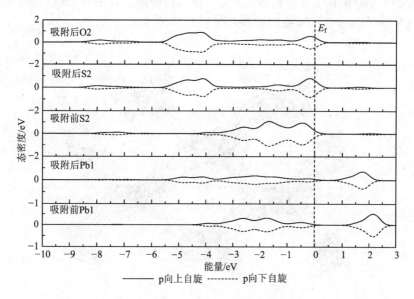

图 8 – 29　氧分子吸附前后方铅矿表面原子和氧原子的自旋态密度

8.7　氰化物分子与闪锌矿表面的作用研究

在含锌多金属硫化矿物的浮选分离中经常会涉及对被铜活化过的闪锌矿的抑制，如铅锌硫分离、铜锌分离等。铜活化后的闪锌矿表面性质会发生显著变化，导致其抑制行为与未活化闪锌矿有较大区别。目前氰化物仍然是闪锌矿最有效的抑制剂，特别是难选铅锌矿物的浮选分离，如广西大厂矿区铅锌硫的浮选分离，氰化物仍然是抑制闪锌矿的唯一有效药剂。CN 的分子轨道中，有两个空的反键轨道，当其与金属离子形成配位键时，金属中堆积的电子可以形成反馈键，填入这两个轨道中使配合物稳定。而 CN 的 C 的亲核性很强，极易对外提供电子。两个原因都使得 CN 易于形成配合物。一般认为氰化物能与闪锌矿表面的金属离子反应生成易溶稳定的配离子。本节采用密度泛函理论模拟了氰化物分子在铜活化闪锌矿表面的吸附过程。

8.7.1　CN 分子与未活化闪锌矿(110)表面的作用

1)吸附构型

CN 分子在未活化闪锌矿(110)表面吸附位如图 8 – 30 所示，Zn1 顶位和 S 顶位分别表示 CN 分子在闪锌矿表面高位锌原子和硫原子上顶位吸附，Zn2 顶位表示 CN 分子在闪锌矿表面低位锌原子上顶位吸附，Zn—S 桥位代表 CN 分子在

Zn—S 键上平行吸附, 穴位代表 CN 分子在穴位吸附。其中在 Zn1 顶位上分别考察了 CN 分子中的 C—Zn 吸附和 N—Zn 吸附两种方式。

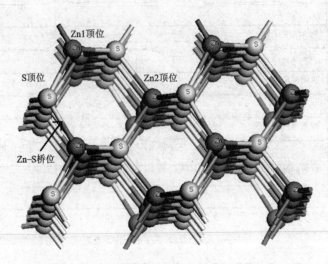

图 8-30 CN 在理想闪锌矿(110)表面吸附位置示意图

表 8-20 CN 在理想闪锌矿(110)表面的吸附能

CN 吸附构型	吸附能$[E_{ads}/(kJ \cdot mol^{-1})]$
C 原子在 Zn1 顶位吸附	-188.16
N 原子在 Zn1 顶位吸附	-169.82
C 原子在 S1 顶位吸附	-126.40
C 原子在 Zn2 顶位吸附	-179.47
Zn—S 桥位	-124.47
穴位	-190.09

由表 8-20 中结果可知, CN 分子在这些位置上的吸附能都为负值, 说明理想闪锌矿(110)表面可以与 CN 分子发生吸附作用。从吸附能的数值可知, CN 分子比较容易吸附在闪锌矿表面, 其中 CN 分子在闪锌矿(110)表面的穴位吸附能最低, 说明 CN 分子中的 C 原子和 N 原子分别与两个 Zn 原子键合的吸附构型最稳定。CN 分子在理想闪锌矿(110)表面穴位吸附后的平衡构型如图 8-31 所示。

2)态密度分析

图 8-32 是理想闪锌矿(110)表面第一层吸附前后及 CN 分子吸附前后的态密度。由图可知, 理想闪锌矿(110)表面的态密度在吸附 CN 分子后发生了较大

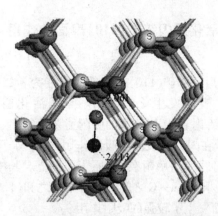

图 8 - 31　CN 分子在理想闪锌矿(110)表面吸附后的平衡构型

改变。硫原子的 3p 轨道向高能级方向移动，并且在费米能级处有一个峰值，这是 N 原子的 2p 轨道和 C 原子的 2p 轨道共同组成的。锌原子的 3d 轨道也向高能级方向偏移，且锌原子 3d 轨道的分布变宽，局域性减弱。CN 分子吸附前后的态密度也产生了较明显的变化。费米能级处的 N 原子 2s 和 S 原子 2s 电子态的峰值下降，且都向低能级方向有大幅度的偏移。吸附前，氮原子和硫原子的 2p 轨道构成价带顶，比较局域性较强，吸附后它们都向低能级方向移动，说明氮原子和硫原子都得到了电子。

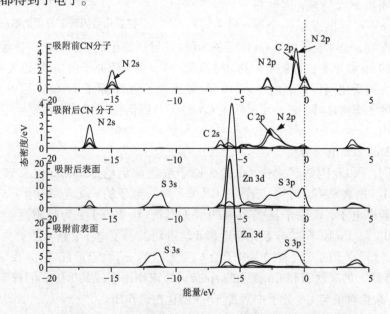

图 8 - 32　CN 分子在理想闪锌矿(110)表面吸附前后的态密度

8.7.2 CN 分子与活化后闪锌矿(110)表面的作用

1)吸附构型

CN 分子在铜活化后闪锌矿(110)表面的吸附能为 -253.77 kJ/mol, 说明 CN 分子在铜活化闪锌矿表面发生化学吸附。与铜活化前的吸附能(-190.09 kJ/mol)比较可知, 铜活化后, CN 分子的吸附能要负得多, 说明表面铜原子的存在大大增强了 CN 分子在闪锌矿表面的吸附作用。CN 分子在铜活化闪锌矿表面的吸附方式是通过 C 原子垂直吸附在 Cu 原子顶位上。其中 C 原子和 Cu 原子间的吸附距离(1.831 Å)小于 Cu—C 之间的共价半径之和(1.940 Å), 说明 CN 分子在铜活化后闪锌矿表面发生了较强的吸附作用。

2)态密度分析

图 8 - 34 是铜活化后闪锌矿(110)表面第一层吸附前后及 CN 分子吸附前后的态密度。由图 8 - 34 可知, 铜活化后闪锌矿(110)表面的态密度在吸附 CN 分子后发生了较大改变。Cu 原子 3d 轨道在费米能级附近的态密度大大消减, 同时在 -3.40 eV 附近出现了一个新

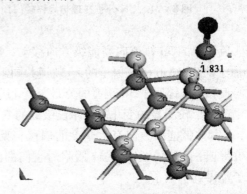

图 8 - 33 CN 分子在活化后闪锌矿表面的吸附构型

的态密度峰, 这可能是由于 Cu 原子的 3d 轨道与 C 原子的 p 轨道作用导致的。而硫原子的 3p 轨道则向高能方向移动了 0.25 eV, 说明硫原子的 3p 轨道失去电子。吸附后在铜活化闪锌矿表面 -16.10 eV 处出现了由 N 原子 2s 和 C 原子 2s 电子态组成的新态密度峰, 进一步证明了 CN 分子与铜活化闪锌矿表面发生了较强的化学作用。

3)Mulliken 电荷分析

CN 分子以及闪锌矿表面 Cu 和 S 原子吸附前后的 Mulliken 电荷布居列于表 8 - 21。由表 8 - 21 可知, 吸附后 CN 分子中 C 原子的 s 轨道失去电子, 而 p 轨道得到较多电子, C 原子从吸附前的带正电荷(0.29 e)变为吸附后带负电荷(-0.10 e)。Cu 原子的 sp 杂化轨道和 d 轨道均失去了电子, 且 d 轨道失去较多的电子。Cu 原子的 d 轨道提供电子给 C 原子空的 π_{2p}^* 轨道形成 d→p 反馈 π 键, 同时, C 原子的 s 轨道和 Cu 原子的 sp 杂化轨道作用形成共价键。闪锌矿表面 S 原子 sp 杂化轨道与 CN 分子中 N 原子 sp 杂化轨道作用。

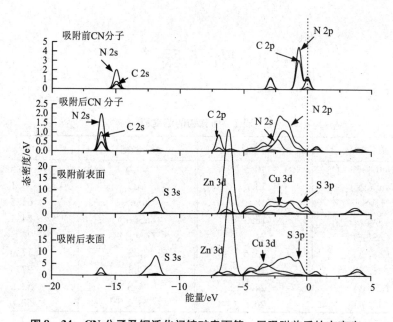

图 8 - 34　CN 分子及铜活化闪锌矿表面第一层吸附前后的态密度

表 8 - 21　CN 分子和铜活化闪锌矿 (110) 表面 Cu 原子和 S 原子吸附前后的 Mulliken 布居

吸附原子			轨道电子数			总电荷/e	净电荷/e
			s	p	d		
CN 分子	C	吸附前	1.34	2.37	0.00	3.71	0.29
		吸附后	1.20	2.90	0.00	4.10	- 0.10
	N	吸附前	1.69	3.6	0.00	5.29	- 0.29
		吸附后	1.73	3.54	0.00	5.27	- 0.27
闪锌矿 表面	Cu	吸附前	0.69	0.51	9.64	10.84	0.16
		吸附后	0.65	0.55	9.52	10.72	0.28
	S	吸附前	1.85	4.58	0.00	6.43	- 0.43
		吸附后	1.87	4.49	0.00	6.36	- 0.36

　　根据以上讨论可知，CN 分子在铜活化闪锌矿表面的吸附形式为：Cu 原子 d 轨道提供电子给 CN 分子中的 C 原子反键 p 轨道，形成反馈 π 键，同时 C 原子的 s 轨道与 Cu 原子的 sp 杂化轨道作用形成共价键；CN 分子中另一个原子 N 的 sp 杂化轨道和闪锌矿表面 S 原子的 sp 杂化轨道之间发生作用。吸附主要是通过 Cu 原子与 C 原子相互作用形成的。

附　录

表1　硫化物的溶度积

硫化物	pK_{sp}	硫化物	pK_{sp}
MnS(粉红)	10.5	Cu_2S	48.5
MnS(绿)	13.5	CuS	36.1
FeS	18.1	$CuFeS_2$	61.5
FeS_2	28.3	ZnS(α)	24.7
CoS(α)	21.3	ZnS(β)	22.5
CoS(β)	25.6	CdS	27.0
NiS(α)	19.4	PbS	27.5
NiS(β)	24.9	HgS	53.5
NiS(γ)	26.6	Ag_3S	50.0

表2　黄药金属盐溶度积

1. 乙黄药金属盐在25℃的水中的溶解度积和黄药离子浓度的指数[1]

金属 M^{n+}	pK_{sp}	pK_{x^-}	文献[2]
Au^+	29.22	14.61	2
Cu^+	19.28	9.64	2
Ag^+	18.1, 18.6	9.1, 9.3	2, 1
Ti^+	7.51	3.76	2
Pb^{2+}	16.1, 16.77	5.5, 5.49	1, 2
Sn^{2+}	约15	约4.9	2
Cd^{2+}	13.59	4.43	2
Co^{2+}	12.25, 13.0	3.98	2
Ni^{2+}	11.85	3.87	2
Zn^{2+}	8.2, 8.31	2.6, 2.67	1, 2
Fe^{2+}	7.1	2.3	2
Bi^{3+}	约30.9	约7.6	2
Sb^{5+}	约24	约5.9	2

注：①溶解度积 $K_{sp}=[M^{n+}][X^-]^n$。而其指数 $pK_{sp}=-lgK_{sp}=p_{KM}+np_{KX^-}$，式中 M^{n+} 为金属离子，X^- 为黄药离子，n 为金属离子之价数。

②1—du Rietz, c. (1953), Chemical Problems in Flotation of Sulfide Ores, Iva24, 257－266。

2—kaovsky, l A, (1957), Physicochemieal properties of some floration reagents and their salts with ions of heavnon－ferrolIs metals, in procedings of 2nd international congress of surface activity, Vol. IV, J. H. Sehulman, ed, butterworths, London, 225－237。

2. 一些烷基黄药金属盐的溶解度积

烷基黄药	Au^+	Ag^+	Cu^+	Hg^+	Zn^{2+}	Cd^{2+}
乙基	6.0×10^{-30}	5×10^{-19}	5.2×10^{-20}	1.7×10^{-38}	4.9×10^{-9}	2.6×10^{-14}
丙基	—	1.9×10^{-20}		1.1×10^{-39}	3.4×10^{-10}	
丁基	4.8×10^{-30}	—	4.7×10^{-20}	1.2×10^{-40}	3.7×10^{-11}	2.08×10^{-16}
戊基	1.03×10^{-31}	1.5×10^{-20}	—	—	1.55×10^{-12}	8.5×10^{-18}
己基	3.5×10^{-32}	3.9×10^{-21}	—		1.25×10^{-13}	9.4×10^{-19}
庚基	1.05×10^{-32}	—	—		1.35×10^{-14}	9.15×10^{-20}
辛基	—	1.38×10^{-22}	8.8×10^{-24}		1.49×10^{-14}	7.2×10^{-22}

表3 一些元素的热力学数据(25℃)

1. 锑(Antimony)

分子式	名称	相态	$\Delta H_f^\ominus$ ($\times 4.184$ kJ)	$S^\ominus$ ($\times 4.184$ J/deg)	$\Delta F_f^\ominus$ ($\times 4.184$ kJ)
Sb		气	60.8	43.06	51.1
Sb	金属	固	0	10.5	0
Sb_2		气	52	60.9	40.0
SbO^+		液			-42.0
SbO_2		液			-65.5
SbO_3		液			-82.5
Sb_3O^-		液			-122.9
Sb_2O_4		固	-193.3		-165.9
Sb_4O_6	方锑矿	固	-336.8	58.8	-298.0
Sb_4O_6	锑华	固			-294.0
Sb_2O_5		固	-234.4	29.9	-200.5
SbH_3		气	34	53	35.3
SbO_2^{2-}		液			-82.5
$HSbO_2$		液			-97.5
SbF_3		固	-217.2	25.2	-199.8
$SbCl_3$		气	-75.2	80.8	-72.3
$SbCl_3$		固	-91.34	44.5	-72.62
SbS_3^{2-}		液			-32.0
Sb_2S_3		非晶形	-36.0	30.3	-32.0
SbS_2^-		液			-13

2. 砷（Arsenic）

| 分子式 | 名称 | 相态 | $\Delta H_f^{\ominus}$ | $S^{\ominus}$ | $\Delta F_f^{\ominus}$ |
			（×4.184 kJ）	（×4.184 J/deg）	（×4.184 kJ）
As		气	60.64	41.62	50.74
As	α、金属	固	0	8.4	0
As	β	非晶形	1.0		
As	γ	固	3.53		
As$_2$		气	29.6	57.3	17.5
As$_4$		气	35.7	69.0	25.2
AsO		气	4.79		
AsO$^+$		液			−39.1
AsO$_2^-$		液			−83.7
AsO$_4^{3-}$		液	−208	−34.6	−152
As$_2$O$_5$		固	−218.6	25.2	−184.6
As$_2$O$_5 \cdot 4$H$_2$O		固	−500.3	62.6	−411.1
As$_4$O$_6$	八面	固	−313.94	51.2	−275.36
AsH$_3$	晶体	气	41.0	52	42.0
HAsO$_4^{2-}$		液	−214.8	0.9	−169
H$_2$AsO$_3^-$		液	−170.3		−140.4
H$_2$AsO$_4^-$		液	−216.2	28	−178.9
H$_3$AsO$_3$		液	−177.3	47.0	−152.9
H$_3$AsO$_4$		液	−214.8	49.3	−1838
AsF$_3$		气	−218.3	69.08	−214.7
AsCl$_3$		气	−71.5	78.2	−68.5
As$_2$S$_2$		气	−4.22		
As$_2$S$_2$		固	−31.9	32.9	−32.15
As$_2$S$_3$		固	−35.0	26.8	−32.46

3. 铋（Bismuth）

| 分子式 | 名称 | 相态 | $\Delta H_f^{\ominus}$ | $S^{\ominus}$ | $\Delta F_f^{\ominus}$ |
			（×4.184 kJ）	（×4.184 J/deg）	（×4.184 kJ）
Bi		气	49.7	44.67	40.4
Bi	金属	固	0	13.6	0
Bi$_2$		气	59.4	65.4	48.0
BiO		固	−49.85	17	−43.5
Bi^{3+}		液			14.83
BiO$^+$		液			−34.54
BiOH^{2+}		液			−39.13
Bi$_3$O$_3$		固	−137.9	36.2	−118.7
Bi$_2$O$_4$		固			−109.0

续上表

分子式	名称	相态	$\Delta H_f^{\ominus}$ ($\times 4.184$ kJ)	$S^{\ominus}$ ($\times 4.184$ J/deg)	$\Delta F_f^{\ominus}$ ($\times 4.184$ kJ)
Bi_2O_5		固			-91.57
Bi_4O_7		固			-232.75
$BiOOH$		气			-88.4
$Bi(OH)_3$	无定形晶体		-169.6	24.6	-137
$BiCl$		气	10.7	58.9	5.2
$BiCl_3$		气	-64.7	85.3	-62.2
$BiCl_3$		固	-90.61	45.3	-76.23
$BiOCl$		固	-87.3	20.6	-77.0
$BiBr$		气	12.7	61.6	3.8
BiI		气	16	63.4	11
$BiCl_4^-$		液			-114.2
Bi_2S_3		固	-43.8	35.3	-39.4
BiH_3		气			55.34

4. 镉(Cadmium)

分子式	名称	相态	$\Delta H_f^{\ominus}$ ($\times 4.184$ kJ)	$S^{\ominus}$ ($\times 4.184$ J/deg)	$\Delta F_f^{\ominus}$ ($\times 4.184$ kJ)
Cd	α 金属	固	0	12.3	0
Cd	γ	固			0.140
Cd^{2+}		液	-17.3	-14.6	-18.58
CdO	立方晶体	固	-60.86	13.1	-53.79
$Cd(OH)_2$		固	-133.26	22.8	-112.46
$HCdO_2^-$		液			-86.5
CdF_2		固	-164.9	27	-154.8
$CdCl_2$		固	-932.00	28.3	-81.88
$CdCl^+$		液		5.6	-51.8
$CdCl_2$	非离子态	液		17.0	-84.3
$CdBr_2$		固	-75.15	31.9	-70.14
$CdCl_3$		液		50.7	-115.9
CdS		固	-34.5	17.0	-33.6
$CdSO_4$		固	-221.36	32.8	-195.99
$CdSO_4 \cdot H_2O$		固	-294.37	41.1	-254.84
$CdCO_3$		固	-178.7	25.2	-160.2
$Cd(NH_3)_4^{2+}$		液			-53.73
$Cd(CN)_4^{2-}$		液			111

5. 碳

分子式	名称	相态	$\Delta H_f^{\ominus}$ (×4.184 kJ)	$S^{\ominus}$ (×4.184 J/deg)	$\Delta F_f^{\ominus}$ (×4.184 kJ)
C	金刚石	固	0.4532	0.5829	0.6850
C	石墨	固	0	1.3609	0
CO		气	−26.4157	47.301	−32.8079
CO_2		气	−94.0518	51.061	−94.2598
CO_2		液	−98.69	29.0	−92.31
CH_4		气	−17.889	44.50	−12.140
C_2H_2		气	54.194	47.997	50.000
H_2CO_3		液	−167.0	45.7	−149.00
HCO_3^-		液	−165.18	22.7	−140.31
CO_3^{2-}		液	−161.63	−12.7	−126.22
COS		气	−32.80	55.34	−40.45
CS_2		气	27.54	56.84	15.55
CF_4		气	−162.5	62.7	−151.8
$H_2C_2O_4$		液	−195.57		−166.8
$HC_2O_4^-$		液	−195.7		−165.12
$C_2O_4^{2-}$		液	−58.77	10.6	−159.4
CH_3OH		液		31.6	−41.88
HCHO		液			−31.0

6. 氯(Chlorine)

分子式	名称	相态	$\Delta H_f^{\ominus}$ (×4.184 kJ)	$S^{\ominus}$ (×4.184 J/deg)	$\Delta F_f^{\ominus}$ (×4.184 kJ)
Cl^-		液	−40.023	13.17	−31.350
Cl_2		气	0	53.286	0
Cl_2		液			1.65
HCl		气	−22.063	44.617	−22.769
HCl		液	−40.023	13.16	−31.350
HClO		液	−27.83	31	−19.110
ClO^-		液		10.0	−8.9
$HClO_2$		液	−13.68	42	0.07
ClO_2^-		液	−17.18	24.1	2.74
$HClO_3$		液	−23.50	39.0	−0.62
ClO_3^-		液	−23.50	39.0	−0.62
$HClO_4$		液	−31.41	43.2	−2.47
ClO_4^-		液	−31.41	43.5	−2.57

7. 钴(Cobalt)

分子式	名称	相态	$\Delta H_f^{\ominus}$ (×4.184 kJ)	$S^{\ominus}$ (×4.184 J/deg)	$\Delta F_f^{\ominus}$ (×4.184 kJ)
Co	金属	固	0	6.8	0
Co^{2+}		液	-14.2	-27	-12.8
Co^{3+}		液			28.9
CoO		固	-55.2	10.5	-49.0
CoO_2		固			-51.84
Co_3O_4		固			-167.8
$Co(OH)_2$		固	-129.3	19.6	-109.0
$Co(OH)_3$		固	-174.6	20	-19.8
CoS	α 晶体	固	-19.3	16.1	-142.6
Co_2S_3		固	-47.0		
$CoSO_4$		固	-205.5	27.1	-180.1
$CoCO_3$		固			-155.57
$Co(NO_3)_2$		固			-55.1
$HCoO_2$		液			-82.97

8. 铜(Copper)

分子式	名称	相态	$\Delta H_f^{\ominus}$ (×4.184 kJ)	$S^{\ominus}$ (×4.184 J/deg)	$\Delta F_f^{\ominus}$ (×4.184 kJ)
Cu	金属	固	0	7.96	0
Cu^+		液	12.4	-6.3	12
Cu^{2+}		液	15.39	-23.6	15.53
CuO		固	-37.0	10.4	-30.4
$HCuO_2^-$		液			-61.42
CuO_2^{2-}		液			-43.3
Cu_2O		固	-39.84	24.1	-34.98
$Cu(OH)_2$		固	-106.1	19	-85.3
CuS		固	-11.6	15.9	-11.7
Cu_2S		固	-19.0	28.9	-20.6
Cu_2SO_4		固	-179.2	43.6	-156
$CuSO_4$		固	-184.00	27.1	-158.2
$CuSO_4 \cdot H_2O$		固	-259.00	35.8	-219.2
$CuSO_4 \cdot 3H_2O$		固	-402.27	53.8	-334.6
$CuSO_4 \cdot 5H_2O$	胆矾	固	-544.45	73.0	-449.3
CuSe		固	-6.6	22.2	-7.9
$Cu_2(OH)_2CO_3$	孔雀石	固			-216.44
$Cu_3(OH)_2(CO_3)$	蓝铜矿	固			-345.8
$Cu_4(OH)_6SO_4$	水胆矾	固			-434.62

续上表

分子式	名称	相态	$\Delta H_f^{\ominus}$ ($\times 4.184$ kJ)	$S^{\ominus}$ ($\times 4.184$ J/deg)	$\Delta F_f^{\ominus}$ ($\times 4.184$ kJ)
$Cu_4(OH)_6SO_4 \cdot 1.3H_2O$	Langite	固			-505.5
$Cu_3(OH)_4SO_4$	非离子	固			-345.5
$CuCO_3$		液			-119.9
$Cu(CO_3)_2^{2-}$		液			-250.5
$CuCl$		固	-32.2	21.9	-28.4
$CuCO_3$		固	-142.2	21	-123.8
$CuCl_2$		固	-52.3	26.8	-42

9. 金(Gold)

分子式	名称	相态	$\Delta H_f^{\ominus}$ ($\times 4.184$ kJ)	$S^{\ominus}$ ($\times 4.184$ J/deg)	$\Delta F_f^{\ominus}$ ($\times 4.184$ kJ)
Au	金属	固	0	11.4	0
Au^+		液			39.0
Au^{3+}		液			103.6
AuO_2		固			48.0
Au_2O_3		固	19.3	30	39.0
$H_2AuO_3^-$		液			-45.8
$HAuO_3^{2-}$		液			-27.6
AuO_3^{3+}		液			-5.8
$Au(OH)_3$		固	-100.0	29	-69.3

10. 氢(Hydrogen)

分子式	名称	相态	$\Delta H_f^{\ominus}$ ($\times 4.184$ kJ)	$S^{\ominus}$ ($\times 4.184$ J/deg)	$\Delta F_f^{\ominus}$ ($\times 4.184$ kJ)
H^+		液	0	0	0
H_2		气	0	31.211	0

11. 铁(Iron)

分子式	名称	相态	$\Delta H_f^{\ominus}$ (×4.184 kJ)	$S^{\ominus}$ (×4.184 J/deg)	$\Delta F_f^{\ominus}$ (×4.184 kJ)
Fe		固	0	0.4	0
Fe^{2+}		液	−21.0	−27.1	−20.30
Fe^{3+}		液	−11.4	−70.1	−2.52
Fe_2O_3	赤铁矿	固	−196.5	21.5	−177.1
Fe_3O_4	磁铁矿	固	−267.0	35.0	−242.4
$Fe(OH)^{2+}$		液	−67.4	−23.2	−55.91
$Fe(OH)_2$		固	−135.8	19	−115.57
$Fe(OH)^{2+}$		液			−106.2
$Fe(OH)_3$		固	−197.0	23	−166.0
$FeCl^{2+}$		液	−42.9	−22	−35.9
FeO_2H^-		液			−90.6
FeS		固	−22.72	16.1	−23.32
FeS_2	黄铁矿	固			−36.00
$FePO_4$		固	−299.6	22.4	−272
$FeCO_3$	菱铁矿	固	−178.70	22.2	−161.06
$FeSiO_3$		固	−276	20.9	−257
Fe_2SiO_4		固	−343.7	35.4	−319.8
$FeMoO_4$		固	−257.5	33.4	−234.8
$FeWO_4$		固	−274.1	35.4	−250.4
$FeSO_4$		固	−220.5	27.6	−198.3
$FeCl_3$		固	−96.8	31.1	−80.4
FeO_4^{2-}		液			−111

12. 氧(Oxygen)

分子式	名称	相态	$\Delta H_f^{\ominus}$ (×4.184 kJ)	$S^{\ominus}$ (×4.184 J/deg)	$\Delta F_f^{\ominus}$ (×4.184 kJ)
O_2		气	0	49.003	0
OH^-		液	−54.957	−2.519	−37.595
H_2O		气	−57.7979	45.106	−54.6357
H_2O		液	−68.3174	16.716	−56.90
H_2O_2		液	−45.68		−31.470
O_2		液		13.0	
HO_2^-		液			−15.610

13. 铅（Lead）

分子式	名称	相态	$\Delta H_f^\ominus$ (×4.184 kJ)	$S^\ominus$ (×4.184 J/deg)	$\Delta F_f^\ominus$ (×4.184 kJ)
Pb	金属	固	0	15.51	0
Pb^{2+}		液	0.39	5.1	-5.81
Pb^{4+}		液			72.3
PbO	红	固	-52.40	16.2	-45.25
PbO	黄	固	-52.07	16.6	-45.05
$HPbO_2^-$		液			-81.0
PbO_3^{2-}		液			-66.34
PbO_4^{4-}		液			-67.42
$Pb(OH)_2$		固	-123.0	21	-100.6
PbO_2		固	-66.12	18.3	-52.34
Pb_3O_4		固	-175.6	50.5	-147.6
$PbCl_2$		固	-85.85	32.6	-75.04
PbS		固	-22.54	21.8	-22.15
PbS_2O_3		固	-150.1	35.4	-134.0
$PbSO_4$		固	-219.50	35.2	-193.89
$PbSO_4 \cdot PbO$		固	-282.5	48.7	-258.9
$PbCO_3$		固	-167.3	31.1	-149.7
$PbO \cdot PbCO_3$		固	-220.0	48.5	-195.6

14. 锰（Manganese）

分子式	名称	相态	$\Delta H_f^\ominus$ (×4.184 kJ)	$S^\ominus$ (×4.184 J/deg)	$\Delta F_f^\ominus$ (×4.184 kJ)
Mn		固	0	7.59	0
Mn		固	0.37	7.72	0.33
Mn^{2+}		液	-53.3	-20	-54.4
MnO		固	-92.0	14.4	-86.8
$HMnO_2^-$		液			-120.9
MnO_2		固	-124.2	12.7	-111.1
MnS		固	-48.8	18.7	-49.9
$MnCO_3$		固	-213.9	20.5	-195.4
MnO_4^-		液	129.7	45.4	-107.4
MnO_4^{2-}		液			120.4
Mn_2O_3		固	-232.1	22.1	-212.3
$Mn(OH)_3$		固			-147.34
$Mn(OH)_8$		固	-212	23.8	-181
M_6SiO_3		固	-302.5	21.3	-283.3

15. 汞(Mercury)

分子式	名称	相态	$\Delta H_f^{\ominus}$ (×4.184 kJ)	$S^{\ominus}$ (×4.184 J/deg)	$\Delta F_f^{\ominus}$ (×4.184 kJ)
Hg	金属	液	0	18.5	0
Hg^{2+}		液	41.59	-5.4	39.38
Hg^{2+}		液			36.35
HgO	红	固	-21.68	17.2	-13.990
HgO	黄	固	-21.56	17.5	-13.959
$Hg(OH)_2$		液			-85.70
$HHgO_2^-$		液			-45.42
HgS	红	固	-13.90	18.6	-11.67
HgS	黑	固	-12.90	19.9	-11.05
HgS_2^{2-}		液			11.6
$HgSO_4$		固	-168.3	32.6	-141.0
Hg_2SO_4		固	-177.34	47.98	-149.12
Hg_2CO_3		固			-105.8
HgH		气	58.06	52.42	52.60
Hg		气	14.54	41.80	7.59

16. 钼(Molybdenum)

分子式	名称	相态	$\Delta H_f^{\ominus}$ (×4.184 kJ)	$S^{\ominus}$ (×4.184 J/deg)	$\Delta F_f^{\ominus}$ (×4.184 kJ)
Mo	金属	固	0	6.83	0
Mo^{3+}		液			-138
$HMoO_4^-$		液			-213.6
MoO_2		固			-120.0
MoO_3		固	-180.33	18.68	-161.95
MoO_4		液	-173.5	40.0	-154
MoO_4^{2-}		液			-205.42
H_2MoO_4		液			-227
MoS_2		固	-55.5	15.1	-53.8
MoS_3		固	-61.2	18	-57.6
$MoO_3 \cdot H_2O$		固			-283.69

17. 镍(Nickel)

分子式	名称	相态	$\Delta H_f^{\ominus}$ ($\times 4.184$ kJ)	$S^{\ominus}$ ($\times 4.184$ J/deg)	$\Delta F_f^{\ominus}$ ($\times 4.184$ kJ)
Ni	金属	固	0	7.20	0
Ni^{2+}		液	-15.3		-11.53
$HNiO_2^-$		液			-83.46
NiO_2		固			-47.5
$NiO_2 \cdot 2H_2O$		固			-164.8
$Ni_3O_4 \cdot 2H_2O$		固			-283.53
$Ni_2O_3 \cdot H_2O$		固			-169.96
$Ni(OH)_2$		固	-128.6	19	-108.3
$NI(OH)_3$		固	-162.1	19.5	-129.5
NiS	α	固			-17.7
NiS	γ	固			-27.3
NiO		固			-51.3
$NiSO_4$		固	-213.0	18.6	-184.9
$NiSO_4 \cdot 6H_2O$	绿色	固	-644.98		
$NiSO_4 \cdot 6H_2O$	蓝色	固	-642.5	73.1	-531.0
$NiCO_3$		固	-158.9	21.9	-147.0

18. 银(Silver)

分子式	名称	相态	$\Delta H_f^{\ominus}$ ($\times 4.184$ kJ)	$S^{\ominus}$ ($\times 4.184$ J/deg)	$\Delta F_f^{\ominus}$ ($\times 4.184$ kJ)
Ag	金属	固	0	10.206	0
Ag^+		液	25.31	17.67	18.430
Ag^{2+}		液			64.1
AgO^+		液			53.9
AgO		液			-5.49
Ag_2O		固	-7.306	29.09	-2.586
AgO		固	-6.0		2.6
Ag_2O_3		固			20.8
AgCl		固	-30.362	22.97	-26.224
AgBr		固	-23.78	25.60	-22.930
AgI		固	-14.91	27.3	-15.85
Ag_2S		固	-7.60	34.8	-9.62
Ag_2S		固	-7.01	35.9	-9.36
Ag_2SO_4		固	-170.50	47.8	-147.17
AgOH		固			-21.98
$Ag(S_2O_3)_2^{3-}$		液	-285.5		-247.6
$Ag(SO_3)_2^{3-}$		液			-225.4
$Ag(NH_3)_2^+$		液	-26.724	57.8	-4.16
$Ag(CN)_3$		液	65.4	49.0	72.05

19. 硫(Sulfur)

分子式	名 称	相 态	$\Delta H_f^\ominus$ ($\times 4.184$ kJ)	$S^\ominus$ ($\times 4.184$ J/deg)	$\Delta F_f^\ominus$ ($\times 4.184$ kJ)
S		固	0	7.62	0
S		气	53.25	40.085	43.57
S^{2-}		液			21.96
S_2		气	29.86		19.13
S_2^{2-}		液			19.75
S_3^{3-}		液			17.97
S_4^{2-}		液			16.61
S_5^{2-}		液			15.69
SO_2		气	-70.96	59.40	-71.79
SO_3		气	94.45	61.24	-88.52
SO_3^{2-}		液	-151.9	-7	-116.1
SO_4^{2-}		液	-216.90	4.1	-177.34
$S_2O_3^{2-}$		液	-154	29	-127.2
$S_2O_4^{2-}$		液	-164	57	-138
$S_2O_5^{2-}$		液	-232	25	-189
$S_2O_6^{2-}$		液	-280.4	30	-231
$S_2O_8^{2-}$		液	-324.3	35	-262
$S_3O_6^{2-}$		液	-279	33	-229
$S_4O_6^{2-}$		液	-290	62	-246.3
$S_5O_6^{2-}$		液	-281	40	-228.5
HS^-		液	-4.22	14.6	3.01
H_2S		气	-4.815	49.15	-7.892
H_2S		液	-9.4	29.2	-6.54
HSO_3^-		液	-150.09	31.64	-126.03
HSO_4^-		液	-211.70	30.32	-179.94
H_2SO_3		液	-145.5	56	-128.59
H_2SO_4		液	-216.90	4.1	-177.34
$HS_2O_4^-$		液			-141.4
$H_2S_2O_4$		液	-164		-140.4
$H_2S_2O_3$		液	-224.3	35	-262
$H_2S_2O_3$		液			-129.9
$HS_2O_3^-$		液			-129.5
SO		气	19.02	53.04	12.78

238 / 硫化矿物浮选电化学

20. 锌（Zinc）

| 分子式 | 名称 | 相态 | $\Delta H_f^{\ominus}$ | $S^{\ominus}$ | $\Delta F_f^{\ominus}$ |
			（×4.184 kJ）	（×4.184 J/deg）	（×4.184 kJ）
Zn	金属	固	0	9.95	0
Zn^{2+}		液	−36.43	−25.45	−35.184
ZnO		固			−76.83
ZnO_2^{2-}		液			−93.03
$Zn(NH_3)_4^{2+}$		液			−73.5
$Zn(OH)^+$		液			−78.7
$Zn(OH)_2$		固			−133.63
$Zn(OH)_2$	γ,白色	固			−133.31
$Zn(OH)_2$	β	固			−133.13
$Zn(OH)_2$	γ	固			−131.93
$Zn(OH)_2$		不定形晶体			−131.85
ZnO	（活性）	固			−75.69
ZnS	闪锌矿	固	−48.5	13.8	−47.4
ZnS	纤锌矿	固	−45.3	13.8	−44.2
$ZnSO_4$		固	−233.88	29.8	−208.31
$ZnSO_4 \cdot H_2O$		固	−310.6	34.9	−269.9
$ZnSO_4 \cdot 6H_2O$		固	−663.6	86.8	−555.0
$ZnSO_4 \cdot 7H_2O$		固	−735.1	92.4	−611.9
ZnSe		固	−34	22.3	−34.7
$ZnSiO_3$		固	−294.6	21.4	−274.8
$ZnCO_3$		固	−194.2	19.7	−174.8
$HZnO_2^-$		液			−110.9
$ZnCl_2$		固	−99.40	25.9	−88.255
ZnBr		液	−78.17	32.84	−74.412

参考文献

[1] 郭鹤桐, 刘淑兰. 理论电化学[M]. 北京: 宇航出版社, 1984.

[2] 田昭武. 电化学研究方法[M]. 北京: 科学出版社, 1984.

[3] Somasundaran P, Moudgil(eds) B M. Reagents in Mineral Technology, Surfactant Science Series [M]. Volume 27, Published by Marcel Dekker, Inc., New York and Basel, 1988.

[4] Vijh A K. Electrochemistry of Metals and Semiconductors [M]. Marcel Dekker Inc., New York, 1973.

[5] Souto González – García R M, Bastos A C, Simöes A M. Investigating Corrosion Processes in the Micrometric Range: A SVET Study of the Galvanic Corrosion of Zinc Coupled with Iron[J]. Corrosion Science, 2007, 49(12): 4568 – 4580.

[6] Fuerstenau M C (Ed.). A. M. Gaudin Memorial Volume, Flotation [M]. New York: American Institute of Mining, Metallurgical and Petroleum Engineers, Inc.,1976.

[7] Sutherland K L, Wark J W. Principles of Flotation[M]. Melbourne: Australian Institute of Mining and Metallurgy, 1955.

[8] Jones M H Woodcock J T (Eds.). Principles of Mineral Flotation, The Wark Symposium[M]. Melbourne: Australasian Institute of Mining and Metallurgy, 1984.

[9] Garrels R M, Christ C L. Solutions, Minerals and Equilibria [M]. New York: Harper and Row, 1965.

[10] Clifford R K, Purdy K L, Miller J D. Mineral Chemistry of Metal Sulfides[M]. Cambridge: Cambridge University Press,1978.

[11] Richardson P E, Srinivasan S, Woods R (Eds.). Proceedings of the International Symposium on Electrochemistry in Mineral and Metal Processing [M]. Pennington: The Electrochemical Soc. Inc., 1984.

[12] 格列姆博茨基 B A. 浮选过程物理化学基础[M]. 北京: 冶金工业出版社, 1985.

[13] 冯其明. 硫化矿物浮选矿浆电化学理论及工艺研究[D]. 中南大学博士论文, 1990.

[14] 陈荩, 冯其明, 李世锟. 方铅矿无捕收剂浮选行为的研究[J]. 有色金属(季刊), 1986, 2: 93 – 99.

[15] 冯其明, 陈荩, 李世锟. 方铅矿表面上元素硫的作用与行为[J]. 有色金属(季刊), 1987, 2: 42 – 46.

[16] 李晓东, 童金堂, 严再春, 曾少雄. 钼铋无捕收剂等可浮选的生产实践[J]. 有色金属(选矿部分), 1991(2): 1 – 5.

[17] 孙水裕, 李柏淡, 吉干芳. 硫化铜矿石低量捕收剂和无捕收剂浮选新工艺的研究[J]. 矿冶工程, 1990, 2: 33 – 35.

[18] Salamy S G, Nixon J C. Reaction between a Mercury Surface and some Flotation Reagents: And Electrochemical Study. I. Polarization Curves[J]. Australian Journal of Chemistry, 1954, (7) (2): 146 –156.

[19] Fuerstenau M C, Sabacky B J. On the Natural Floatability of Sulfides[J]. International Journal of Mineral Processing, 1981, 3(8): 79 –84.

[20] Hayes R A. 硫化矿物无捕收剂浮选[J]. 国外金属矿选矿, 1989, 9: 19 –44.

[21] Woods R. 硫化矿物浮选的电化学[J]. 国外金属矿选矿, 1993, 4: 1 –18.

[22] 孙水裕, 李柏淡, 王淀佐. 硫化矿物浮选抑制的电化学研究[J]. 有色矿冶, 1990, 2: 16 –18.

[23] 陈建华, 冯其明, 卢毅屏. 电化学调控浮选能带模型及应用(Ⅰ)——半导体能带理论及模型[J]. 中国有色金属学报, 2000, 10(2): 240 –244.

[24] 陈建华, 冯其明, 卢毅屏. 电化学调控浮选能带理论及应用(Ⅱ)——黄药与硫化矿物作用能带模型[J]. 中国有色金属学报, 2000, 10(3): 426.

[25] 陈建华, 冯其明, 卢毅屏. 电化学调控浮选能带理论及应用(Ⅲ)——有机抑制剂对硫化矿物能带结构的影响[J]. 中国有色金属学报, 2000, 10(4): 529.

[26] 李柏淡, 陈建华, 王会祥. 研究矿物电极电位对接触角影响的简便方法[J]. 中国有色金属学报, 1997, 7(2): 27 –29.

[27] 陈万雄, 杨家红. 毒砂和黄铁矿浮选分离技术和原理[J]. 湖南有色金属, 1997 (7): 210 –221.

[28] 李海红, 王淀佐, 黄开国. 黄铜矿、黄铁矿电化学调控浮选分离与机理研究[J]. 北京矿冶研究总院学报, 1993, 3: 30 –36.

[29] 冯其明. 硫化矿物矿浆体系中的电偶腐蚀及对浮选的影响(Ⅰ): 国外金属矿选矿[J]. 1999(9): 2 –4.

[30] 冯其明. 硫化矿物矿浆体系中的电偶腐蚀及对浮选的影响(Ⅱ): 电偶腐蚀对磨矿介质损耗及硫化矿物浮选的影响[J]. 国外金属矿选矿, 1999(9): 5 –8.

[31] Guozhi Huang, Stephen Grano. Galvanic Interaction between Grinding Media and Arsenopyrite and its Effect on Flotation: Part I. Quantifying Galvanic Interaction during Grinding[J]. International Journal of Mineral Processing, 2006, 78: 182 –197.

[32] Huang G, Grano S. Galvanic Interaction of Grinding Media with Pyrite and its Effect on Flotation[J]. Minerals Engineering, 2005, 18: 1152 –1163.

[33] Urbano G, Melendez A M, Reyes V E, Veloz M A, Gonzalez I. Galvanic Interaction between Galena-sphalerite and their Reactivity[J]. International Journal of Mineral Processing, 2007, 82: 148 –155.

[34] Ekmekci Z, Demirel H. Effects of Galvanic Interaction on Collectorless Flotation Behavior of Chalcopyrite and Pyrite[J]. International Journal of Mineral Processing, 1997, 52: 21 –48.

[35] Holmes P R, Crundwell F K. Kinetic Aspects of Galvanic Interactions between Minerals During Dissolution[J]. Hydrometallurgy, 1995, 39: 353 –375.

[36] Pecina-Trevino E T, Uribe-Salas A, Nava-Alonso F. Effect of Dissolved Oxygen and Galvanic

Contact on the Floatability of Galena and Pyrite with Aeropine 3418A [J]. Minerals Engineering. 2003, 16: 359－367.

[37] Ye Chen, Jianhua Chen. The First-principle Study of the Effect of Lattice Impurity on Adsorption of CN on Sphalerite Surface[J]. Minerals Engineering, 2010, 23: 676－684.

[38] Jianhua Chen, Ye Chen. A First-principle Study of the Effect of Vacancy Defects and Impurities on Adsorption of O_2 on Sphalerite Surface [J]. Colloids and Surface A: Physiochemical and Engineering Aspects, 2010, 363(1－3):56－63.

[39] 李玉琼, 陈建华, 陈晔. 空位缺陷黄铁矿电子结构及其浮选行为[J]. 物理化学学报, 2010, 26(5): 1435－1441.

[40] 陈建华, 王櫓, 陈晔. 空位缺陷对方铅矿电子结构及浮选行为影响的密度泛函理论研究 [J]. 中国有色金属学报, 2010,20(9): 1815－1821.

[41] 李玉琼, 陈建华, 陈晔. 黄铁矿(100)表面性质的密度泛函理论计算及其对浮选的影响 [J]. 中国有色金属学报, 2011,21(4): 919－926.

[42] 陈晔, 陈建华. O_2 和 CN 在铜活化闪锌矿(110)表面的吸附[J]. 物理化学学报, 2011,27 (02):363－368.

[43] 陈建华, 钟建莲, 李玉琼, 陈晔. 黄铁矿、白铁矿和磁黄铁矿的电子结构及其可浮性[J]. 中国有色金属学报, 2011,21(7): 1719－1727.

[44] 陈建华, 王进明, 郭进. 硫化铜矿物电子结构的第一性原理研究[J]. 中南大学学报(自然科学版), 2011,42(12): 3612－3617.

图书在版编目(CIP)数据

硫化矿物浮选电化学/冯其明,陈建华编著.
—长沙:中南大学出版社,2012.7
ISBN 978 - 7 - 5487 - 0601 - 4

Ⅰ.硫… Ⅱ.①冯…②陈… Ⅲ.硫化矿物 - 浮游选矿 - 电化
学分析 Ⅳ.TD923

中国版本图书馆 CIP 数据核字(2012)第 179795 号

硫化矿物浮选电化学

冯其明 陈建华 编著

□责任编辑	胡业民 刘石年	
□责任印制	易红卫	
□出版发行	中南大学出版社	
	社址:长沙市麓山南路	邮编:410083
	发行科电话:0731-88876770	传真:0731-88710482
□印 装	长沙瑞和印务有限公司	

□开 本	720×1000 B5	□印张 16	□字数 310 千字	
□版 次	2014 年 6 月第 1 版		□2014 年 6 月第 1 次印刷	
□书 号	ISBN 978 - 7 - 5487 - 0601 - 4			
□定 价	64.00 元			